以绿色吸收剂为纽带的碳捕集及农业利用机制

晏水平　贺清尧　梁飞虹 ◎ 著

华中科技大学出版社
http://press.hust.edu.cn
中国·武汉

内 容 简 介

CO_2 捕集是对碳进行捕集、利用和储存（CCUS）的关键环节之一，也是当前的研究前沿与热点之一。本书聚焦 CO_2 化学吸收技术存在的关键问题，系统地介绍了典型绿色吸收剂的来源和 CO_2 的吸收性能，以及以绿色吸收剂为纽带时，CO_2 在农业生态系统中的利用可行性；着重介绍了沼液源绿色吸收剂、生物质灰基绿色吸收剂和沼液-生物质灰混合吸收剂的 CO_2 吸收机理，以及以这三种绿色吸收剂为载体时，CO_2 在植物生态系统中迁移转化的机理等内容。本书另辟蹊径，力图将 CO_2 吸收与 CO_2 农业利用有机结合，从而达到大幅降低 CO_2 吸收的能耗与成本的目的。希望本书的内容对碳捕集系统节能降耗这一领域的理论探索、技术创新以及学生的学习都有所启迪。

本书力求通俗易懂，可作为科研人员和工程技术人员的专业学术参考书，也可作为高等院校师生研究与学习的参考书。

图书在版编目（CIP）数据

以绿色吸收剂为纽带的碳捕集及农业利用机制/晏水平,贺清尧,梁飞虹著.—武汉:华中科技大学出版社,2024.2

ISBN 978-7-5772-0560-1

Ⅰ.①以… Ⅱ.①晏… ②贺… ③梁… Ⅲ.①二氧化碳-收集-农业利用-研究 Ⅳ.①X701.7 ②F303.4

中国国家版本馆 CIP 数据核字(2024)第 043207 号

以绿色吸收剂为纽带的碳捕集及农业利用机制   晏水平　贺清尧　梁飞虹　著
Yi Lüse Xishouji wei Niudai de Tanbuji ji Nongye Liyong Jizhi

策划编辑：彭中军
责任编辑：彭中军
封面设计：孢　子
责任监印：朱　玢

出版发行：华中科技大学出版社（中国·武汉）　　　电话：(027)81321913
　　　　　武汉市东湖新技术开发区华工科技园　　　邮编：430223
录　　排：华中科技大学惠友文印中心
印　　刷：武汉科源印刷设计有限公司
开　　本：787mm×1092mm　1/16
印　　张：13.25
字　　数：322 千字
版　　次：2024 年 2 月第 1 版第 1 次印刷
定　　价：49.00 元

前言

○　○　○

为满足人类生产和生活的需求,自工业化革命以来,以煤、石油和天然气为主的化石能源被大量使用,导致大气中二氧化碳(CO_2)的浓度急剧上升,进而导致全球气候持续变暖。近年来,我们目睹了极端天气频发、海平面上升、北极海冰减少、南极夏季高温等众多与气候变化直接相关的自然现象。为遏制全球气候持续变暖,2018 年 10 月,政府间气候变化专门委员会(IPCC)在特别报告《Global Warming of 1.5 ℃》中建议,将 2100 年的全球平均气温较工业化时期的上升幅度控制在 1.5 ℃之内。为了实现这一宏伟目标,2030 年,全球 CO_2 排放量需要比 2010 年下降约 45%,并在 2050 年实现碳中和。为了实现人类的可持续发展,世界各国纷纷设立了碳中和目标。2020 年 9 月 22 日,国家主席习近平在第 75 届联合国大会一般性辩论上宣布:"中国将提高国家自主贡献力度,采取更加有力的政策和措施,二氧化碳排放力争于 2030 年前达到峰值,努力争取 2060 年前实现碳中和。"2021 年 9 月 21 日,国家主席习近平在北京以视频方式出席第 76 届联合国大会一般性辩论,并发表了题为《坚定信心 共克时艰 共建更加美好的世界》的重要讲话,再次重申:"中国将力争 2030 年前实现碳达峰,2060 年前实现碳中和,这需要付出艰苦努力,但我们会全力以赴。"为实现碳中和目标,除了需要大力提升非化石能源在一次能源消费中的占比外,还需要大力发展碳捕集、利用和储存(CCUS)技术。在无法完全放弃化石能源的情境下,CCUS 将成为实现温控目标的关键技术手段和托底技术。

CO_2 捕集是 CCUS 的关键环节之一,也是 CCUS 技术成本的关键影响因素之一。在众多的 CO_2 捕集技术中,CO_2 化学吸收法因技术成熟、适应面广、操作简单、无须对气体加压等优势而备受关注。但 CO_2 化学吸收技术存在系统投资大、能耗高等不足,这是目前亟待解决的关键技术难题之一。除了开发新型化学吸收剂及革新 CO_2 吸收与解吸技术外,吸收剂不循环的单程 CO_2 化学吸收(once-through CO_2 chemical absorption)技术(以下简称单程 CO_2 吸收技术)也值得重视。该技术取消了传统 CO_2 化学吸收工艺中的 CO_2 解吸模块,只保留了吸收剂的 CO_2 吸收模块,因而可通过剔除 CO_2 的解吸能耗而大幅降低系统的能耗。同时,在取消了 CO_2 解吸过程后,传统 CO_2 化学吸收系统中必需的解吸塔、再沸器、贫富液换热器、解吸气冷却器和贫液冷却器等装置也将不复存在,因而系统投资可大幅下降。显然,吸收剂不循环的单程 CO_2 化学吸收技术具有大幅降低投资和系统能耗的理论潜能。但在该技术中,吸收剂不再循环使用,其成本将成为影响 CO_2 捕集成本的关键因素。同时,CO_2 将依托富 CO_2 吸收剂溶液而存在,其妥善处理或利用也成为必须解决的关键问题。另外,考虑到吸收剂的来源及 CO_2 的利用等问题,单程 CO_2 化学吸收技术的应用将会受到限制,近期可能更适合于对沼气进行提纯制备生物天然气的情况。

近 10 年来,本书的作者在国家自然科学基金(52076101、51376078、32360335)、湖北省自然科学基金(2020CFA107)、中央高校基本科研业务费专项资金资助项目(2662023GXPY001)和武汉市知识创新专项的基础研究项目(2023020201010108)等项目的资助下,以分离沼气中的 CO_2 来制备生物天然气为研究案例,针对单程 CO_2 化学吸收技术的开发开展了大量研究,重点对沼液源、生物质灰基等绿色可再生吸收剂的 CO_2 吸收机理,以及以富 CO_2 沼液源和富 CO_2 生物质灰基吸收剂为载体时,CO_2 在农业生态体系中的利用可行性与迁移转化机制等进行了大量的基础研究,积累了大量的基础数据,并发现了一些有意思的现象和规律,从而为本书的撰写奠定了坚实的基础。

全书共分 7 章,主要介绍了沼液源绿色吸收剂、生物质灰基绿色吸收剂和沼液-生物质灰混合吸收剂的 CO_2 吸收机理,以及分别以沼液、生物质灰和沼液-生物质灰为载体时,CO_2 在植物生态系统中的迁移转化机理等内容,由晏水平、贺清尧和梁飞虹分工完成。本书编著的具体分工如下:第 1 章由晏水平和贺清尧共同撰写,第 2 章由晏水平撰写,第 3 章和第 4 章由贺清尧撰写,第 5 章由晏水平和梁飞虹共同撰写,第 6 章和第 7 章由梁飞虹撰写,全书由晏水平统稿与校核。已毕业的硕士研究生王文超、徐朗、魏健东、冯椋等和在读硕士研究生孙涛等参与了本书的相关工作,贡献了个人智慧,在此向他们表示诚挚的谢意。

随着绿色吸收剂日益受到重视,利用其进行 CO_2 吸收及以其为载体提升生态系统碳汇能力的研究日新月异,对绿色吸收剂的制备、CO_2 反应机理及生态利用机制等关键问题的解析日渐深入。该研究涉及多学科交叉,挑战与机遇并存。由于撰写者水平有限,书中有些观点和结论有待商榷,不妥之处在所难免,敬请读者批评指正。

晏水平

2023 年 9 月 30 日

目录

第 1 章 绪 论

1.1 全球气候变暖与 CO_2 排放

1.1.1 全球气候变暖与碳排放

自工业革命以来,人类社会的生产力大幅提升,创造了比以往任何时候都要丰富的生产资料和生活物资。为了满足人类生产和生活的需求,自工业革命以来,化石能源被大量使用。煤炭、石油和天然气等化石燃料在使用过程中向大气中释放了大量的温室气体,导致大气中温室气体的浓度急剧上升,如图 1-1 所示。二氧化碳(CO_2)、甲烷(CH_4)和氧化亚氮(N_2O)是最主要的温室气体。据政府间气候变化专门委员会(IPCC)第六次报告报道,当采用等效 CO_2 排放量进行计算时,从 1850 年至 2019 年,全球温室气体的年排放量由不足 50 亿吨急剧增加到超过 500 亿吨。其中,化石燃料的利用及工业排放的年等效 CO_2 排放量超过了 350 亿吨。

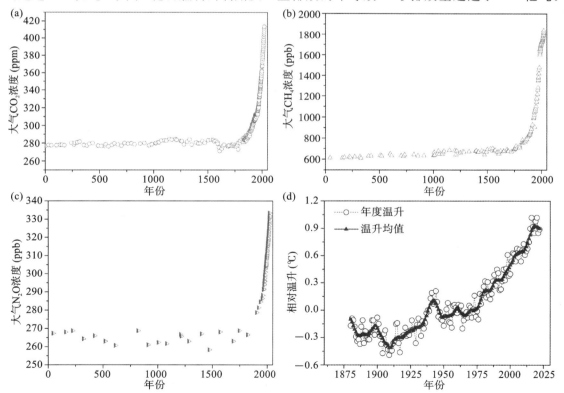

图 1-1 大气中主要温室气体 CO_2、CH_4、N_2O 浓度变化及工业革命以来的温升情况

1

此外,受人类活动影响而导致的土地占用、森林面积减少和其他非 CO_2 温室气体排放量大幅上升都会导致全球温室气体的年排放量增加。截至 2019 年,大气中的 CO_2 浓度已经达到了 420 ppm(1 ppm $= 10^{-4}$%), CH_4 浓度也超过了 1800 ppb(1 ppb $= 10^{-7}$%)。相比较而言,在 1850 年,大气中的 CO_2 和 CH_4 浓度分别还不到 300 ppm 和 1000 ppb,如图 1-1(a)、(b)所示。随着大气中温室气体浓度的增加,地表温度也随之增加。与 1850—1900 年间相比,2011—2020 年间的地表温度升高了 1.1 ℃,如图 1-1(d)所示。目前,全球平均气温正以每年约 0.02 ℃ 的速率继续升高。为了扼制气候变化所导致的全球范围内的极端天气与灾难性后果,第 26 届联合国气候变化大会一致通过了将 2100 年前的全球温升限定在 1.5 ℃ 以内的决议。

1.1.2 全球变暖的危害

随着全球持续变暖,全球环境与生态系统首当其冲受到冲击。环境温度升高后,最直接的影响是冰川融化和海平面上升,直接威胁到低海拔地区国家和人民的生存环境。而生态系统受全球变暖的冲击更大,全球变暖直接影响现有生物的生存环境,加速生物灭绝。同时,全球变暖在局部造成的极端天气和极端气候现象也日益增加,如气温升高会给空气和海洋提供更大的动能,从而更容易形成超级台风、海啸和泥石流等灾难。全球变暖也会导致降雨带北移,使得原先的农作物产区因为降雨减少而导致农作物减产,旱作区却因为降雨增加而出现洪涝灾害。全球变暖还会滋生更多的虫害,直接威胁森林生长和庄稼收获。这不仅会导致温室气体间接释放量大幅增加,还会导致作物减产,威胁粮食安全。目前,全球变暖已经对部分国家和地区的生产生活带来了极大的负面影响,如孟加拉国、西伯利亚、苏丹、缅甸、澳大利亚等。另外,全球变暖还将持续影响能源系统,极端高温和低温的天气将导致人类对电力的需求激增。此外,全球变暖还可能会导致社会动荡和国际局势突变。显然,全球变暖对人类生存的影响才刚刚开始,若不能有效缓解全球变暖,全球变暖对人类的生活环境与社会的影响将远超我们的预期。

1.1.3 碳排放控制方法

为控制全球气候变暖带来的极端灾害,需要大力控制以 CO_2 为主的温室气体的排放量。全球主要温室气体排放行业分类及汇总如图 1-2 所示。其中,能源行业的碳排放量最高,达 73.2%。因此,加大能源领域的碳减排力度是未来的工作重点。与此同时,还应协同开展各个行业的碳减排工作。

能源行业 3 大主流的碳排放控制方式如下。①节能减排。在能源获取端提高能源利用效率和转化率,如发展整体煤气化联合循环(IGCC)、高温超超临界发电技术等先进发电技术,并在能源使用端提高利用效率、降低能耗、回收低品位能源等。②用可再生能源替代。通过大力发展太阳能、生物质能、水能、风能等可再生能源,替代部分化石能源。③开展 CO_2 捕集、利用与封存(CCUS)技术。针对不得不利用化石能源的情形,如无法被替代的燃煤电厂、钢铁厂、水泥厂等,通过 CO_2 捕集、利用与封存技术来实现碳减排,从而实现化石能源利用的 CO_2 近零排放。

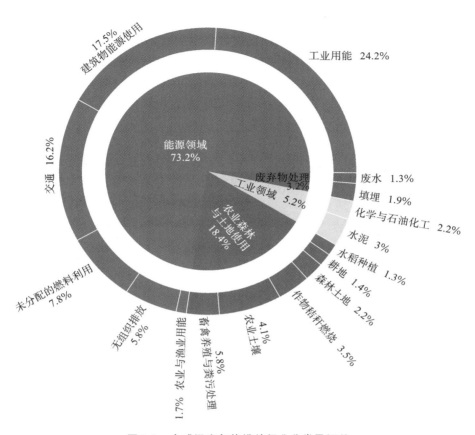

图 1-2 全球温室气体排放行业分类及汇总

鉴于生态系统是最大的碳汇场所,通过植树造林来增加林地、减少荒漠化、加强海洋与森林碳汇功能等都是重要的碳固定方式。通过在生物质能源的转化与利用过程中,将 CO_2 进行捕集与固定,即生物质能碳捕集与封存(BECCS),可实现 CO_2 净负排放。在实现碳中和的道路上,碳负排放是必不可少的一环。因此,将碳捕集、利用与存储技术应用于传统的化石能源利用场所和未来的生物质能源利用场所,是整个能源系统碳中和路径上的重要基石。

1.2 碳捕集、利用和封存技术

碳捕集、利用与封存技术是指通过碳捕集或碳分离技术,将能源转化过程与工业过程中产生的 CO_2 分离出来,再通过 CO_2 利用或者封存技术,将 CO_2 长期固定下来,使其在短期内不再被释放到大气中去。该技术一般涉及碳捕集、碳运输、碳利用或封存等 3 个步骤。由于 CO_2 运输技术相对成熟,因而在此仅简单介绍碳捕集、碳利用及碳封存等技术。

1.2.1 碳捕集技术

碳捕集技术即 CO_2 捕集技术,是将 CO_2 排放源中排放的 CO_2 或者空气中的 CO_2 进行分离回收的方法。目前,能源的转化与利用过程是最大的 CO_2 排放源。典型的 CO_2 捕集技术可分为燃烧后脱除技术、燃烧前分离技术和富氧燃烧技术。其中,燃烧后脱除技术的成熟度最高,是将 CO_2 捕集技术直接应用在新建、已建燃煤电厂或者 CO_2 排放源末端,无须对现有厂房及设备进行大规模改造。燃烧前分离技术需要结合燃料的气化重整,在燃烧前将 CO_2 捕集下来,实现后期无碳燃烧或利用。例如,先将燃料气化重整为 CO_2 与 H_2 的混合物,再将 CO_2 分离以获得高纯度 CO_2 和 H_2,最后在燃烧中直接利用 H_2 进行燃烧。富氧燃烧技术则是直接使用纯氧与循环烟气来构建燃料燃烧氛围,最终可使排出的烟气中的 CO_2 浓度超过 80%。目前,燃烧前分离技术的装置只能与新建电厂同步建设;对于富氧燃烧技术的装置,既可与新建电厂同步建设,也可对已有电厂进行大规模改造。因而,这两者的大规模应用较少。因此,燃烧后脱除技术是目前最主要的碳捕集技术。

1)CO_2 吸收法

根据吸收分离的原理,CO_2 吸收法可分为化学吸收法和物理吸收法。CO_2 化学吸收法主要是利用弱碱性化学吸收剂与 CO_2 之间的可逆化学反应将 CO_2 从气相中分离出来,而吸收 CO_2 后生成的富 CO_2 吸收剂溶液(简称富液)则被送入 CO_2 解吸塔中进行解吸,解吸后释放出 CO_2 并实现吸收剂的解吸。解吸后得到的贫 CO_2 吸收剂溶液(简称贫液)则重新进入 CO_2 吸收塔,实现吸收剂的循环使用。从解吸塔塔顶排出的热解吸气主要由 CO_2 和水蒸气组成,其在外置的解吸气冷却器内降温,得到的冷凝水循环回到解吸塔,从而保证了系统的水平衡,而高浓度 CO_2 则进行下一步的利用,如图 1-3 所示。显然,在 CO_2 化学吸收法中,吸收剂的选择是关键。选择的吸收剂不仅要能与 CO_2 发生化学反应,其理论上还不能与气体中的其他非 CO_2 组分发生化学反应,同时还要在可接受的条件下实现吸收剂的解吸还原。因此,所选吸收剂一般应为弱碱性吸收剂,如醇胺类、氨水、碳酸钾等。

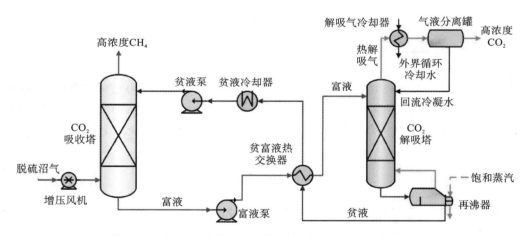

图 1-3　经典 CO_2 化学吸收工艺系统(以沼气 CO_2 分离为例)

化学吸收法适合对 CO_2 分压较低的混合气体进行处理。在工业上,常用填料塔或板式塔对 CO_2 进行吸收和解吸,此外,也有采用膜接触器或超重力反应床等气液反应设备的情形。吸收剂是化学吸收过程的核心要素,目前,已经在工业中应用的吸收剂有碳酸钾、乙醇胺(MEA)、二乙醇胺(DEA)、N-甲基二乙醇胺(MDEA)及以这些吸收剂为主体的混合吸收剂,例如,天然气工业中采用 MDEA 对天然气脱碳,采用活化碳酸钾实现石灰窑窑气中的 CO_2 回收等。氨水吸收剂捕集 CO_2 已经在工业中得到了验证,利用氨水可同时实现 CO_2 捕集与碳酸氢铵肥料联产。此外,氨基酸盐类吸收剂、两相吸收剂、少水吸收剂等也已经得到了验证,正逐步推广到工业应用中。

在 CO_2 物理吸收法中,CO_2 与吸收剂不发生化学反应,主要是通过温度和压力的变化来改变 CO_2 在吸收剂中的溶解度,从而实现混合气体中的 CO_2 的分离及物理吸收剂的解吸。最简单的物理吸收剂为水,例如,在采用高压水洗提纯沼气以制备生物天然气的技术中,就是以水为吸收剂。该技术是在加压状态下将沼气中的 CO_2 溶解到水中,再在低压的条件下通过空气吹扫使水中的溶解态 CO_2 溢出,并实现水的循环使用。工业上常用的物理吸收剂还有甲醇、乙醇、聚乙二醇、丙烯酸酯等高沸点有机溶剂。物理吸收的过程中不存在化学键的受热断裂分解,物理吸收法只是通过温度和压力的改变来实现 CO_2 的吸收和解吸,因此其总能耗要低于化学吸收法。但是物理吸收法对 CO_2 的选择性分离效率不如化学吸收法高,因而,物理吸收法更适合用于高分压 CO_2 气体的分离。

2）吸附法

吸附法一般采用对 CO_2 有吸附作用的固体吸附剂来实现 CO_2 的分离。根据吸附原理的不同,吸附法可分为变压吸附（PSA）、变温吸附（TSA）、变温变压吸附（TPSA）和变电吸附（ESA）。常用的吸附剂有沸石、活性炭、分子筛、氧化铝凝胶、硅酸锂等。CO_2 的吸附过程与吸收过程类似,但吸附和脱附过程中的吸附剂一般在同一个反应容器内,整个过程通过温度和压力在多个反应容器内的交替变化来实现连续的脱附和吸附功能。吸附法适应性广,无设备腐蚀和环境污染等问题,工艺过程简单,能耗相对吸收过程更低。然而,吸附过程中吸附剂间的磨损以及吸附剂受颗粒物堵塞均会导致吸附容量的下降。因此,如何延长吸附剂的寿命是使用吸附法时首先需要考虑的问题。

3）膜分离技术

膜分离技术是依靠混合气体中不同组分的气体与膜材料之间发生不同的物理和化学反应,导致膜对某些组分的气体有快速溶解并使其穿透的功能,而对另外一些组分的气体的溶解或渗透率极低,进而实现多组分气体的分离,类似于对气体实现筛分。常见的气体分离的机理有 2 种:一种为气体在膜孔中的微孔扩散机理,另一种为气体透过多孔膜的溶解-扩散机理。能够用于气体分离的膜材料既有传统有机高分子膜,也有无机膜。目前,气体分离膜已经用于天然气 CO_2 分离和沼气提纯制备生物天然气、炼油尾气、合成氨尾气处理等领域。

1.2.2　碳利用技术

碳利用技术是指通过生物或者化学的方式,将 CO_2 进行还原或者再利用。虽然通过 CO_2 再利用的方式也能实现碳减排,但由于该过程中碳元素的循环周期差异较大,不同于地质储存碳元素的永久固定,因此需要对具体的 CO_2 再利用方式进行单独讨论。在用 CO_2 制备化学品或者生物制品方面,其碳减排量的核算也需要进行单独讨论。

CO_2 的化学利用是以 CO_2 作为碳源制备化学物质的过程。该过程制备的产品有无机化合物,也有基础有机化合物、能源燃料、高分子材料等。因此,通过将 CO_2 进行化学还原,既可以减少碳排放量,也可以制备出具有一定经济价值的碳产品。典型的 CO_2 化学利用过程有:通过 CO_2 催化加氢合成甲醇、甲烷、碳氢化合物和甲酸等原料,通过有机合成方式制备尿素衍生品,通过电化学方式合成甲醇、甲烷、甲酸等,将 CO_2 直接分解为单质碳等。

通过植物或微生物的光合作用来固定 CO_2 是生物界典型的固碳过程。其中,通过植物的光合作用来固碳是自然界十分常见的过程,该过程也逐渐在蔬菜大棚中得以实施。通过向大棚中施加 CO_2 气肥,可实现 CO_2 的生物固定和蔬菜增产。CO_2 还可以通过以碳酸盐的形式在根部被吸收后进入植株,进而完成在特殊场合下的固碳作用,此部分内容将在本书的后续章节中重点论述。

CO_2 的微生物固定主要分为 2 类:一类是光能自养型微生物在光能的作用下实现 CO_2 的固定;另一类是化能自养型微生物以 H_2、H_2S、Fe^{2+} 等为电子供体,将 CO_2 固定下来供自身使用。光能自养型微生物主要有藻类、蓝细菌、光合细菌等。最典型的光能自养型微生物固碳过程为微藻培养。该过程不仅可以固定 CO_2,还可以产生氢气和许多具有高附加值的胞外产物。此外,微藻还可以用于开发生物柴油、饲料、蛋白食品等。目前已经对通过培养藻类固定 CO_2 的方式开展了工业示范,但在非光合作用下的 CO_2 固定方式还处于研发阶段。相比于光能自养型微生物,化能自养型微生物固碳过程在工业化上的适应性可能会更好,因为其不需要大面积的采光,但针对化能自养型微生物在工程化应用时的能源利用效率的提升和过程的强化等问题,后期还需要进行深入的研究。

1.2.3　碳封存技术

化石燃料被使用时释放的 CO_2 量远大于人类对 CO_2 的利用能力,因此必须寻求合适的 CO_2 储存方法来避免分离回收的 CO_2 重新返回大气。CO_2 封存技术主要采用物理封存的方法,将 CO_2 储存在地下咸水层、枯竭油气藏等地质结构中或深海之中。地质储存是实现 CO_2 永久储存的有效方法之一,其主要是通过管道技术将高纯度 CO_2 气体注入地下深处的具有适当封闭条件的地层中,利用地质结构和气密性永久封存 CO_2。

海洋是地球上最大的碳库,其碳总储量是大气的 50 多倍,在全球碳循环中扮演着重要角色。工业革命后,由于大气中 CO_2 浓度的增加,海洋正以每年 70 亿吨的速率吸收 CO_2。海水吸收 CO_2 后,其 pH 值仅下降了 0.1,依然保持较好的容纳能力,并且深层海水还具有更大的 CO_2 固定潜力。通过管道技术将 CO_2 压缩并释放到深海中,CO_2 便以液态或固态的形式被固定下来,或逐渐溶解于海水中,并与海底岩石发生反应,继而以碳酸盐形式被固定下来。因此,大力开发地质及海洋储存 CO_2 技术是目前封存 CO_2 的主要方法。

1.3　绿色吸收剂开发的背景与制备方法

目前,在燃烧后 CO_2 捕集技术中大规模示范应用的方法是 CO_2 化学吸收法。CO_2 化学吸收法有近 100 年的发展历史,已经在天然气脱碳和燃煤烟气脱碳等过程中得到了广泛的应用。CO_2 化学吸收法中,工业化应用最广的吸收剂为醇胺类吸收剂,例如,MDEA 用于天然气中的联合脱硫脱碳,MEA 用于燃煤烟气中的 CO_2 分离等。现有的化学吸收剂均来源于工业合成,且由于技术原因,化学吸收剂在 CO_2 分离过程中还存在降解、逸散损失等问题。以MEA 为例,在捕集 1 t CO_2 的情况下,约有 1.5 kg 的 MEA 损失掉,而制备等量的 MEA 则需要额外消耗 88.4 MJ/kg 的能量。因此,在碳中和的背景下,当大规模应用 CO_2 化学吸收技

第 1 章　绪论

术实现碳减排时,需要重点关注化学吸收剂的消耗、更新与制备。

对于 CO_2 化学吸收技术,现有的吸收剂存在难以同时满足高 CO_2 反应速率、高 CO_2 吸收容量和低 CO_2 解吸能耗的矛盾,导致现有的 CO_2 化学吸收技术存在系统投资高、系统能耗大等瓶颈问题,从而造成了 CO_2 分离成本高的问题。需要注意的是,在 CO_2 化学吸收工艺中,富液的热解吸能耗占系统总能耗的比例可达到 60% 以上,导致加热蒸汽成本占运行成本的55% 左右。因此,降低 CO_2 化学吸收成本的关键之一在于大幅降低富液的热解吸能耗。少水吸收剂和两相吸收剂等新吸收剂的开发、吸收或解吸工艺的改进、系统余热的回收等手段均有助于降低 CO_2 分离成本。吸收剂不循环的单程 CO_2 化学吸收(once-through CO_2 chemical absorption)工艺值得重视,因为该工艺取消了图1-3所示的经典化学吸收工艺系统中的富液热解吸段,仅保留 CO_2 吸收段,不仅能大幅度地降低 CO_2 分离能耗,此外还可以通过省略解吸塔、再沸器、贫富液热交换器、贫液冷却器、解吸气冷却器等设备而大幅降低系统的投资。在此工艺中,由于吸收剂不能循环使用,所以 CO_2 分离成本主要由吸收剂成本决定。同时,从沼气中分离的 CO_2 不再以气相形式存在,而是存在于富液之中,因而无法采用传统模式进行 CO_2 利用或固定。显然,为维持吸收剂不循环的单程 CO_2 化学吸收工艺的降耗与降投资的优势,同时进一步降低 CO_2 分离成本,需要筛选出来源广且成本极低的吸收剂,且对应的富 CO_2 溶液能得到妥善处理。将 CO_2 应用于农业,利用植物细胞的碳浓缩机制及土壤微生物固碳等途径将 CO_2 转变为有机质,可实现 CO_2 低成本的长期封存。这些途径要求所用吸收剂对植物产生的生理毒性越低越好。因此,需要开发出对环境友好的、可再生的吸收剂。例如,有机质厌氧发酵后产生的沼液、生物质被热化学利用后产生的生物质灰等均为碱性物质,均具有 CO_2 吸收能力,且均可作为有机肥或土壤改良剂,且对环境友好,因而在理论上满足吸收剂不循环的单程 CO_2 化学吸收工艺的需求。但需要注意的是,实施该工艺需要解决绿色吸收剂大量获取或制备、最大限度利用吸收剂的 CO_2 捕集潜力和富 CO_2 吸收剂的安全施用与利用等关键难点。

为了与传统化学合成过程制备的 CO_2 吸收剂区分,本书将来源于生物质的吸收剂定义为绿色吸收剂。绿色吸收剂体系可大致分为 3 类:生物质灰体系、无机类吸收剂和有机类吸收剂。生物质燃烧后可获得生物质灰,但由于燃烧条件的差异,生物质灰中既含有部分有机类物质,也含有大量无机盐。在未来生物质能源大规模发展的情况下,生物质灰体系数量巨大。无机类吸收剂主要包括铵盐、氨水、氢氧化钾(KOH)、氢氧化钠($NaOH$)、碳酸钾(K_2CO_3)等。有机类吸收剂主要包括醇胺类吸收剂、氨基酸盐类吸收剂等。

1.3.1　生物质灰

预计到 2050 年,生物能源在全球能源中的占比可达 33%~50%,其中,生物质的直接燃烧转化将是制备 CO_2 的主要方式之一。生物质原料经过充分燃烧后得到的固态剩余物就是生物质灰,预计其产量在 2050 年可达到 4.76 亿吨。生物质灰常常被直接用于农业生产,可以为土壤补充养分元素,避免土壤酸化和增加作物产量等。但是,由于生物质灰富含碱土金属氧化物和碱金属氧化物,其水溶液呈碱性,pH 值甚至可能会超过 13,因而,将生物质灰直接用于农业可能会导致土壤 pH 失调,甚至会产生有毒重金属。因此,降低生物质灰的碱度,有助于提升其农业利用的潜力。

生物质灰的碱度与其中的氧化钙（CaO）和氧化镁（MgO）等碱土金属氧化物及氧化钾（K_2O）和氧化钠（Na_2O）等碱金属氧化物的浸出有关,因此,可以利用 CO_2 气体与碱土金属和碱金属氧化物之间的化学反应(即 CO_2 矿化)来降低生物质灰的碱度。显然,利用生物质灰来吸收 CO_2 不仅能拓宽生物质灰的利用范围,还能实现 CO_2 减排,一举两得。生物质灰的 CO_2 吸收性能与其金属氧化物的含量息息相关。典型生物质原料燃烧后其灰分的化学组分及其理论 CO_2 吸收潜力如表 1-1 所示。在典型的农作物秸秆中,棉花枝条生物质灰的 CO_2 吸收潜力最高,可达 482 g-CO_2/kg,但水稻秸秆灰的 CO_2 吸收潜力不足棉花枝条灰的十分之一,主要原因在于水稻秸秆中的氧化硅含量达到了 90.85%,而其中能与 CO_2 发生反应的活性组分含量极低。相比之下,杨树和松树等木本科植物的灰中,由于 CaO 含量较高,因而其 CO_2 吸收潜力高于 500 g-CO_2/kg。需要注意的是,表 1-1 罗列的是典型生物质灰的理论 CO_2 吸收潜力,而实际 CO_2 吸收潜力通常要大大低于其理论值。因此,在生物质灰的实际应用中,对反应过程的强化十分重要。生物质灰的 CO_2 吸收性能、反应强化和吸收 CO_2 后生物质灰的 CO_2 农业利用特性将在本书后续章节中详细介绍。

表 1-1　典型生物质原料燃烧后灰分的化学组分及其理论 CO_2 吸收潜力

种　类	SiO_2 (%)	Al_2O_3 (%)	Fe_2O_3 (%)	CaO (%)	MgO (%)	Na_2O (%)	K_2O (%)	P_2O_5 (%)	SO_3 (%)	理论 CO_2 吸收潜力 TSC(g-CO_2/kg)
竹子	6.11	0.58	0.22	3.15	4.9	0.22	62.47	16.71	5.64	341.1
棉花枝条	10.93	1.32	1.92	20.95	7.59	1.32	50.2	4.05	1.72	482
水稻秸秆	90.85	0.78	0.14	3.19	0.01	0.21	3.69	0.43	0.72	39.9
小麦秸秆	69.39	0.48	0.72	9.12	2.04	0.84	14.05	3.36	—	165.5
玉米秸秆	53.27	0.77	0.44	5.52	4.15	1.45	19.9	1.94	12.55	123.0
甘蔗渣	48.56	18.43	14.73	4.66	3.47	0.82	4.32	2.83	2.17	88.5
杨树	1.86	0.62	0.74	77.4	2.36	4.85	8.94	2.48	0.74	705.5
松树	1.92	7.91	0.45	60.71	6.7	0.75	11.3	7.19	3.07	590.9

1.3.2　无机类绿色吸收剂

可用于 CO_2 吸收的无机类吸收剂主要有 NaOH、KOH、Na_2CO_3、K_2CO_3 和氨水等。无论是工业废水还是农业废水,钠元素和钾元素的含量均较高。随着分离技术的发展与新能源的使用,在新能源电力的驱动下,可以采用电渗析过程对工业和农业废水中的 NaOH 和 KOH 进行分离回收。NaOH 和 KOH 在吸收 CO_2 后,均可以安全返回农业及生态系统中被使用。其中,碳酸钾（K_2CO_3）和碳酸氢钾（$KHCO_3$）可作为钾肥施用,促进农作物生长。

相比于传统的 MEA 吸收剂,氨水吸收剂捕集 CO_2 时的能耗更低,且没有吸收剂的降解问题。氨水还是重要的化工原料和氢气载体,在农业中施用的氮肥大多数也是通过工业合成氨工艺制备的。但是,每年采用哈伯-博施法(Haber-Bosch)合成氨所消耗的化石能源占全球总量的 2%,同时也产生了约 2% 的碳排放量。因此,通过更加绿色的方式获得氨水,其本身就是一项重要的碳减排途径。氨氮是市政污水、畜禽养殖废水、食品加工废水和工业废水等富氮废水中最常见的物质之一。传统的污水处理厂大多采用活性污泥法对废水氨氮进行脱除处理，其脱氮的能耗与合成氨工艺制氨的能耗相当。如能实现从废水中富集回收氨水，则可从减少工业合成氨和降低脱氮能耗这两个方面实现碳减排。其回收获得的绿色氨水本身又是重要的 CO_2 吸收剂，因此具有减污降碳的多重贡献。

从废水中回收氨水的主要策略是蒸馏法或吹脱法。氨氮在水中的挥发性受温度和 pH 值的双重影响。氨氮在 pH 值小于 7 的酸性条件下几乎全部以离子态存在，而在 pH 值高于 10 的碱性条件下则大部分转化为可挥发的游离氨。废水的 pH 值可通过外源碱添加或者空气吹扫脱除废水溶解态 CO_2 来进行调节。在从废水中回收氨氮的传统工艺中，可通过空气与废水在塔式设备中的逆向流动，吹扫分离出废水中的氨氮；随后对吹脱出来的氨气和水蒸气进行冷凝操作，即可获得氨水；最后对尾气进行硫酸处理来实现达标排放。但该方法设备体积大、传质系数低且成本较高。新型的膜蒸馏（MD）方法可以很好地实现绿色氨水的回收。通过减压膜蒸馏技术，不仅可以从沼液等养殖废水中回收氨水，还可以减少对外源碱性物质的消耗。从废水中回收绿色氨水的浓度受氨氮浓度、操作条件等因素的影响。一般情况下，采用减压膜蒸馏（VMD）技术从氨氮浓度为 1 g-N/L 的沼液中可以回收得到 20~30 g-N/L 的绿色氨水。绿色氨水的回收及其 CO_2 吸收性能等内容将在本书后续章节中予以详细介绍。

1.3.3　有机类绿色吸收剂

有机类绿色吸收剂包括化学吸收剂和物理吸收剂。其中，化学吸收剂主要为醇胺类吸收剂、氨基酸盐类吸收剂和离子液体等，物理吸收剂主要为乙二醇二甲醚。尽管化学吸收剂在脱碳方面的机理、性能与过程强化研究较多，但对其制备方法的讨论较少。在此，就如何通过绿色原料制备有机类化学吸收剂进行简单讨论。

传统化工合成醇胺类吸收剂主要是通过氨和环氧乙烷（EO）的化学反应来制备的，如图 1-4（a）所示。其中，氨的来源是工业合成氨，而环氧乙烷则是通过工业乙烯的氧化方式来制备的。由于醇胺类吸收剂合成的上游原料是天然气和空气，这意味着其在生产实际中可以采用生物质为原料和能源进行制备，如图 1-4（b）所示。醇胺类吸收剂合成中所需要的氨可从畜禽养殖业、食品加工业的高氨氮废水中分离回收获得，乙烯则可通过乙醇脱氢来制备，而乙醇可以通过农作物秸秆与能源作物的乙醇发酵获得。显然，醇胺类吸收剂可以生物质为原料，通过多级转化制备获得。鉴于未来碳捕集过程对吸收剂的高需求量，利用生物质原料制备绿色吸收剂值得重点关注。

氨基酸盐类吸收剂在 CO_2 捕集过程中除具有极低的损失率的优点外，还拥有强耐氧化性的优点。同时，在 CO_2 捕集性能方面，部分氨基酸盐表现出比 MEA 更高的 CO_2 反应速率。此外，氨基酸盐本身就存在于自然界中，无须额外化学合成。如果需要从自然界中获得氨基酸盐，更多的是关注分离与纯化，如图 1-5 所示。富含高蛋白及氨基酸的废弃物是氨基酸盐获取的重要原料，如病死畜禽、屠宰场废弃物、食品加工工厂废弃物和豆类加工废弃物等。废弃的高蛋白原料通过水解即可获得多种氨基酸混合的溶液，经过分离纯化，即可获得目标氨基酸。在制备氨基酸盐时需要用到 NaOH 和 KOH 等外源碱性物质，在全过程绿色生产的理念下，碱性物质亦可从灰分或者废水中获取。

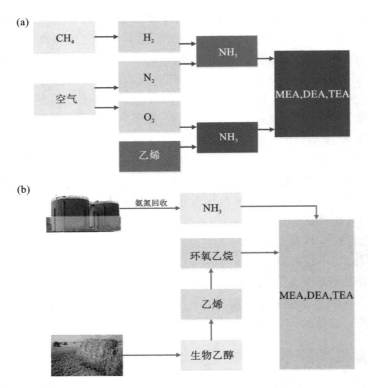

图 1-4 传统方法与绿色方法合成醇胺类吸收剂概念图

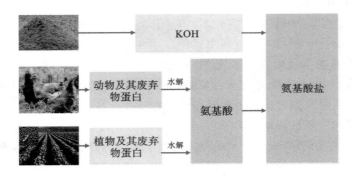

图 1-5 绿色氨基酸盐类吸收剂的制备概念图

1.3.4 绿色吸收剂的研发成熟度分析

绿色吸收剂研发的技术成熟度分析如图 1-6 所示。目前,采用生物质灰对 CO_2 分离与固定的技术成熟度最高。因为生物质灰的制备成本低,容易获取,且生物质灰在吸收 CO_2 后碱性大幅降低,可直接用于农业生产中。此外,将生物质灰用于沼气 CO_2 分离已经中试运行成功。然而,在利用生物质灰进行 CO_2 吸收的研究中,对生物质灰的潜力挖掘还不够,其产品的附加值也有待提升,除此之外,生物质灰的利用范围也极易受到产量和运输距离的限制。因此,生物质灰可能更加适用于小规模应用的场景。相比之下,绿色氨水则是短期内可大规模

开发与利用的 CO_2 吸收剂。目前,绿色氨水吸收剂的开发还处于实验室研发阶段,其主要限制因素在于氨水回收过程中的能耗和成本较高,因此,未来应大幅降低绿色氨水回收的成本。目前,绿色氨基酸盐吸收剂的开发与制备还处于理论和实验室研究阶段;绿色醇胺类吸收剂的开发还处于概念阶段,虽然其理论可行,并且绿色醇胺类吸收剂的现实需求量逐年增加,但对绿色醇胺类吸收剂的研发力度依然不足。

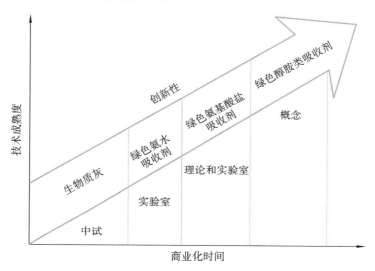

图 1-6　绿色吸收剂研发的技术成熟度分析

1.4　绿色吸收剂开发利用对农业生产的意义

可以从农作物秸秆、能源植物、食品加工废弃物、畜禽粪污和市政污水中获得绿色吸收剂,且绿色吸收剂获取的过程也是废弃物高值利用和污染物减排的重要过程,有助于降低废弃物的处理成本和提升产品价值。此外,废弃物的有效处理与利用本身就是很好的碳减排方式。在废弃物处理中实现绿色吸收剂的制备,有助于在未来碳税体系与政府补贴下获得更大的利润,有利于农业生态环境的持续改善。绿色吸收剂可替代传统吸收剂应用于 CO_2 化学吸收工艺之中,具有大幅降低碳捕集系统的能耗和投资的潜能,有助于推动碳捕集、利用和储存技术的推广应用。而绿色吸收剂本身可能富含丰富的氮和钾等营养元素,可作为肥料使用。因而负载 CO_2 后的绿色吸收剂可通过植物根施的方式,将所携带的 CO_2 储存于植物和土壤之中,实现 CO_2 固定,同时还能实现农作物的增产,有助于降低化肥施用量。

第 2 章　沼液源绿色吸收剂的 CO_2 吸收机理

2.1　引　　言

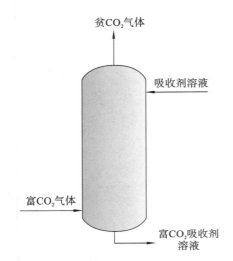

图 2-1　吸收剂不循环的单程 CO_2 化学吸收工艺流程图

贫 CO_2 气体

吸收剂溶液

富 CO_2 气体

富 CO_2 吸收剂溶液

由第 1 章的论述可知,CO_2 化学吸收法具有技术成熟、操作简单、适合于低分压 CO_2 脱除及对气体洁净度要求不高等优势,但也存在吸收剂富液解吸能耗高和系统投资大等劣势。降低 CO_2 化学吸收成本的关键之一在于大幅降低富液热解吸能耗。除了新型吸收剂筛选、吸收或解吸工艺改进及系统余热回收等尝试外,吸收剂不循环的单程 CO_2 化学吸收工艺也值得重视,如图 2-1 所示。在单程 CO_2 化学吸收工艺中,吸收剂不循环运行,其成本直接影响沼气 CO_2 分离成本。此外,分离的 CO_2 不再以气相形式存在,而是存在于富液载体中,无法采用地质埋存等传统方式进行 CO_2 固定。因此,该工艺目前暂时只适合于小规模 CO_2 分离的应用场景,这又刚好与生物天然气工程规模相匹配。显然,在沼气提纯制备生物天然气的过程中利用单程 CO_2 化学吸收工艺来实现沼气 CO_2 脱除,在理论上可大幅降低 CO_2 分离成本,从而降低生物天然气的生产成本,有助于生物天然气的推广应用。

在吸收剂不循环的单程 CO_2 化学吸收工艺中,应筛选出来源广且成本极低的吸收剂,且对应的富 CO_2 溶液还能得到妥善处理。由农业废弃物制备的醇胺和大豆基氨基酸等可再生吸收剂具备优异的 CO_2 吸收性能,且来源广,但对植物的生理毒性高,因此,其农业利用受限。除此之外,有机质厌氧发酵产生沼气后的副产物——沼液也值得关注。沼液具有量大、价格极低和可再生的优势,且其一般呈弱碱性(pH＝7.2～8.5),具有一定的 CO_2 吸收能力。同时,沼液富含氮、磷、钾和钙、铜、铁、锌、锰等营养元素,还含有丰富的氨基酸、B 族维生素、各种水解酶、腐殖酸、植物激素和抗生素等物质,合理利用沼液能促进植物的生长,并实现营养元素向土壤的回归,强化土壤的固碳能力。以沼液作为 CO_2 吸收剂,然后将富 CO_2 沼液应用于农业,在理论上就可以将 CO_2 固定于植物和土壤之中。显然,沼液可以满足吸收剂不循环的单程 CO_2 化学吸收工艺的基本要求。但在厌氧发酵过程中,沼液中自带 CO_2,且 CO_2 已处于近饱和状态,pH 值较低,因而其继续吸收 CO_2 的能力较弱。因此,为了满足 CO_2 化学吸收的需求,必须在保证沼液低植物生理毒性的前提下,对沼液的 CO_2 吸收性能进行强化。

由于沼液自身吸收的 CO_2 近饱和,在实际应用中,可将沼液看成是已吸收了 CO_2 后的富液,因而可通过热解吸或真空解吸等手段释放沼液中自有的 CO_2,从而恢复沼液的 CO_2 吸收性能,即沼液 CO_2 吸收性能的自强化。另外,还可以通过添加外源 CO_2 吸收剂来提升沼液的 CO_2 吸收性能。最后,还可以将沼液中吸收 CO_2 的主体进行分离浓缩,并用其进行 CO_2 吸收,这样有可能实现 CO_2 吸收性能的大幅提升。本章重点介绍了沼液 CO_2 解吸机理、沼液 CO_2 吸收性能自强化机制、沼液 CO_2 吸收性能的外源吸收剂强化机制及基于绿色氨水回收与 CO_2 吸收的沼液 CO_2 吸收性能强化机制等内容。

2.2　沼液 CO_2 吸收性能的自强化机制

2.2.1　沼液 CO_2 解吸机理及其 CO_2 吸收性能的减压解吸强化机制

2.2.1.1　研究材料

本部分所选用的原沼液(raw biogas slurry)来自湖北省应城市某大型沼气集中供气工程,该工程以猪粪为主要原料,配合添加少量的牛粪及生活污水,在 35 ℃ 的条件下进行湿法发酵。从沼气工程取回的沼液在 (15 ± 5)℃ 条件下密封保存至不再产气后,使用 $300~\mu m$ 孔径的滤袋对沼液进行过滤,测试获得的相关参数如表 2-1 所示。其中,沼液总固体含量采用标准的烘干法测试,pH 值采用 Mettler Toledo FE20K 型 pH 计测试,电导率采用 DDS-307A 电导率测试仪测试,浊度采用 WZT-1 浊度仪测试,化学需氧量采用 CM-03 型 COD 测试仪测试,总氨氮含量在 Smartchem200 全自动化学分析仪上进行测试,总挥发性脂肪酸含量采用标准滴定法测试,CO_2 负荷采用标准的酸碱滴定法测试。测试过程中,每个参数的测试至少重复 2 次,且每个样品重复检测 3 次。

表 2-1　过滤后沼液的主要参数

参　　数	平均值±标准差
pH 值	7.96 ± 0.099
CO_2 负荷(mol-CO_2/L)	0.164 ± 0.006
电导率 EC(mS/cm)	15.51 ± 0.74
浊度(NTU)	1011.40 ± 11.32
化学需氧量 COD(mg/L)	1620.10 ± 36.96
总固体含量 TS(mg/L)	4844.35 ± 73.95
总氨氮含量(mol-N/L)	0.152 ± 0.005
挥发性脂肪酸 VFA(mg/L)	0.011 ± 0.001

2.2.1.2　试验系统与流程

1) 原沼液的减压解吸研究

由于沼液中的相关活性成分具有温度敏感性,因而无法采用高温热解吸的方式对沼气自

有 CO_2 进行解吸,故在此采用较低温度下的减压解吸(也称真空解吸)方式进行 CO_2 解吸。沼液减压解吸及 CO_2 再吸收试验流程图如图 2-2 所示。

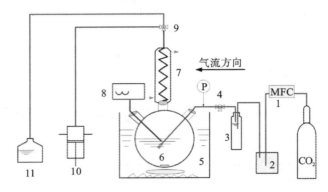

图 2-2 沼液减压解吸及 CO_2 再吸收试验流程图

(1—质量流量控制器;2—缓冲瓶;3—水饱和瓶;4,9—阀门;5—恒温磁力搅拌器;
6—反应瓶;7—冷凝器;8—温度计;10—真空泵;11—NaOH 溶液洗气瓶)

在采用图 2-2 所示的系统进行原沼液的减压解吸时,首先关闭阀门 4,调节三通阀门 9 通向真空泵 10。每次试验前,应先用蒸馏水将整个装置洗净并烘干,以消除上次试验的影响。在反应瓶 6 中加入 200 mL 离心过滤后的沼液,将反应瓶置于恒温磁力搅拌器 5 中,使沼液保持搅拌并加热到设定温度。在 CO_2 减压解吸阶段,CO_2 在设定的真空条件下被抽出系统,而同时释放出的氨气和水蒸气则被循环冷却水冷凝回到系统,进而保证最小的氨氮损失和水分损失。原沼液的每次解吸持续 40 min。在解吸期间每隔 10 min 取样 5 mL 沼液样品进行测试分析,同时在反应瓶中加入 5 mL 原沼液样品,以减少取样带来的沼液体积变化。

2)解吸后沼液的 CO_2 再吸收研究

减压解吸后的沼液(简称贫 CO_2 沼液)依然采用图 2-2 所示的装置进行 CO_2 再吸收试验。此时,打开阀门 4,并将三通阀门 9 转向 NaOH 溶液洗气瓶 11。沼液冷却后温度保持在 (23 ± 2)℃,以 600 mL/min 的速度通入纯 CO_2 使沼液达到 CO_2 吸收饱和。CO_2 气体流量由质量流量控制器(MFC)调控。

3)富 CO_2 沼液的植物生理毒性研究

为测试减压解吸技术对沼液 CO_2 吸收性能进行强化的可行性,除了关注沼液的 CO_2 再吸收性能外,还需要关注富 CO_2 沼液的农业生态利用的可行性。富 CO_2 沼液的农业生态利用的可行性可由其对植物生理毒性的大小来进行快速评估。因此,当得到的富 CO_2 沼液同时具备较高的 CO_2 再吸收性能和较低的植物生理毒性时,才能说明减压解吸强化技术具有可行性。

种子发芽和根长测试是一种简单、敏感、快捷和环境友好型的测试手段,通常被用于评估有机物或无机物对植物的生理毒性。由于绿豆种子具有生长快、便于试验等优点,因而其常被用于植物生理毒性的测试。

本研究采用绿豆种子的发芽指数(GI)对富 CO_2 沼液的植物生理毒性进行测试。首先将富 CO_2 沼液用蒸馏水稀释到 50 mL/L、100 mL/L、200 mL/L、400 mL/L、800 mL/L 和 1000 mL/L 等应用浓度(即沼液量/总溶液量)。然后取 10 mL 样品添加到直径为 9 cm 的培养皿中,并在培养皿中均匀地放置 15 颗绿豆种子。每个培养皿均采用盖子覆盖,将培养皿置于温度为(25±0.5)℃、相对湿度为 80% 的生化培养箱中。每天按时测试培养皿中的水分损失情况,并在水分损失过大时添加一定量的蒸馏水,以保证其水分含量。忽略试验中在种子发芽期间沼液的吸收和降解,当种子的根长超过 2 mm 时,则认为该种子正常发芽;当蒸馏水对照组的种子根长超过 20 mm 时,即可停止发芽试验并进行根长测试。在研究中,平均发芽时间超过 36 h 后,开始测试种子的平均根长和发芽率。本研究采用导致种子发芽抑制率达到 50% 的沼液浓度(EC_{50})来评估沼液的植物生理毒性。

2.2.1.3　数据分析方法

1) 沼液的 CO_2 解吸特性

采用平均 CO_2 解吸速率和平均 CO_2 解吸效率来评估原沼液的 CO_2 减压解吸性能。

$$S_{CO_2} = \frac{\alpha_0 - \alpha_t}{t} \times 60 \tag{2-1}$$

$$R_{CO_2} = \frac{\alpha_0 - \alpha_L}{\alpha_0} \times 100\% \tag{2-2}$$

式中,S_{CO_2} 是沼液中 CO_2 平均解吸速率,单位为 mol/(L・h);R_{CO_2} 是 CO_2 解吸效率,%;α_0 和 α_L 分别是 CO_2 原沼液和解吸后贫 CO_2 沼液的 CO_2 负荷,单位为 mol/L;α_t 是原沼液在 t 时刻的 CO_2 负荷,单位为 mol/L。

2) 沼液的 CO_2 吸收特性

解吸后贫 CO_2 沼液的 CO_2 再吸收特性采用 CO_2 循环携带量 $\Delta\alpha$ 来进行评估。

$$\Delta\alpha = \alpha_R - \alpha_L \tag{2-3}$$

式中,α_R 是沼液吸收 CO_2 至饱和时的 CO_2 负荷,单位为 mol/L。

3) 沼液中 CO_2 的解吸反应动力学

沼液中 CO_2 解吸反应速率常数可以通过下列的阿伦尼乌斯公式来获得。

$$\ln k = \frac{E_a}{R(T+273)} + \ln A \tag{2-4}$$

式中,k 是解吸反应速率常数,单位为 h^{-1};E_a 是反应活化能,单位为 kJ/mol;A 是指前因子,单位为 h^{-1};R 是摩尔气体常数,单位为 kJ/(mol・K);T 是反应温度,单位为 ℃。

本研究中,沼液 CO_2 负荷随时间变化的规律可以用指数衰减曲线(一级反应动力学)进行拟合。

$$\alpha_t = \alpha_0 \cdot e^{-k_C t} \tag{2-5}$$

式中,k_C 是衰减系数。

4) 沼液 CO_2 解吸中的氨氮损失动力学

沼液来源于生物质的厌氧发酵过程,所以沼液中含有大量的氨氮。理论上,当沼气中 CO_2 被解吸而释放时,沼液的氨氮浓度应保持不变。但由于氨氮与游离氨(NH_3)之间的动态平衡关系,当 CO_2 从沼液中被解吸而释放时,沼液体系的 pH 值会增加,从而导致沼液中的游离氨浓度会增加。而当有游离氨脱离沼液体系时,就会导致氨氮与游离氨之间的动态平衡关系被破坏,促使氨氮向游离氨转换而更易逸出沼液体系,从而导致沼液氨氮浓度下降。因此,在沼液 CO_2 解吸中,沼液体系中的氨氮会因游离氨的挥发而损失。沼液中游离氨浓度可由下列公式计算得出。

$$[NH_3] = \frac{[TAN]}{1 + 10^{4 \times 10^{-8} \times T^3 + 9 \times 10^{-5} \times T^2 - 0.0356 \times T + 10.072 - pH}} \qquad (2-6)$$

式中，$[NH_3]$ 表示沼液体系中的游离氨浓度，单位为 mol-N/L；$[TAN]$ 表示沼液中的氨氮浓度，单位为 mol-N/L；T 表示沼液温度，单位为 ℃。

解吸中，沼液总氨氮浓度随时间的变化可用指数衰减曲线进行拟合，用于计算氨氮损失过程的动力学常数。

$$[TAN]_t = [TAN]_0 \cdot e^{-k_N t} \qquad (2-7)$$

式中，$[TAN]_0$ 和 $[TAN]_t$ 分别表示原沼液的初始氨氮浓度和在任意 t 时刻的氨氮浓度，单位为 mol/L；k_N 是氨氮挥发损失的动力学常数，单位为 h^{-1}。

氨氮损失过程的活化能和指前因子可用式(2-4)计算得出。

5）富 CO_2 沼液的植物生理毒性

在种子发芽后，所有数据采用 Levene 检验法进行数据的一致性和差异性检测。数据终点采用 Dunnett 检验法在差异性为 ±5% 以内的区间进行检测。采用浓度抑制曲线获得富 CO_2 沼液对种子的 50% 抑制率浓度。

发芽抑制率 IR 可以通过下列公式进行计算。

$$IR = \left(1 - \frac{MRL_B}{MRL_C}\right) \times 100\% \qquad (2-8)$$

式中，IR 是发芽抑制率，单位为 %；MRL_B 和 MRL_C 分别表示富 CO_2 沼液组和对照组的平均根长，单位为 mm。

2.2.1.4 沼液中 CO_2 的减压解吸机理及解吸反应动力学

在 20 kPa 的绝对解吸压力和 35~75 ℃ 的解吸温度下，沼液 CO_2 负荷的变化规律如图 2-3 所示。由图 2-3 可知，随着解吸的进行，沼液的 CO_2 负荷逐渐下降，证明原沼液自有 CO_2 已被成功解吸而离开沼液体系。由于 CO_2 被解吸，沼液体系的 pH 值先快速上升，然后逐渐稳定，如图 2-4 所示。由沼液 CO_2 负荷下降及沼液 pH 值上升可推断出，采用减压方式可实现沼液中 CO_2 的解吸，且同时具备恢复沼液 CO_2 吸收性能的潜力。相比于空气吹脱法，减压解吸方法更加高效快捷。如空气吹脱法需要高达 12 h 的吹脱时间才能达到 80% 的 CO_2 解吸率，而减压解吸法只需要约 0.67 h。

由图 2-3 可知，沼液 CO_2 解吸速率随温度升高而逐渐增加，因而其解吸反应速率常数也随温度增加而急剧增加，如表 2-2 所示。如在温度从 35 ℃ 增加到 75 ℃ 的过程中，CO_2 解吸反应速率常数大约增加了 11 倍。解吸反应速率常数与解吸温度间的关系如图 2-5 所示，可根据阿伦尼乌斯方程计算出沼液 CO_2 解吸的反应活化能与指前因子。计算获得的解吸反应活化能为 57.78 kJ/mol。从图 2-3 可知，在解吸初期，沼液中的 CO_2 被快速释放，但随着解吸的进行，CO_2 解吸性能逐渐下降。例如，在 20 kPa 和 55 ℃ 的条件下，在最初的 0.167 h 内，CO_2 负荷陡降了 0.105 mol/L，CO_2 平均解吸速率达到了 0.353 mol/(L·h)。而在第二个 0.167 h 的解吸时段内，CO_2 平均解吸速率大幅降至 0.121 mol/(L·h)。在最后一个 0.167 h 的解吸时段内，CO_2 平均解吸速率则降至 0.053 mol/(L·h)。CO_2 解吸速率随时间的变化规律与 CO_2 在沼液内的存在形态息息相关。

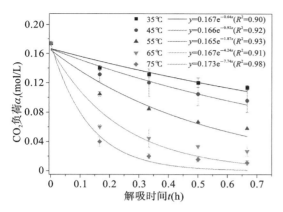

图 2-3　减压解吸中沼液 CO_2 负荷的变化规律

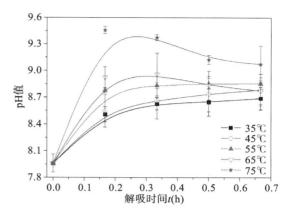

图 2-4　CO_2 解吸中沼液体系的 pH 值变化规律

表 2-2　不同温度下的 CO_2 解吸反应动力学常数(k_C)和氨氮损失动力学常数(k_N)(20 kPa)

解吸温度(℃)	原 沼 液		碳酸氢铵溶液	
	k_C(h^{-1})	k_N(h^{-1})	k_C(h^{-1})	k_N(h^{-1})
35	0.64±0.11	0.09±0.01	0.82±0.12	0.19±0.02
45	0.92±0.13	0.28±0.05	1.33±0.22	0.41±0.05
55	1.87±0.28	0.97±0.05	1.87±0.28	0.82±0.15
65	4.24±0.91	2.82±0.21	4.75±0.41	2.58±0.06
75	7.74±1.21	3.72±0.33	7.59±0.51	4.98±0.43

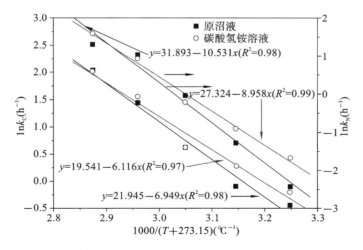

图 2-5　CO_2 解吸反应速率常数与温度间的关系

为深入了解沼液 CO_2 解吸机理,在相同的解吸条件下,对具有与原沼液相同 CO_2 负荷、TAN 浓度和 pH 值的碳酸氢铵溶液的 CO_2 减压解吸特性进行了对比研究,获得了其 CO_2 解吸反应速率常数,如表 2-2 所示。由表 2-2 可知,无论在何种解吸条件下,碳酸氢铵溶液的 CO_2 解吸反应速率常数均略高于沼液,且计算得出的反应活化能为 50.88 kJ/mol,略低于沼

液的 CO_2 解吸反应活化能,因此证明了碳酸氢铵溶液的 CO_2 解吸更易进行。但需要注意的是,沼液和碳酸氢铵的 CO_2 解吸速率常数差异并不显著,尤其是当解吸温度超过 55 ℃ 时,两者的解吸反应速率常数几乎相同。这说明沼液中 CO_2 解吸主要源于碳酸氢铵的分解过程,而沼液中碳酸氢铵的形成则主要归因于厌氧发酵过程中沼液中的游离氨与沼气中的 CO_2 的化学反应。由于在游离氨与 CO_2 反应过程中除了生成易解吸的碳酸氢铵外,还会生成更难再生的氨基甲酸铵与碳酸铵,因而,在沼液 CO_2 解吸初期主要是碳酸氢铵的分解,CO_2 解吸速率大,而随着碳酸氢铵的消耗,CO_2 解吸逐渐转变为碳酸铵和氨基甲酸铵的分解,解吸难度增加,CO_2 解吸速率大幅下降。

由此可推断出,沼液吸收 CO_2 的机理主要源于沼液中的游离氨与 CO_2 的化学反应。当然,沼液中的微量的碱性氨基酸也会参与 CO_2 的吸收过程,但其贡献度较低。因此,沼液吸收 CO_2 和沼液中 CO_2 解吸可采用下述的反应式来表示。

$$CO_2(g) \Longleftrightarrow CO_2(aq) \tag{2-9}$$

$$CO_2(aq) + H_2O(l) \Longleftrightarrow H_2CO_3(aq) \tag{2-10}$$

$$H_2CO_3(aq) \Longleftrightarrow H^+ + HCO_3^- \tag{2-11}$$

$$HCO_3^- \Longleftrightarrow H^+ + CO_3^{2-} \tag{2-12}$$

$$H_2O \Longleftrightarrow H^+ + OH^- \tag{2-13}$$

$$NH_3(aq) + HCO_3^- \Longleftrightarrow H_2O + NH_2COO^- \tag{2-14}$$

$$NH_3(aq) + H_2O \Longleftrightarrow NH_4^+ + OH^- \tag{2-15}$$

$$NH_3(aq) \Longleftrightarrow NH_3(g) \tag{2-16}$$

由上述可知,采用减压手段可实现沼液 CO_2 负荷的下降,且沼液 CO_2 解吸主要来源于其中的碳酸氢铵的热分解过程。而 CO_2 解吸后,沼液的 CO_2 再吸收性能是否得到强化,这取决于解吸后沼液中游离氨的浓度。由图 2-4 可知,CO_2 解吸后,沼液 pH 值上升,因而,解吸后,沼液的 CO_2 再吸收性能取决于沼液体系的氨氮含量变化情况。在不同的解吸条件下,沼液体系的氨氮含量变化如图 2-6 所示。由图 2-6 可知,在减压解吸过程中,沼液体系的氨氮含量逐渐下降,且解吸温度越高,氨氮含量下降得越快。氨氮含量下降的主要途径为氨氮向游离氨

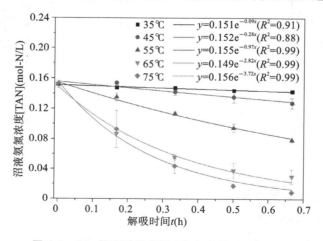

图 2-6　CO_2 解吸过程中沼液氨氮浓度的变化规律

转化而被抽离沼液体系。由表 2-2 可知,碳酸氢铵溶液的氨氮损失动力学常数要高于沼液;由图 2-5 可知,两者的反应活化能计算值分别为 74.48 kJ/mol 和 87.55 kJ/mol。在较低的解吸温度下,尤其是温度低于 55 ℃时,沼液的氨氮损失量远低于其 CO_2 解吸量。这表明在合适的解吸条件下,可同时获得高的 CO_2 解吸性能和低的氨氮损失量。结合解吸过程中沼液 pH 值变化规律可知,解吸后沼液将会获得比原沼液更高的游离氨浓度,进而强化了沼液的 CO_2 吸收性能。

2.2.1.5　沼液 CO_2 解吸性能的优化

在沼液 CO_2 解吸过程中,除了考虑 CO_2 解吸速率外,还需要考虑沼液氨氮损失和解吸能耗。当解吸压力等于解吸温度下沼液中水的饱和蒸汽分压时,可同时达到较高的 CO_2 解吸速率和较低的解吸能耗。因此,在研究中,解吸压力被设定在该解吸温度下的饱和水蒸气分压 $P_w^s(T)$ 附近。如图 2-7 所示,当解吸压力设定在该解吸温度的饱和水蒸气分压时,77 ℃下的 CO_2 平均解吸速率最高,约为 0.148 mol/(L·h)。在任何温度下,降低解吸压力均可增加 CO_2 解吸性能,这主要是因为降低压力可以增加水蒸气的传质通量,进而降低 CO_2 分压,最终增加 CO_2 的传质驱动力。

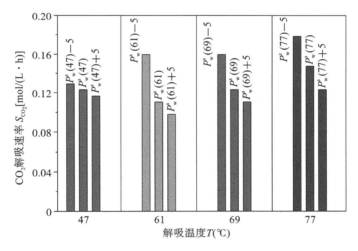

图 2-7　不同解吸温度和压力下沼液的 CO_2 解吸性能(解吸时间为 0.667 h)

当提高解吸温度时,系统的解吸压力也会随之增加。解吸压力增加后,CO_2 解吸性能依然会随温度的增加而得到改善,如图 2-7 所示。这表明可以通过适当提高解吸压力和解吸温度来减少真空泵的电耗。当解吸温度较低时,解吸过程中的热消耗可由外界余热来供应。

CO_2 解吸后的沼液的 pH 值与氨氮浓度如图 2-8 所示。显然,CO_2 解吸后,再生沼液的 pH 值得到较大幅度的提升,且温度越高,pH 值就越高;而在相同温度下,解吸压力越低,沼液的 pH 值就越大。总体而言,解吸后沼液的氨氮浓度随解吸压力的增加而增加,但在 $P_w^s(T)$ 或 $[P_w^s(T)+5]$ 这两种压力条件下解吸所获得的解吸后沼液的氨氮浓度差异并不显著。因此,如果需要同时满足较高的 CO_2 解吸性能和较低的 TAN 损失,可设定解吸温度为 69～77 ℃,解吸压力则与该温度下的饱和水蒸气分压相当。

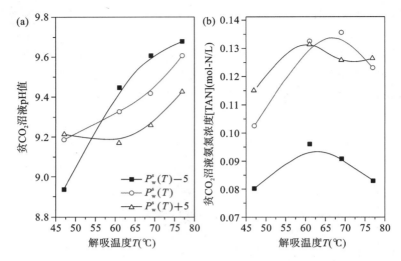

图 2-8　不同解吸条件下的沼液的 pH 值与氨氮浓度(解吸时间为 **0.667 h**)

2.2.1.6　解吸后沼液的 CO_2 再吸收性能

解吸后沼液的 CO_2 再吸收性能如图 2-9 所示。其中,原沼液的 CO_2 吸收性能约为 0.03 mol-CO_2/L。虽然解吸后沼液的 TAN 浓度低于原沼液,但由于其具有较高的 pH 值,其游离氨的含量较高,因而其 CO_2 吸收容量较高。这意味着,通过 CO_2 减压解吸,原沼液的 CO_2 吸收性能不仅可以得到恢复,而且还可以得到进一步强化。此外,当 CO_2 解吸采用温度 T 和温度 T 所对应的饱和水蒸气分压的条件时,除 47 ℃外,CO_2 再吸收性能均可达到最高。该现象可用不同的游离氨浓度来解释,例如,对于在 69 ℃+25 kPa[$P_w^s(69)-5$]、69 ℃+30 kPa[$P_w^s(69)$]和 69 ℃+35 kPa[$P_w^s(69)+5$]等条件下获得的解吸后沼液而言,游离氨在常温下的估算值分别为 0.064 mol-N/L、0.082 mol-N/L 和 0.065 mol-N/L。值得注意的是,对于在 77 ℃和 $P_w^s(77)$ 条件下获得的解吸后沼液而言,其 CO_2 再吸收性能可以提升至 0.125 mol/L,比原沼液的 CO_2 吸收性能高出了 316.67%。

原沼液在 CO_2 解吸前后的 CO_2 循环携带量与沼液中的游离氨浓度线性相关,如图 2-10 所示。这表明沼液的 CO_2 吸收性能主要由沼液中的游离氨浓度所决定,也进一步佐证了前述所提及的沼液对 CO_2 的吸收反应机理。因此,当考虑使用沼液作为可再生吸收剂用于 CO_2 捕集时,应先将在厌氧发酵过程中溶于沼液中的 CO_2 从沼液中解吸出来,同时保证沼液具有较高的 pH 值和较低的氨氮损失。选择具有较高氨氮含量的沼液作为 CO_2 吸收剂,可获得更高的 CO_2 吸收性能,例如,在使用餐厨废弃物进行厌氧发酵时,其沼液的氨氮含量可达到 5 g-N/L。如果其 pH 值可提升至 9.7 且保证氨氮损失小于 10%,那么根据图 2-10 的结论进行估算,其 CO_2 再吸收性能可达到 0.41 mol/L。显然,通过减压解吸的方式可实现沼液 CO_2 吸收性能的自强化。

同时,本研究也对沼液作为 CO_2 吸收剂时的碳捕集潜力进行了简单评估。目前,中国每年的畜禽粪污产生量接近 40 亿吨。若对所有的畜禽粪污都通过厌氧发酵产生沼气的方式进行处理,在进料 TS=8% 情况下,每年可产生至少 60 亿吨的原沼液。当采用沼液作为 CO_2 吸收剂时,先对其进行 CO_2 解吸,并将解吸出的 CO_2 妥善利用(如用于温室气肥),再以解吸后

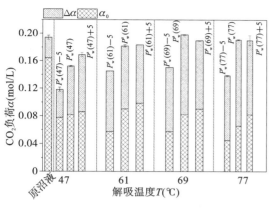

图 2-9 常温下解吸后沼液的 CO_2 再吸收性能

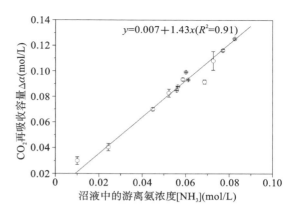

图 2-10 沼液 CO_2 吸收量与游离氨
浓度之间的关系

沼液作为吸收剂不循环的单程 CO_2 吸收工艺的吸收剂。如果解吸后沼液的 CO_2 再吸收性能为 0.1～0.4 mol/L 时,那么每年通过此方法可额外捕集 2740 万吨到 1.1 亿吨的 CO_2。因此,沼液非常适合作为吸收剂不循环的单程 CO_2 吸收过程的可再生吸收剂。

2.2.1.7 富 CO_2 沼液的农业生态利用可行性分析

在不同的富 CO_2 沼液施用浓度条件下,绿豆种子的发芽情况如图 2-11 所示。富 CO_2 沼液的施用浓度(C)被定义为每升施用液体中富 CO_2 沼液的体积。$C < 1000$ mL/L 意味着需要用水对富 CO_2 沼液进行稀释。富 CO_2 沼液对绿豆种子的发芽抑制曲线如图 2-12 所示。图 2-12 并未给出富 CO_2 沼液浓度低于 50 mL/L 时的情形,主要原因在于此浓度对绿豆种子的根长的影响并不明显。显然,富 CO_2 沼液对种子根长的抑制率随施用浓度的增加而大幅增加,这表示其植物生理毒性大幅提高,尤其是当测试浓度高于 400 mL/L 时,种子根长几乎全被抑制。因此,富 CO_2 沼液的农业生态利用是可行的,但是需要限制其施用浓度(C)。

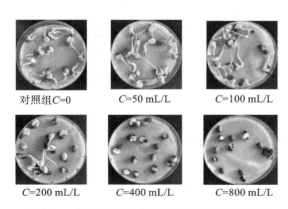

图 2-11 沼液施用浓度对绿豆种子发芽的影响
（C 为富 CO_2 沼液的施用浓度）

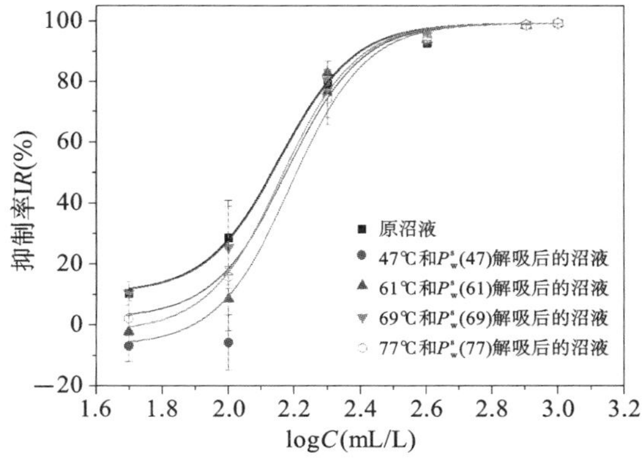

图 2-12 沼液施用浓度对绿豆种子的
根长抑制曲线

另外,本研究对富 CO_2 沼液浓度和种子根长抑制率之间的关系进行了非线性拟合,通过两者的拟合方程式即可获得 EC_{50} 值,如表 2-3 所示。EC_{50} 值越高,富 CO_2 沼液的允许施用浓度就越高。与原沼液相比,采用解吸后沼液再次吸收 CO_2 后形成的富 CO_2 解吸沼液的 EC_{50} 值更高,这意味着富 CO_2 解吸沼液的植物生理毒性要低于原沼液,因此,富 CO_2 解吸沼液的农业应用潜力更大。富 CO_2 解吸沼液的植物生理毒性比原沼液低的原因在于,富 CO_2 解吸沼液的氨氮浓度更低。因而在相同的 pH 值(6.97~7.06)条件下,富 CO_2 解吸沼液中的游离氨含量更低,对有机体的毒害性更低。

表 2-3 基于 EC_{50} 值的植物生理毒性评估

沼液处理方式		抑制曲线 (y 为抑制率 IR,x 为 $\log C$)	R^2	EC_{50} (mL/L)	95% 置信区间 EC_{50} (mL/L)
富 CO_2 原沼液		$y = 10.4909 + \dfrac{82.8605}{1 + 10^{2.523 \times (2.126 - x)}}$	0.9807	133.7	109.1~163.9
富 CO_2 解吸沼液(沼液先在 T 和 $P_w^s(T)$ 条件下进行 CO_2 解吸,然后再吸收 CO_2)	$T = 47\ ℃$	$y = -6.9107 + \dfrac{100.2621}{1 + 10^{6.298 \times (2.227 - x)}}$	0.9794	168.8	128.7~221.2
	$T = 61\ ℃$	$y = -2.1913 + \dfrac{95.5427}{1 + 10^{5.558 \times (2.180 - x)}}$	0.9818	151.5	121.9~188.2
	$T = 69\ ℃$	$y = 10.3679 + \dfrac{82.9895}{1 + 10^{2.830 \times (2.126 - x)}}$	0.9758	135.7	108.8~169.3
	$T = 77\ ℃$	$y = 2.2256 + \dfrac{91.1258}{1 + 10^{3.440 \times (2.192 - x)}}$	0.9846	155.5	129.9~186.2

综合考虑,77 ℃ 和 40 kPa(77 ℃ 下对应的饱和水蒸气分压)可能是较优的沼液解吸条件,在该条件下可以获得较高的 CO_2 再吸收性能(约 0.125 mol/L)和较低的植物生理毒性($EC_{50} = 155.5$ mL/L,大于 133.7 mL/L)。

2.2.2 沼液 CO_2 吸收性能的气体吹扫解吸强化机制

2.2.2.1 研究材料

本研究所用的原沼液来自湖北省武汉市一家以猪粪为发酵原料的大型中温厌氧发酵沼气工程。其厌氧发酵温度约为 35 ℃。沼液的主要参数如表 2-4 所示。在试验之前,将收集的原沼液放在室温下厌氧储存,直到其不再产生沼气。本研究考虑了不同沼液氨氮浓度的影响。由于原沼液氨氮浓度较低,所以通过向沼液中添加碳酸氢铵(NH_4HCO_3,NH_3 的含量为 21.0%~22.0%,来源于上海凌峰化学试剂有限公司),配制成不同初始氨氮浓度的沼液。

表 2-4 气体吹扫解吸强化研究中所用沼液的主要参数

参 数	数值(平均值±标准差)
pH 值	8.105±0.007
电导率(mS/cm)	7.185±0.007
CO_2 负荷(mol-CO_2/L)	(0.137±0.001)~(0.493±0.003)
氨氮浓度(mg-N/L)	(1600±100)~(6000±150)

该研究中用到的 CO_2(纯度>99.5%)和 N_2(纯度>99.99%)均购置于武汉钢铁集团氧气有限责任公司。由于 CH_4 易燃,考虑到试验的安全性,在研究中特采用 N_2 来替代 CH_4 与

CO_2 组成模拟沼气。

2.2.2.2　试验系统与流程

1) 沼液中 CO_2 的吹扫解吸研究

本研究的试验系统如图 2-13 所示。在每次进行沼液中 CO_2 吹扫解吸试验前,往三口烧瓶反应器 4 中加入 500 mL 沼液,再调节集热式恒温加热磁力搅拌器 3(DF-101S 型),使沼液达到 CO_2 吹扫解吸所设定的温度,并调节磁力搅拌旋钮,使三口烧瓶反应器中的磁力转子以约 300 rpm 的转速匀速转动。待温度稳定后,打开阀门 10,关闭阀门 9,调节质量流量计 1(D08-4F 型),确保吹扫气 N_2 的流量达到设定值。N_2 经过水饱和瓶 2 后进入反应器中,随后解吸所产生的解吸气与 N_2 通过球形冷凝管 6 冷却后排空,冷凝液体回流至反应器中。在解吸试验开始后,每隔 10 min 取样 5 mL 沼液,测试其 pH 值、CO_2 负荷和氨氮浓度,且在每次取样后补充 5 mL 沼液,以保证反应器中沼液的总量不变。一次气体吹扫解吸试验大约持续 60 min。

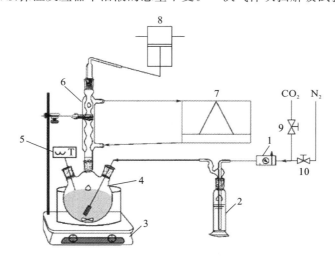

图 2-13　沼液中 CO_2 吹扫解吸与 CO_2 再吸收试验

(1—质量流量计;2—水饱和瓶;3—集热式恒温加热磁力搅拌器;4—三口烧瓶反应器;5—温度传感器;
6—球形冷凝管;7—低温冷却循环泵;8—真空泵;9,10—阀门)

当利用气体吹扫耦合减压解吸进行沼液中 CO_2 解吸的研究时,其试验流程与纯气体吹扫解吸的过程基本一致,但此时需要打开真空泵 8,将压力调节为设定值。

2) 解吸后沼液的 CO_2 再吸收研究

待上述解吸试验结束后,马上关闭阀门 10,待温度冷却至 40 ℃后,打开阀门 9,调节 CO_2 流量至 0.5 L/min,CO_2 气体经过水饱和瓶 2 后进入反应器中进行沼液的 CO_2 再吸收。吸收开始后,每隔 10 min 对反应器中的沼液取样 5 mL,测试其 pH 值、CO_2 负荷和氨氮浓度,且在每次取样后补充 5 mL 沼液。一次 CO_2 再吸收试验大约持续 30 min。

2.2.2.3　数据分析方法

沼液中 CO_2 的吹扫解吸性能主要由沼液 CO_2 负荷来反映,对于解吸后的贫 CO_2 沼液的 CO_2 再吸收特性,则采用 CO_2 循环携带量($\Delta\alpha$)来评估,计算方法可参考式(2-3)。

2.2.2.4 纯气体吹扫解吸对沼液 CO_2 吸收性能的恢复与强化

1) 气体的吹扫流量对沼液 CO_2 解吸性能的影响

当沼液温度为 55 ℃时,采用纯 N_2 作为吹扫气进行沼液中 CO_2 解吸试验。在不同的 N_2 吹扫流量下,沼液 CO_2 负荷、pH 值和氨氮浓度的变化趋势如图 2-14 所示。从图 2-14(a)可知,无论选择多大的气体吹扫流量,沼液的 CO_2 负荷均呈现先快速降低后缓慢降低的趋势,例如,气体吹扫流量为 1.0 L-N_2/min,解吸时间由 0 增加到 30 min 时,沼液的 CO_2 负荷降低了 0.067 mol/L;而当解吸时间由 30 min 增加到 60 min 时,沼液的 CO_2 负荷只降低了 0.016 mol/L。采用气体吹扫解吸时,沼液 CO_2 解吸性能与解吸中的 CO_2 传质推动力(即气液中的 CO_2 分压差)成正比。在解吸初期,沼液 CO_2 负荷高,其 CO_2 分压大,因而传质推动力大, CO_2 解吸快。随着解吸的进行,沼液 CO_2 负荷逐渐下降,沼液体系中的 CO_2 的分压大幅下降,导致传质推动力下降,因而 CO_2 解吸变慢。

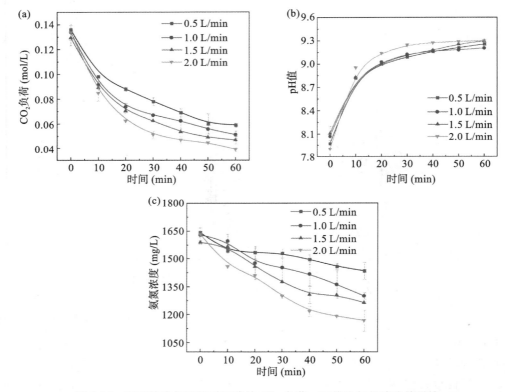

图 2-14 不同的吹扫流量对沼液的 CO_2 负荷、pH 值和氨氮浓度的影响

根据图 2-14(a)还可以看出,在解吸过程中,气体吹扫流量越大,最终获得的贫 CO_2 沼液的 CO_2 负荷越低,解吸性能越好。当气体吹扫流量为 0.5 L-N_2/min 时,解吸 60 min 后,贫 CO_2 沼液的 CO_2 负荷为 0.059 mol/L。而当气体吹扫流量为 2.0 L-N_2/min 时,贫 CO_2 沼液的 CO_2 负荷为 0.039 mol/L。贫 CO_2 沼液的 CO_2 负荷随气体吹扫流量变化的主要原因在于,较高的气体流量对液相的扰动越强,有助于降低液相的传质阻力;同时,气体吹扫流量越大,气相中 CO_2 分压就越低,其传质推动力就越大,这有助于强化 CO_2 解吸性能。

由图 2-14(b)可知,随着解吸时间的增加,沼液体系的 pH 值呈现先快速升高后缓慢变化的趋势,并且最终稳定在 9.2 到 9.3 之间。根据 2.2.1.4 节中所阐述的沼液 CO_2 解吸机理可知,沼液中 CO_2 解吸主要源于碳酸氢铵的分解。在解吸初期,沼液中 CO_2 脱离体系,碳酸氢铵分解为游离氨,体系的 pH 值快速上升。但由于游离氨的挥发性,因而随着解吸时间的延长,游离氨会通过传质逃离沼液体系,导致游离氨浓度下降,从而抑制沼液体系 pH 值的继续上升,如图 2-14(b)所示。

气体吹扫解吸有助于沼液的 CO_2 负荷下降及 pH 值的恢复,但同时也会造成氨氮损失,如图 2-14(c)所示。当解吸时间一定时,沼液氨氮浓度随着气体吹扫流量的增加而降低。例如,当解吸时间为 60 min 时,0.5 L-N_2/min、1.0 L-N_2/min、1.5 L-N_2/min 和 2.0 L-N_2/min 的气体吹扫流量下的沼液氨氮浓度分别为 1434.26 mg-N/L、1300.06 mg-N/L、1264.48 mg-N/L 与 1167.74 mg-N/L,沼液的氨氮损失率分别为 12.67%、20.25%、20.56% 和 28.58%。其主要原因在于,增大气体吹扫流量会加速游离氨向气相扩散,最终加速了游离氨的逃逸。

由此可见,虽然增加气体吹扫流量可以获得较好的沼液 CO_2 解吸性能,但亦会导致沼液氨氮损失的加剧,最终反而可能会降低贫 CO_2 沼液的 CO_2 再吸收性能。因此,采用气体吹扫的方法进行沼液 CO_2 解吸时,应控制好气体吹扫流量。

2) 解吸温度对沼液 CO_2 解吸性能的影响

当 N_2 吹扫流量为 1.5 L/min 时,解吸温度对沼液 CO_2 解吸性能的影响如图 2-15 所示。由图 2-15(a)可知,当解吸温度从 45 ℃ 上升至 75 ℃ 时,解吸后沼液的 CO_2 负荷从 0.061 mol/L 降至 0.020 mol/L。由此可见,提升解吸温度有助于强化沼液中 CO_2 的解吸。由沼液 CO_2 吸收及解吸机理可知,沼液中 CO_2 的释放主要源于碳酸氢铵的分解;而由阿伦尼乌斯公式可知,温度越高,碳酸氢铵的分解反应速率常数就越大,沼液 CO_2 解吸便更易进行。沼液体系温度越高,CO_2 在沼液中的溶解度就会降低,且扩散系数也会增加,这有助于 CO_2 从沼液向气相的传质,所以沼液 CO_2 解吸性能就越优。

从图 2-15(b)可知,沼液体系的 pH 值随解吸温度的升高而升高,例如,当解吸温度分别为 45 ℃、55 ℃、65 ℃ 和 75 ℃ 时,沼液的最终 pH 值分别为 9.195、9.295、9.510 和 9.755。与图 2-14(b)进行对比发现,解吸温度对沼液体系的 pH 值的影响程度要高于气体吹扫流量的影响。提升解吸温度,沼液体系可获得更高的 pH 值,这样解吸后沼液的 CO_2 再吸收潜力便更高。但需要注意的是,沼液体系中游离氨浓度不仅受 pH 值的影响,还受沼液温度的影响,如式(2-6)所示。显然,在相同氨氮浓度和 pH 值的条件下,沼液体系的温度越高,游离氨浓度就越高。因而在气体吹扫解吸下,更多的游离氨会从沼液体系进入气相而脱离沼液,导致氨氮损失增加,如图 2-15(c)所示。例如,气体吹扫流量为 1.5 L-N_2/min,解吸温度为 45 ℃、55 ℃、65 ℃ 和 75 ℃ 时,解吸后沼液的最终氨氮浓度分别为 1347.01 mg-N/L、1263.15 mg-N/L、1005.94 mg-N/L 和 848.12 mg-N/L,氨氮损失率分别为 18.61%、22.52%、38.46% 和 47.33%。

由图 2-15 还可知,在解吸 30 min 后,继续增加解吸时间时,沼液的 CO_2 负荷和 pH 值变化不大,但沼液氨氮浓度继续线性下降。这说明沼液中 CO_2 的解吸主要发生在解吸的前 30 min。显然,继续延长解吸时间,对沼液 CO_2 解吸性能的影响不大,但会导致氨氮的大量损失,从而影响解吸后沼液的 CO_2 再吸收性能。有研究表明,采用气体吹扫解吸 CO_2 时,操作参数对液体氨氮的影响程度从大到小的排列依次为 pH 值、气液比、温度。因此,从提升沼液 CO_2 解吸性能和降低氨氮损失的角度来考虑,后期可考虑选择较低气体吹扫流量和较高解吸温度的耦合使用。在不同的解吸温度下,气体吹扫流量对解吸 60 min 后沼液的 CO_2 负荷降幅与氨氮损失率的影响如图2-16所示。例如,采用 0.5 $L-N_2/min$ 的气体吹扫流量与 75 ℃ 的解吸温度耦合时,沼液的 CO_2 负荷降幅可达到 78.8%,而氨氮损失率仅为 24.56%。

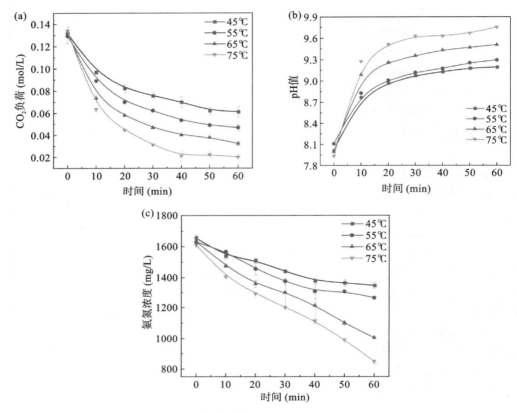

图 2-15　解吸温度对沼液 CO_2 负荷、pH 值和氨氮浓度的影响

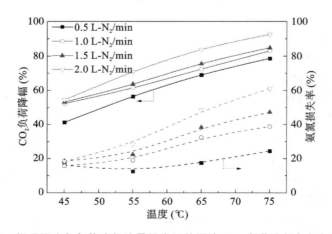

图 2-16　解吸温度与气体吹扫流量耦合下的沼液 CO_2 负荷降幅与氨氮损失率

3）不同初始氨氮浓度对沼液 CO_2 解吸性能的影响

沼液中,氨氮的初始浓度受发酵原料种类、发酵浓度及发酵温度等因素的影响。而不同的初始氨氮浓度则意味着解吸后沼液中游离氨浓度的不同,即 CO_2 再吸收性能的不同。因此,有必要探讨有着不同的初始氨氮浓度沼液的气体吹扫 CO_2 解吸性能,讨论结果如图 2-17 所示。

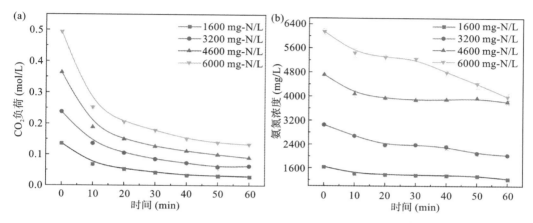

图 2-17　不同初始氨氮浓度的沼液的 CO_2 负荷和氨氮浓度

由图 2-17(a)可知,在 75 ℃和 0.5 $L\text{-}N_2/min$ 的条件下,解吸 60 min 后,初始氨氮浓度分别为 1600 mg-N/L、3200 mg-N/L、4600 mg-N/L 和 6000 mg-N/L 的沼液的最终 CO_2 负荷分别达到了 0.029 mol/L、0.063 mol/L、0.089 mol/L 和 0.133 mol/L,降幅依次为 78.82%、73.72%、75.45%和 73.08%。同时,在解吸初期,初始氨氮浓度越高,CO_2 负荷的下降速度越快。如在 0～20 min 内,初始氨氮浓度分别为 1600 mg-N/L、3200 mg-N/L、4600 mg-N/L 和 6000 mg-N/L 的沼液的 CO_2 负荷降幅分别达到了 0.004 mol/(L·min)、0.007 mol/(L·min)、0.011 mol/(L·min)和 0.014 mol/(L·min)。这主要是因为初始氨氮浓度越高,其初始 CO_2 负荷就越大,此时,沼液的 CO_2 平衡分压越大,传质推动力越大,解吸过程中的传质性能越优,因而 CO_2 解吸性能就越高。而解吸 30 min 后,不同初始氨氮浓度沼液的 CO_2 负荷变化均趋于平缓。

在吹扫解吸中,不同初始氨氮浓度的沼液的氨氮损失量并不相同,如图 2-17(b)所示。由图 2-17(b)可知,初始氨氮浓度越高,最终的氨氮损失量就越大,例如,初始氨氮浓度为 1600 mg-N/L、3200 mg-N/L、4600 mg-N/L 和 6000 mg-N/L 的沼液的吹扫解吸结束时,沼液的氨氮含量分别降低了 404.25 mg-N/L、1018.01 mg-N/L、900.78 mg-N/L 和 2162.36 mg-N/L。造成这一现象的主要原因在于,相同温度和 pH 值条件下,沼液初始氨氮浓度越高,沼液中游离氨的含量就越高,因而更易发生氨的挥发损失。由此可见,初始氨氮浓度越高的沼液具有更高的 CO_2 再吸收性能,但其氨氮损失也越高。因而,在实际应用中应对逃逸的游离氨进行回收。

4）贫 CO_2 沼液的 CO_2 再吸收性能

在不同的吹扫流量和解吸温度下,解吸后获得的贫 CO_2 沼液的 CO_2 再吸收性能如表 2-5 所示。其中,CO_2 再吸收性能用贫 CO_2 沼液的 CO_2 净吸收量来表征。

表 2-5　不同解吸温度和吹扫流量下的贫 CO_2 沼液的 CO_2 净吸收量　　（单位：mol/L）

解 吸 温 度	吹 扫 流 量			
	0.5 L-N_2/min	1.0 L-N_2/min	1.5 L-N_2/min	2.0 L-N_2/min
45 ℃	0.058±0.003	0.060±0.011	0.067±0.003	0.059±0
55 ℃	0.074±0.002	0.084±0.003	0.067±0.002	0.068±0.003
65 ℃	0.086±0.002	0.087±0.002	0.069±0.003	0.069±0.003
75 ℃	0.089±0.003	0.082±0.002	0.067±0.002	0.061±0.006

由表 2-5 可知，与初始氨氮浓度为 1600 mg/L 的原沼液 CO_2 净吸收性能为 0.022 mol/L 相比，采用气体吹扫解吸时，无论采用何种解吸条件，沼液的 CO_2 再吸收性能均得到了大幅强化，只是强化程度不同。例如，当解吸温度为 75 ℃ 时，在吹扫流量分别为 0.5 L-N_2/min、1.0 L-N_2/min、1.5 L-N_2/min 和 2.0 L-N_2/min 的条件下，贫 CO_2 沼液的 CO_2 净吸收量分别为 0.089 mol/L、0.082 mol/L、0.067 mol/L 和 0.061 mol/L，比原沼液的 CO_2 净吸收量提升了 304.55%、272.73%、204.55% 和 177.27%。

由表 2-5 还可知，在较低的气体吹扫流量（0.5 L-N_2/min）下，增加解吸温度，可较为显著地增加贫 CO_2 沼液的 CO_2 再吸收性能；而提高气体吹扫流量时，解吸温度对贫 CO_2 沼液的 CO_2 再吸收性能的影响并不显著。例如：当气体吹扫流量为 0.5 L-N_2/min，解吸温度从 45 ℃ 提升至 75 ℃ 时，贫 CO_2 沼液的 CO_2 净吸收量的增幅为 53.45%；而当气体吹扫流量增加到 1.0 L-N_2/min 和 2.0 L-N_2/min 时，相同温升条件下，CO_2 净吸收量的增幅则降为 36.67% 和 3.39%。在 0.5 L-N_2/min 与 75 ℃ 的解吸条件下，贫 CO_2 沼液可获得最高的 CO_2 净吸收量（0.089 mol/L）。这些现象可由气体吹扫流量和解吸温度对沼液 CO_2 解吸程度与沼液中氨氮损失的影响来共同解释。

在不同的初始氨氮浓度下，贫 CO_2 沼液的 CO_2 再吸收性能如图 2-18 所示。由图 2-18 可知，无论在哪种初始氨氮浓度下，经过气体吹扫解吸后，贫 CO_2 沼液的 CO_2 再吸收性能均可得到恢复，并均得到大幅强化。对于初始氨氮浓度分别为 1600 mg-N/L、3200 mg-N/L、4600 mg-N/L 和 6000 mg-N/L 的原沼液而言，经过 75 ℃ 和 0.5 L-N_2/min 的气体吹扫解吸后，所获得的贫 CO_2 沼液的 CO_2 再吸收负荷可分别达到 0.118 mol/L、0.239 mol/L、0.333 mol/L 和 0.467 mol/L，对应的 CO_2 净吸收量可分别达到 0.089 mol/L、0.176 mol/L、0.244 mol/L 和 0.334 mol/L。

2.2.2.5　减压耦合气体吹扫解吸对沼液 CO_2 吸收性能的恢复与强化

1）解吸温度与解吸压力对沼液 CO_2 解吸性能的影响

在 0.5 L-N_2/min 的气体吹扫流量下，引入减压操作，可进一步提升沼液的 CO_2 解吸性能。对于初始氨氮浓度为 1600 mg/L 的沼液而言，解吸压力和解吸温度对沼液 CO_2 解吸性能的影响如图 2-19 所示。

由图 2-19 可知，无论在哪种解吸温度和解吸压力下，沼液的 CO_2 负荷均随时间呈现先快速下降再缓慢下降的趋势。该趋势可用沼液 CO_2 解吸机理来解释。在沼液中，CO_2 主要以

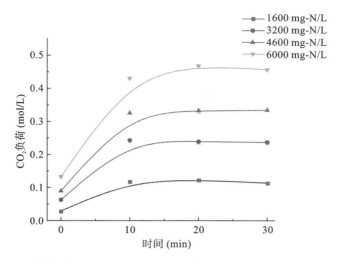

图 2-18　气体吹扫再生对不同初始氨氮浓度沼液 CO_2 再吸收性能的影响

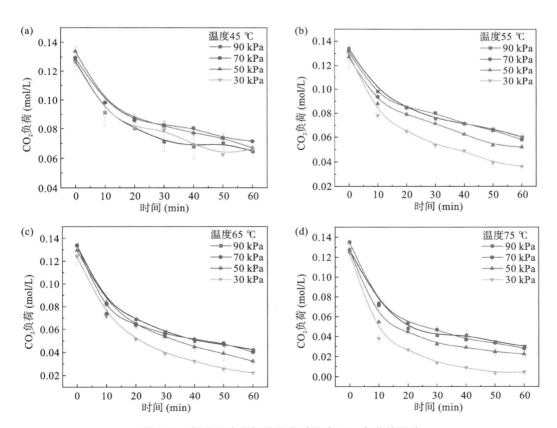

图 2-19　解吸温度和解吸压力对沼液 CO_2 负荷的影响

碳酸氢铵、碳酸盐、氨基甲酸盐等形式存在,且以碳酸氢铵为主。由于碳酸氢铵的分解焓更低,因而在解吸初期主要发生的是碳酸氢铵的分解,此时沼液 CO_2 负荷快速下降。随着碳酸氢铵的消耗, CO_2 解吸逐渐转为由碳酸盐和氨基甲酸盐的分解所控制,而这两者较难分解,因而导致 CO_2 负荷降幅大幅下降。同时,在恒定的解吸温度下,降低解吸压力有助于提高沼液的 CO_2 解吸性能。例如,在 65 ℃下,当解吸压力从 90 kPa 下降至 30 kPa 时,贫 CO_2 沼液的 CO_2 负荷从 0.042 mol/L 下降至 0.022 mol/L。其主要原因在于,系统压力越低,气相中 CO_2 的分压越低, CO_2 的传质推动力就越大,这有助于促进 CO_2 从沼液向气相的传质,从而改善沼液 CO_2 解吸性能。同样,在相同的解吸压力下,提升解吸温度也有助于强化沼液 CO_2 的解吸效果。例如,在 90 kPa 的解吸压力下,解吸温度从 45 ℃分别上升至 55 ℃、65 ℃和 75 ℃时,贫 CO_2 沼液的 CO_2 负荷从 0.065mol/L 分别下降至 0.060 mol/L、0.042 mol/L 和 0.030 mol/L。

在相同的温度条件下,降低解吸压力可以提升沼液的 CO_2 解吸性能,但同样也会增加沼液的氨氮损失,如图 2-20 所示。在 75 ℃和 0.5 L-N_2/min 的条件下,当解吸压力从 90 kPa 降低至 30 kPa 时,贫 CO_2 沼液的氨氮浓度从 864.96 mg/L 快速降至 20 mg/L,对应的氨氮损失率则从24.56%快速上升至 98.68%。而过高的氨氮损失会导致贫 CO_2 沼液的 pH 值呈现下降趋势,如图 2-20(b)所示。因此,当采用减压耦合气体吹扫解吸时,过低的解吸压力反而不利于沼液 CO_2 吸收性能的恢复。

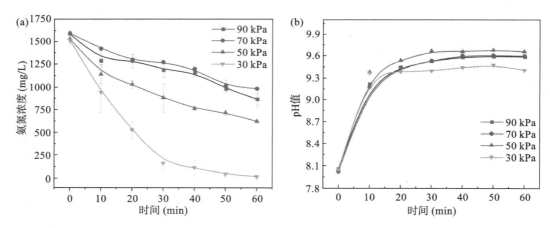

图 2-20　不同解吸压力对沼液氨氮浓度和 pH 值的影响

2）贫 CO_2 沼液的 CO_2 再吸收性能

采用减压耦合气体吹扫解吸获得的贫 CO_2 沼液再次吸收 CO_2 时,其 CO_2 再吸收性能如表 2-6 所示。从表中可知,当解吸温度较低时(如 45 ℃和 55 ℃),改变解吸压力对沼液的 CO_2 再吸收性能的影响并不显著;而当解吸温度较高时(如 65 ℃和 75 ℃),降低解吸压力反而会导致沼液的 CO_2 再吸收性能下降。这主要与沼液氨氮损失率随解吸压力降低而大幅增加有关。当气体吹扫流量为 0.5 L-N_2/min 时,75 ℃和 90 kPa 为最优的解吸条件,因为在这个条件下能获得最高的 CO_2 再吸收性能,约为 0.088 mol/L。

表 2-6　不同再生温度和再生压力耦合 0.5 L-N_2/min 气体吹扫流量下的沼液 CO_2 净吸收量　（单位：mol/L）

再 生 温 度	再 生 压 力			
	90 kPa	70 kPa	50 kPa	30 kPa
45 ℃	0.056±0.003	0.049±0	0.054±0.001	0.056±0.005
55 ℃	0.069±0.003	0.067±0.010	0.069±0.002	0.061±0.001
65 ℃	0.083±0.003	0.080±0	0.084±0.003	0.058±0
75 ℃	0.088±0.005	0.084±0.003	0.062±0.003	0.062±0.002

2.2.3　以 CO_2 吸收性能自强化后沼液为吸收剂的沼气提纯性能

2.2.3.1　试验材料与方案

在实际的沼气工程中，每天产生的沼气量和沼液量基本固定。两者的产生量虽然与发酵装置的单位容积产气率和原料的水力滞留期息息相关，但只要操作参数固定，两者之比基本固定。例如，对于单位容积产气率为 1 m³/(m³·d) 的沼气工程而言，当水力滞留期为 20 d 时，沼气量与沼液量的体积比固定为 20∶1。由于沼气量更高，在较低的沼液氨氮含量条件下，通过吸收剂不循环的单程 CO_2 吸收工艺，很难利用沼液一次性将沼气中 CO_2 脱除达到设定值（如低于 5%）。在这种情况下需要对沼液进行循环利用，即需要对沼液 CO_2 吸收性能进行多次自强化，从而满足沼气提纯的需要。沼液的自强化次数与沼液 CO_2 解吸特性、CO_2 再吸收特性、沼液中氨氮浓度、沼气初始 CO_2 含量等参数息息相关，因而需要研究沼液的 CO_2 解吸-再吸收循环的特性。

从工程应用角度考虑，采用气体吹扫进行沼液 CO_2 吸收性能的强化具有更低的能耗和更小的投资。因而，此研究只考虑了气体吹扫情形，且解吸温度为 75 ℃，N_2 流量为 0.5 L/min。所采用沼液的参数如表 2-4 所示，所采用的试验系统如图 2-13 所示。该研究考虑了沼液 CO_2 吸收性能自强化次数对沼气的理论提纯性能与实际提纯性能两种情形。在理论提纯性能测试中，利用纯 CO_2 使贫 CO_2 沼液再吸收至饱和，然后计算出其理论提纯性能。而在实际提纯性能测试中，利用贫 CO_2 沼液去提纯模拟沼气，直接测试沼气中 CO_2 含量的变化。无论是哪种情形，沼液 CO_2 解吸系统和过程均相同，在此不再赘述。在理论提纯性能的测试中，直接用纯 CO_2 进行吸收；而在实际提纯性能的测试中，则采用 CO_2 和 N_2 的混合气进行吸收。

CO_2 吸收性能自强化后的沼液的沼气提纯性能研究方案如图 2-21 所示。首先，对原沼液的 CO_2 进行解吸操作，然后采用贫 CO_2 沼液①吸收模拟沼气中的 CO_2 而重新形成富 CO_2 沼液①，而被脱除了部分 CO_2 的模拟沼气（贫 CO_2 沼气①）则通过循环用于下次的 CO_2 吸收。对富 CO_2 沼液①再次进行 CO_2 解吸操作，形成贫 CO_2 沼液②。将贫 CO_2 沼液②用于吸收贫 CO_2 沼气①中的 CO_2，从而形成贫 CO_2 沼气②。依次循环往复，直到沼气热值达到设定值（或 CO_2 浓度达到设定值，此处为不超过 5%），即结束沼液 CO_2 吸收性能的自强化过程。在自强化过程中，在只考虑解吸终点和吸收终点的沼液 CO_2 负荷的情况下，不同循环次数下的沼液 CO_2 负荷波动过程如图 2-22 所示。

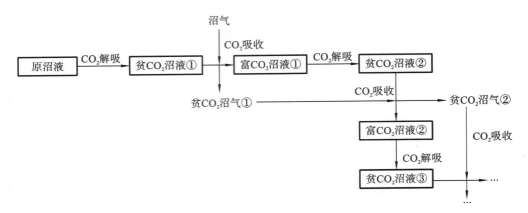

图 2-21　以 CO₂ 吸收性能自强化后的沼液为吸收剂的沼气提纯性能研究方案

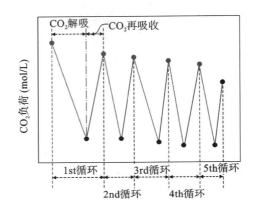

图 2-22　不同沼液 CO₂ 吸收性能自强化次数下 CO₂ 负荷波动的趋势示意图

2.2.3.2　数据处理方法

在沼液 CO₂ 吸收性能自强化中,沼液吸收的 CO₂ 总量可由下式进行计算。

$$V_n = \sum_{i=1}^{n} \Delta\alpha_n \times V_{BS,n} \times 22.4 \tag{2-17}$$

式中,V_n 是沼液 n 次循环后沼液的 CO₂ 总吸收量,单位为 L;$\Delta\alpha_n$ 为第 n 次循环时沼液的 CO₂ 净吸收量,单位为 mol/L;$V_{BS,n}$ 为第 n 次循环时沼液的体积,单位为 L。

根据不同自强化次数下的沼液 CO₂ 吸收总量,可计算出每次 CO₂ 解吸-再吸收循环结束后沼气中的 CH₄ 含量。

2.2.3.3　CO₂ 吸收性能自强化后沼液的理论沼气提纯性能

不同沼液 CO₂ 吸收性能自强化次数下的沼液 CO₂ 理论吸收性能如图 2-23 所示。当模拟沼气的 CH₄ 的初始浓度为 60% 时,根据沼液的 CO₂ 理论吸收量即可计算出沼气中的 CH₄ 含量,如图 2-23 所示。由图可知,沼液 CO₂ 再吸收性能随着自强化次数的增加而呈现出下降的趋势。其主要原因在于,每次 CO₂ 解吸-再吸收循环均会导致沼液氨氮损失。例如:当沼液氨氮初始浓度为 1600 mg/L 时,第 1 次沼液 CO_2 净吸收性能自强化时,解吸后贫 CO_2 沼液的净 CO_2 吸收性能为 0.120 mol/L;而在第 5 次自强化时,沼液的 CO_2 净吸收性能降至 0.089 mol/L,如图 2-23(a)所示。虽然沼液的 CO_2 再吸收性能出现了下降的趋势,但经过 5 次的自强化过程,模拟沼气 CH_4 的理论含量从 60% 提升至 100%,达到了生物天然气标准。

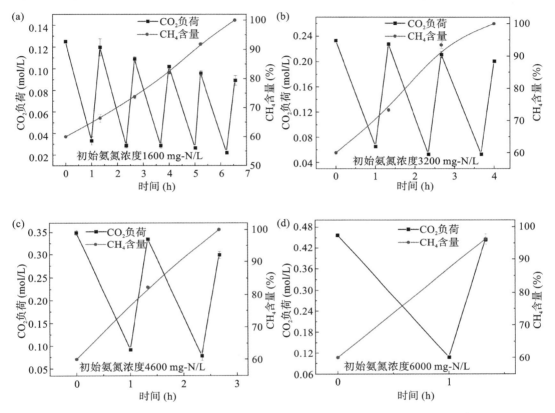

图 2-23　沼液 CO_2 吸收性能循环自强化次数对沼气的理论提纯性能的影响
(厌氧发酵装置的单位容积产气率 1 $m^3/(m^3 \cdot d)$,水力滞留期 20 d,75 ℃ 和 0.5 L-N_2/min 的解吸条件)

由图 2-23 还可知,沼液初始氨氮浓度越高,自强化后沼液的 CO_2 再吸收性能就越强,吸收的 CO_2 量也就越大,因而达到沼气提纯目标(如 CH_4 含量超过 95%)时所需要的自强化次数便越少。例如,在第 1 次自强化过程中,初始氨氮浓度为 1600 mg-N/L、3200 mg-N/L、4600 mg-N/L 和 6000 mg-N/L 的沼液的 CO_2 净吸收负荷分别为 0.086 mol/L、0.162 mol/L、0.242 mol/L 和 0.336 mol/L,而将模拟沼气中 CH_4 浓度提升至 95% 以上时所需要的自强化次数的理论值分别为 5 次、3 次、2 次和 1 次。

2.2.3.4　CO_2 吸收性能自强化后沼液的实际沼气提纯性能

在实际沼气工程中,不同的发酵物料产生的沼气的 CO_2 初始含量不同。因而,在将沼气提纯至生物天然气级别(CH_4 含量超过 95%)时,沼液 CO_2 吸收性能自强化次数不尽相同。因而有必要对沼液 CO_2 吸收性能自强化后沼气的实际提纯性能进行研究。

当沼气工程的单位容积产气率为 1 $m^3/(m^3 \cdot d)$,水力滞留期为 20 d 时,在不同初始氨氮浓度下,沼液 CO_2 吸收性能自强化次数对沼气中 CH_4 含量的影响如表 2-7 至表 2-10 所示。由表可知,无论对哪种初始氨氮浓度的沼液进行 CO_2 吸收性能自强化,只要经过多次强化后均能使沼气中的 CH_4 含量大幅提升,且沼气中初始 CH_4 含量越高(即初始 CO_2 含量越低),达到设定 CH_4 含量所需要的沼液自强化次数越少。以初始氨氮浓度为 1600 mg/L 的沼液为例,当沼气初始 CH_4 含量为 50% 时,需要经过 8 次沼液吸收性能自强化操作,才能使 CH_4 含量超过 95%。而当沼气的初始 CH_4 含量为 60% 和 70% 时,沼液自强化次数则降至 6 次和 5次,如表 2-7 所示。值得注意的是,在达到相同的 CH_4 含量目标时,实际情形下的沼气吸收性能自强化次数要高于理论情形,例如对于初始氨氮浓度为 1600 mg/L 的沼液,理论上只需要5 次自强化即可将沼气中 CH_4 含量从 60% 提升至 95% 以上,如图 2-23(a)所示,而实际情形下则需要 6 次,如表 2-7 所示。产生此种差距的主要原因在于,理论情形下采用的是纯 CO_2进行吸收,因而贫 CO_2 沼液的 CO_2 再吸收性能要高于实际值。

表 2-7　1600 mg-N/L 沼液的 CO_2 吸收性能自强化次数对沼气的实际提纯性能的影响

沼液自强化次数	自强化后 CH_4 含量(%)		
	初始 CH_4 含量 50%	初始 CH_4 含量 60%	初始 CH_4 含量 70%
1	55.45±0.33	65.94±0.51	76.50±0.59
2	61.66±0	71.86±0.61	82.59±0.52
3	68.49±0.67	78.50±2.18	88.92±0.08
4	75.83±1.06	84.78±1.47	94.58±0.45
5	83.08±0	91.34±0.49	97.89±0.97
6	89.79±0.57	96.09±2.19	—
7	94.46±1.89	—	—
8	98.81±0.11	—	—

表 2-8　3200 mg-N/L 沼液的 CO_2 吸收性能自强化次数对沼气的实际提纯性能的影响

沼液自强化次数	自强化后 CH_4 含量(%)		
	初始 CH_4 含量 50%	初始 CH_4 含量 60%	初始 CH_4 含量 70%
1	66.06±0.77	69.61±0.29	81.73±0.34
2	71.68±0.73	81.08±1.94	93.15±0
3	81.43±0.70	92.49±1.00	99.01±0.50
4	90.25±1.45	99.59±0.88	—
5	96.73±1.33	—	—

表 2-9 4600 mg-N/L 沼液的 CO_2 吸收性能自强化次数对沼气的实际提纯性能的影响

沼液自强化次数	自强化后 CH_4 含量(%)		
	初始 CH_4 含量 50%	初始 CH_4 含量 60%	初始 CH_4 含量 70%
1	62.03±0.41	69.61±0.85	86.26±0.15
2	76.75±0	89.42±0.15	38.37±0.06
3	90.42±0.60	95.66±0.96	—
4	98.99±0.96	—	—

表 2-10 6000 mg-N/L 沼液的 CO_2 吸收性能自强化次数对沼气的实际提纯性能的影响

沼液自强化次数	自强化后 CH_4 含量(%)		
	初始 CH_4 含量 50%	初始 CH_4 含量 60%	初始 CH_4 含量 70%
1	67.19±0.54	67.19±0.16	92.49±0.91
2	85.82±1.31	89.89±0.46	99.06±0.12
3	97.53±0.96	96.57±0.85	—

在实际情形下,沼液初始氨氮浓度越高,CH_4 含量达到设定值时所需要的沼液吸收性能自强化次数就越少。例如,当沼气的初始 CH_4 含量为 50% 时,对于初始氨氮浓度为 1600 mg-N/L、3200 mg-N/L、4600 mg-N/L 和 6000 mg-N/L 的沼液,分别进行 8 次、5 次、4 次和 3 次的自强化操作,即可使沼气中的 CH_4 含量超过 95%。显然,初始氨氮浓度高的沼液更适合在吸收剂不循环的单程 CO_2 化学吸收工艺中进行沼气提纯。

在实际沼气工程中,在相同的水力滞留期下,不同的单位容积产气率导致沼液量与沼气量之间的比值不同。这意味着,相同沼液所需要处理的沼气量不同。一般而言,单位容积产气率越高,产气量便越大。为了达到设定的提纯效果,应增加沼气 CO_2 吸收性能自强化的次数。在水力滞留期为 20 d,初始 CH_4 含量为 60% 的条件下,不同单位容积产气率下不同初始氨氮浓度沼液的 CO_2 吸收性能自强化次数对沼气的实际提纯性能的影响如表 2-11 至表 2-13 所示。

表 2-11 单位容积产气率为 1.0 $m^3/(m^3 \cdot d)$ 时沼液 CO_2 吸收性能自强化次数对沼气的实际提纯性能的影响

沼液自强化次数	自强化后 CH_4 含量(%)			
	初始氨氮浓度 1600 mg-N/L	初始氨氮浓度 3200 mg-N/L	初始氨氮浓度 4600 mg-N/L	初始氨氮浓度 6000 mg-N/L
1	65.94±0.51	69.61±0.29	69.61±0.85	67.19±0.16
2	71.86±0.61	81.08±1.94	89.42±0.15	89.89±0.46
3	78.50±2.18	92.49±1.00	95.66±0.96	96.57±0.85
4	84.78±1.47	99.59±0.88	—	—
5	91.34±0.49	—	—	—
6	96.09±2.19	—	—	—

表 2-12　单位容积产气率为 1.5 $m^3/(m^3 \cdot d)$ 时沼液 CO_2 吸收性能自强化次数对沼气的实际提纯性能的影响

沼液自强化次数	自强化后 CH_4 含量（%）			
	初始氨氮浓度 1600 mg-N/L	初始氨氮浓度 3200 mg-N/L	初始氨氮浓度 4600 mg-N/L	初始氨氮浓度 6000 mg-N/L
1	63.75±0.56	68.19±0.45	71.42±0.42	73.37±0.62
2	67.89±0.73	76.93±0.41	85.10±0.13	87.67±0.65
3	72.09±0.52	86.75±0.34	95.90±0.14	97.21±0.11
4	75.78±0.46	95.24±0.22	—	—
5	80.17±0			
6	83.68±1.79			
7	87.76±1.52			
8	91.70±1.17	—		
9	95.25±0.90			

表 2-13　单位容积产气率为 2.0 $m^3/(m^3 \cdot d)$ 时沼液 CO_2 吸收性能自强化次数对沼气的实际提纯性能的影响

沼液自强化次数	自强化后 CH_4 含量（%）			
	初始氨氮浓度 1600 mg-N/L	初始氨氮浓度 3200 mg-N/L	初始氨氮浓度 4600 mg-N/L	初始氨氮浓度 6000 mg-N/L
1	62.75±0.12	65.29±0.11	68.44±0.95	71.23±0.17
2	65.60±0.19	71.95±0.19	78.34±1.25	83.64±0.23
3	68.36±0.28	79.75±0	87.96±0.91	94.38±0.36
4	71.06±0.52	87.40±0.95	96.19±0.17	97.44±0.74
5	73.50±0.51	94.64±0.14	—	—
6	76.18±0	100.00		
7	78.64±0.18	—		
8	81.26±0.10	—	—	—
9	83.36±0.10	—		
10	85.35±0.32	—	—	—
11	87.46±0			
12	89.36±0.35			
13	91.12±0.12			

从表中可知,对于初始氨氮浓度为 1600 mg-N/L 的沼液而言,当沼气工程的单位容积产气率从 1.0 m³/(m³·d) 增加到 1.5 m³/(m³·d) 时,沼液的自强化次数需要从 6 次增加到 9 次,才能保证提纯后沼气中的 CH_4 含量超过 95%。而当单位容积产气率增加到 2.0 m³/(m³·d) 时,即使经过 13 次沼液自强化,也依然无法将 CH_4 含量提升至 95% 以上。显然,初始氨氮浓度较低的沼液是无法在高的单位容积产气率的沼气工程中通过自强化来实现沼气向生物天然气(CH_4 含量超过 95%)的转化的。但对于高初始氨氮浓度的沼液,虽然单位容积产气率增加会导致沼液的自强化次数增加,但其依然能实现生物天然气的生产。例如,对于初始氨氮浓度为 3200 mg-N/L、4600 mg-N/L 和 6000 mg-N/L 的沼液而言,当单位容积产气率从 1.0 m³/(m³·d) 增加至 2.0 m³/(m³·d) 时,其自强化次数分别从 4 次、3 次和 3 次增加至 6 次、4 次和 4 次。显然,对于高的单位容积产气率的沼气工程,如果沼液的初始氨氮浓度较高,那么可直接选择该沼液作为吸收剂,然后通过控制沼液 CO_2 吸收性能自强化次数来实现沼气的提纯。

2.3　沼液 CO_2 吸收性能的外源添加剂强化机制

2.3.1　基于外源吸收剂增量添加的沼液 CO_2 吸收性能强化机制

2.3.1.1　研究材料

本研究中的沼液取自湖北省某大型中温发酵沼气工程。其在不同浓缩倍数下的主要参数如表 2-14 所示。将取回的沼液放在室温(25±5)℃下密封保存至不再产气后,采用低速多管架自动平衡离心机对沼液进行转速为 4000 r/min 的离心操作,持续 20 min,然后取上清液储存备用。

表 2-14　沼液在不同浓缩倍数下的主要参数

主要参数	数值				
	浓缩 1 倍	浓缩 2 倍	浓缩 3 倍	浓缩 4 倍	浓缩 5 倍
化学需氧量 (mg/L)	3390.5±18.67	8842.2±75.59	13516.3±37.48	15370.0±47.38	16100.0±97.58
电导率 (mS/cm)	16.39±0.32	18.68±0.22	22.91±1.06	22.49±0.21	25.36±0.21
黏度 (mPa·s)	3	5	7	8	11
浊度 (NTU)	1125.6±10.61	5125.3±56.57	4920.9±95.46	4640.8±81.32	5502.0±21.21
pH 值	7.76±0.005	7.87±0.014	8.01±0.005	8.13±0.007	8.65±0.012

续表

主 要 参 数	数 值				
	浓缩 1 倍	浓缩 2 倍	浓缩 3 倍	浓缩 4 倍	浓缩 5 倍
氨氮 （mg/L）	1484.33±68.24	1472.17±95.11	1569.17±33.94	1012.50±3.54	913.17±19.80
CO_2 初始负荷 （mol/L）	0.136±0.003	0.145±0.003	0.175±0.005	0.153±0.009	0.175±0.001
硬度 （mol/L）	0.0068±0.0006	0.0081±0.0008	0.0117±0.0003	0.0153±0.0006	0.0202±0.0002
总磷 TP （mg/L）	12.30±0.25	19.79±0.64	31.70±0.16	16.04±0.25	24.20±2.77

通过向沼液中添加直接参与 CO_2 吸收反应的外源吸收剂可强化沼液的 CO_2 吸收性能，可选用的外源吸收剂有乙醇胺（MEA）、二乙醇胺（DEA）、三乙醇胺（TEA）、氨基乙酸钾（PG）、L-精氨酸（ARG）和 L-精氨酸钾（PA）等，且所有试剂均为分析纯试剂，均购置于国药集团化学试剂有限公司。氨基乙酸钾（PG）和 L-精氨酸钾（PA）是由氨基乙酸和 L-精氨酸分别与等物质的量的 KOH 发生中和反应获得的。

在沼液中添加外源吸收剂后，还需要考虑富 CO_2 沼液与外源吸收剂混合溶液的植物生理毒性。检测植物生理毒性的实验中所使用的植物种子为大白菜种子（来源于山东华良种业有限公司），纯度≥96%，发芽率≥85%，净度≥98%。

2.3.1.2　试验方案与数据处理方法

1) 沼液浓缩

由于 CO_2 化学吸收剂通常具有较高的植物生理毒性，为了保证沼液的农业利用可行性，需要对吸收剂的添加量进行严格控制。文献研究结果显示，吸收剂的最大添加浓度一般不能超过 0.1 mol/L。在保证较低的植物生理毒性的前提下，较低的吸收剂添加量势必会影响沼液的 CO_2 吸收性能。为了解决这一问题，本研究提出了沼液浓缩—吸收剂添加—CO_2 吸收—富 CO_2 沼液稀释的吸收剂增量添加机制，保证在沼液 CO_2 吸收过程中可以添加更大浓度的外源吸收剂。但在 CO_2 吸收完毕后，通过稀释使沼液中的外源吸收剂浓度又回落到不超过农业应用时所设定的最大浓度范围。以上限为 0.1 mol/L 的吸收剂添加量为例，在原沼液中，外源吸收剂添加的浓度不超过 0.1 mol/L。如果对沼液进行浓缩，且浓缩后的沼液体积为原沼液的一半（即浓缩倍数为 2），通过吸收剂增量添加机制，就可以使外源吸收剂添加浓度提升至 0.2 mol/L。如果通过浓缩方式将沼液体积减少到原沼液的 1/3、1/4 和 1/5，即对应的浓缩倍数分别为 3、4 和 5，对应的吸收剂添加量则可增加到 0.3 mol/L、0.4 mol/L 和 0.5 mol/L。

在吸收剂增量添加机制中，首先要对沼液进行浓缩。采用旋转蒸发浓缩法对沼液进行浓缩,其装置如图 2-24 所示。在沼液浓缩之前,先将一定体积的沼液倒入球形烧瓶 4 中,然后在恒温水浴锅中对球形烧瓶 4 进行加热,同时调节真空泵 5 给予一定负压,沼液在温度与压强所匹配的饱和水蒸气分压下达到沸腾。旋转蒸发中,蒸发出的气相组分中的可凝部分在蛇形冷凝管 2 中冷凝回流至球形烧瓶 3 中。当被冷凝的液相体积达到设定值时,打开系统排气阀,待压力回到常压后关闭旋转蒸发器和真空泵,最后关闭低温冷却液循环泵 1。该试验采用 50 ℃和 2 kPa(绝对压力)的参数对沼液进行浓缩,并将浓缩后获得的沼液置于 4 ℃左右的条件下保存备用。

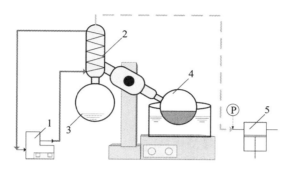

图 2-24　旋转蒸发浓缩装置示意图
(1—低温冷却液循环泵;2—蛇形冷凝管;3,4—球形烧瓶;5—真空泵)

2)CO_2 吸收

添加外源吸收剂后的沼液的 CO_2 吸收性能可采用图 2-13 所示的反应装置进行测试。

3)基于白菜种子发芽的植物生理毒性测试

利用白菜种子的发芽试验来测试富 CO_2 沼液、富 CO_2 吸收剂强化沼液和富 CO_2 吸收剂溶液的植物生理毒性。在测试植物生理毒性前,首先要对不同浓缩倍数的沼液进行稀释,其稀释倍数与沼液的浓缩倍数相同,即沼液浓缩倍数为 2、3、4 和 5 倍时,对应的稀释倍数便为 2、3、4 和 5 倍,从而保证添加的外源吸收剂浓度不超过设定值(本研究中设定值为 0.1 mol/L)。

在白菜种子的发芽试验中,取 0.5 mL 沼液(原沼液、稀释后的浓缩沼液及吸收剂强化沼液)或吸收剂溶液样品,然后用蒸馏水将其稀释至 5.0 mL,制备成培养液。以蒸馏水作为空白组,并按标准方法进行大白菜种子发芽试验。具体试验方法及种子发芽指数的计算方法如下。

①选择大小一致、形状相同的培养皿,将其清洗干净后置于烘箱中烘干。

②用移液枪取 0.5 mL 的样液,同时取蒸馏水 4.5 mL,将其混合均匀后置于培养皿中。

③取直径约为 12 cm 的滤纸,用剪刀将其裁剪成与培养皿底部大小刚好合适的形状,并将裁剪好的滤纸贴在培养皿底部,使样液浸润滤纸,从而驱出滤纸与培养皿之间的气泡。然后选取 20 颗大小、形状均匀的白菜种子,置于滤纸上,并保持种子之间的间距合适,盖上培养皿盖后做上相关标记。

④将恒温生化培养箱的温度设置为 25 ℃,将带有种子的培养皿置于培养箱中,并使各层培养皿间保持一定的间距,防止空气不流动。经过 48 h 的培养后,取出培养皿,并将滤纸轻轻取出,测量种子的根长,计算种子的发芽率。

用发芽指数(GI)来表征所测试溶液的植物生理毒性,可用如下公式进行计算。

$$发芽指数 = \frac{相对发芽率 \times 相对根长}{100} \qquad (2\text{-}18)$$

$$相对发芽率 = \frac{处理中的平均发芽率}{空白中的平均发芽率} \times 100\% \qquad (2\text{-}19)$$

$$相对根长 = \frac{处理中的平均根长}{空白中的平均根长} \times 100\% \qquad (2\text{-}20)$$

每组种子发芽试验选取 20 粒白菜种子，并设置 2 组重复试验。植物生理毒性的大小可通过 GI 值来表征。GI 值越高表示测试溶液的植物生理毒性越低。当 GI 值高于 0.8 时，表明测试溶液对种子发芽无明显影响，可用该测试溶液进行农业利用。当 GI 值低于 0.6 时，表明测试溶液对植物具有明显的抑制作用。

4）外源吸收剂的生物降解

本研究还探索了所选用的 6 种吸收剂在水、原沼液及浓缩沼液中的生物降解情况。在测试吸收剂在沼液中的生物降解情况时，先利用空气对沼液进行 20 min 的通气，提高沼液中的溶氧量，从而提高沼液中的微生物活性。

可采用下列公式计算吸收剂的降解率。

$$\zeta = \frac{BOD_{5\text{-Exp.}} - BOD_{5\text{-Blank}}}{ThOD} \qquad (2\text{-}21)$$

式中，ζ 为吸收剂的降解率；$BOD_{5\text{-Exp.}}$ 为试验组的 5 天生化需氧量，单位为 mg/L；$BOD_{5\text{-Blank}}$ 为空白试验组的 5 天生化需氧量，单位为 mg/L；$ThOD$ 为吸收剂完全氧化时的理论需氧量，单位为 mg/L。

可通过下列公式来计算各吸收剂的 ThOD 值。

$$ThOD = \frac{16n}{M} \qquad (2\text{-}22)$$

式中，n 为理论需要的氧原子摩尔数，单位为 mol；M 为被测物的分子量，单位为 g/mol。

通过式（2-22）可计算出各吸收剂的 ThOD 值：$ThOD_{MEA} = 2.36$；$ThOD_{DEA} = 2.13$；$ThOD_{TEA} = 2.04$；$ThOD_{PG} = 0.85$；$ThOD_{PA} = 2.15$；$ThOD_{ARG} = 2.48$。

通过下列公式可计算出 BOD_5 值。

$$BOD_5 = C_1 - C_2 \qquad (2\text{-}23)$$

式中，C_1 和 C_2 分别为测试溶液培养前和培养 5 天后的溶氧浓度，单位为 mg/L。

在测试 BOD_5 时，当测试溶液样品的 $BOD_5 < 7$ mg/L，可以不稀释样品而直接测得 BOD_5。当 $BOD_5 \geqslant 7$ mg/L 时，需要根据测试溶液的溶氧浓度和稀释水中的初始溶氧来对待测溶液进行稀释，从而保证测试结果的准确性。

在沼液体系中，由于沼液的溶氧浓度高，导致其 BOD_5 远大于 7 mg/L，因而无法直接利用呼吸法探究吸收剂在其中的降解情况。因此，需要在测试前对沼液进行稀释，最佳稀释倍数为

$$C_n = 1.03 \times 0.58^{n-1} \times \frac{COD_{Cr}}{WOD} \qquad (2\text{-}24)$$

式中，C_n 为稀释倍数；n 为常数；COD_{Cr} 为样品的 COD 含量，单位为 mg/L；WOD 为稀释水的初始溶解氧浓度，单位为 mg/L，WOD = 11.00 mg/L（6 ℃）。

本研究分别探究了吸收剂在水、原沼液和不同浓缩倍数的沼液中的降解情况。首先，分

别向水、原沼液和浓缩沼液中加入吸收剂,然后根据沼液中的 COD 含量对沼液进行稀释,同时保证稀释后的吸收剂浓度为 2 mg/L。稀释前的沼液中的吸收剂的添加量是根据沼液浓缩倍数来确定的。浓缩沼液具体的稀释倍数以及沼液稀释前的吸收剂添加量如表 2-15 所示。实验中以溶液中不加任何添加剂作为空白样。将样液装于 50 mL 的离心管中,保证液面饱满,并在离心管盖上填充尺寸适当的湿棉球,以防止盖上离心管盖时在离心管中产生气泡。测试样液中的初始溶氧含量,再将样液置于(20±2) ℃的温度下培养 5 d,5 d 后测试出溶液的溶氧含量,每种溶液取 2 个样品,测试完即可丢弃。

表 2-15　稀释倍数及吸收剂添加量

参　数	水	原沼液	2 倍沼液	3 倍沼液	4 倍沼液	5 倍沼液
COD 浓度(mg/L)	—	3390.5	8842.2	13 516.3	15 370.0	16 100.0
稀释倍数	—	97	279	426	484	507
吸收剂添加量(mg/L)	2	194	558	852	968	1014

由于测得的溶氧浓度为沼液稀释后的值,所以需要根据沼液的稀释倍数及稀释水的溶氧等指标计算稀释水样的实际 BOD_5。

$$BOD_5 = \frac{(C_1 - C_2) - (B_1 - B_2)f_1}{f_2} \tag{2-25}$$

式中,B_1 和 B_2 分别为稀释水在培养前和培养 5 d 后的溶氧浓度,单位为 mg/L;f_1 和 f_2 分别为稀释水在培养液中所占的比例和水样在培养液中所占的比例。

2.3.1.3　外源吸收剂增量添加对沼液体系 pH 值的影响

将外源碱性吸收剂引入沼液体系后,沼液的 pH 值大幅提升,如图 2-25 所示。这有助于提升沼液中游离氨的浓度,从而提升沼液本身的 CO_2 吸收性能。理论上,添加外源吸收剂后,沼液的 pH 值越高,对沼液自身的 CO_2 吸收性能的促进就越强。因而,如果仅从沼液 pH 值的角度考虑,应优先选择能获得更高 pH 值的外源吸收剂。

由图 2-25 可知,在原沼液中添加 0.1 mol/L 的 MEA、DEA、TEA、ARG、PA 和 PG 等吸收剂时,沼液的 pH 值可从 7.76 分别提升至 9.84、9.81、9.18、9.31、10.04 和 9.68。其中,L-精氨酸钾(PA)对沼液的 pH 值的提升效果最好。其主要原因在于,PA 中含有多个氨基位点,其质子化后,可在系统中产生更多的 OH^-,从而具有更强的提升 pH 值的性能。值得注意的是,沼液浓缩后再添加外源吸收剂,沼液体系将会具有更高的 pH 值。例如,当沼液的浓缩倍数从 1 倍增加至 2、3、4 和 5 倍时,添加外源吸收剂 MEA 后,沼液体系的 pH 值则从 9.84 分别增加至 10.28、10.42、10.59 和 11.04。造成此种变化的原因在于,在所设定的外源吸收剂增量添加机制中,吸收剂添加量与浓缩倍数成正比。例如,当浓缩倍数为 2 和 3 倍时,吸收剂的添加量为 0.2 mol/L 和 0.3 mol/L。当沼液浓缩倍数为 5 倍时,添加 MEA、DEA、TEA、ARG、PA 和 PG 等吸收剂后,沼液的 pH 值可分别达到 11.04、10.59、9.88、10.12、13.6 和 10.62。碱性吸收剂的浓度越高,沼液体系的 pH 值就越高,其 CO_2 吸收性能就越强。因此,仅从沼液体系的 CO_2 吸收性能的角度考虑,可选择 PA、MEA 和 PG 等外源吸收剂,且应优先选择可以将沼液提升至更高的浓缩倍数的吸收剂。

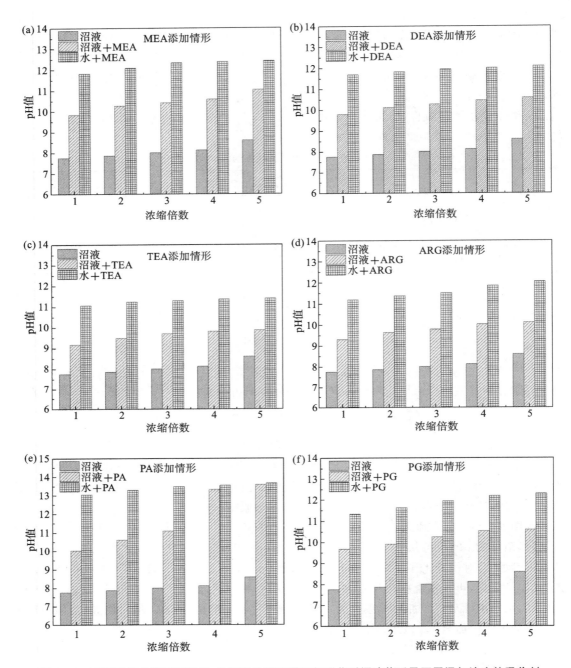

图 2-25　不同浓缩倍数下原沼液、外源吸收剂增量添加强化后沼液体系及不同添加浓度的吸收剂水溶液体系的 pH 值

图 2-25 还显示在相同吸收剂添加量下，吸收剂-沼液体系的 pH 值要低于吸收剂-水体系。其主要原因在于沼液具有良好的酸碱缓冲性。但采用 L-精氨酸钾（PA）添加强化后的 4 倍和 5 倍浓缩沼液体系的 pH 值与吸收剂水溶液体系的 pH 值基本相当。

2.3.1.4 外源吸收剂增量添加对沼液体系 CO_2 吸收性能的影响

外源吸收剂的种类对不同浓缩沼液的 CO_2 吸收性能的影响如表 2-16 所示。显然,不添加外源吸收剂时,沼液的浓缩有助于提升其 CO_2 吸收性能,最高可提升 75.03%,但此时沼液体系的 CO_2 吸收性能依然较弱,最高仅为 0.031 mol/L。引入外源吸收剂可大幅提高沼液的 CO_2 吸收性能,其中,添加 PA 强化后的沼液 CO_2 净吸收量较其他吸收剂具有明显优势,例如,5 倍浓缩沼液在 15 ℃下吸收 CO_2 达到饱和时,CO_2 净吸收量可达到 0.68 mol/L,明显优于其他吸收剂的强化效果(CO_2 净吸收量主要集中在 0.37~0.42 mol/L)。其主要原因在于,PA 分子结构中含有多个氨基基团,拥有更多的 CO_2 反应活性位点,较其他吸收剂具有更高的 CO_2 携带力。

表 2-16 外源吸收剂种类对不同浓缩沼液 CO_2 净吸收量的影响

外源吸收剂种类	吸收温度	CO_2 净吸收量(mol/L)(均值±标准差)				
		原沼液 (0.1 mol/L)	2 倍沼液 (0.2 mol/L)	3 倍沼液 (0.3 mol/L)	4 倍沼液 (0.4 mol/L)	5 倍沼液 (0.5 mol/L)
无	15 ℃	0.018±0.0014	0.022±0.0012	0.022±0.0010	0.031±0.0021	0.026±0.0020
	35 ℃	0.018±0.0011	0.022±0.0013	0.022±0.0013	0.031±0.0016	0.027±0.0021
MEA	15 ℃	0.081±0.0057	0.181±0.0091	0.272±0.0326	0.349±0.0105	0.416±0.0319
	35 ℃	0.077±0.0092	0.177±0.0053	0.259±0.0181	0.340±0.0238	0.400±0.0200
DEA	15 ℃	0.087±0.0070	0.197±0.0039	0.274±0.0329	0.337±0.0270	0.422±0.0211
	35 ℃	0.084±0.0081	0.189±0.0151	0.270±0.0135	0.316±0.0253	0.414±0.0083
TEA	15 ℃	0.086±0.0095	0.185±0.0111	0.241±0.0193	0.312±0.0062	0.392±0.0353
	35 ℃	0.078±0.0062	0.178±0.0034	0.235±0.0194	0.293±0.0322	0.383±0.0225
ARG	15 ℃	0.095±0.0066	0.172±0.0155	0.248±0.0164	0.314±0.0270	0.370±0.0204
	35 ℃	0.088±0.0051	0.171±0.0147	0.247±0.0130	0.306±0.0214	0.366±0.0330
PA	15 ℃	0.145±0.0043	0.311±0.0174	0.452±0.0296	0.570±0.0127	0.680±0.0462
	35 ℃	0.133±0.0081	0.298±0.0066	0.399±0.0271	0.531±0.0159	0.632±0.0344
PG	15 ℃	0.094±0.0072	0.159±0.0124	0.239±0.0146	0.344±0.0313	0.420±0.0151
	35 ℃	0.087±0.0052	0.153±0.0130	0.227±0.0082	0.299±0.0223	0.396±0.0300

由表 2-16 可知,吸收剂添加强化后的沼液的 CO_2 净吸收量基本与沼液的浓缩倍数呈线性相关。这表明可以通过向高浓缩倍数沼液中添加高浓度吸收剂来大幅提升单位体积沼液的 CO_2 携带量。另外,在本研究的温度范围内,温度对沼液 CO_2 吸收性能的影响并不显著。

2.3.1.5 外源吸收剂增量添加对富 CO_2 沼液植物生理毒性的影响

由表 2-16 可知,在沼液中引入外源吸收剂有助于大幅提升沼液体系的 CO_2 吸收性能,且沼液浓缩程度越高,外源吸收剂的添加量就越大,沼液体系的 CO_2 吸收性能就越优。但由于吸收剂对生物具有不同程度的植物生理毒性,因而也需要考虑外源吸收剂的添加对沼液的植物生理毒性的影响。

外源吸收剂增量添加对富 CO_2 沼液的植物生理毒性的影响如图 2-26 所示。显然,在引入外源吸收剂后,依然是经过浓缩—稀释过程的浓缩沼液拥有更高的 GI 值,即具有更低的植物生理毒性。由图 2-26(a)可知,在吸收温度为 15 ℃时,添加 MEA 与 TEA 的沼液的 GI 值普遍高于添加其他吸收剂的情形,添加 MEA 使低浓缩倍数沼液的植物生理毒性较低,而添加 TEA 则使高浓缩倍数沼液的植物生理毒性较低。其原因是,尽管 MEA、TEA 和自然型氨基酸类吸收剂自身的植物生理毒性都处于较低水平,但吸收 CO_2 达到饱和后将会形成毒性不同的 2 种产物。醇胺类吸收剂与 CO_2 主要以氨基甲酸盐或碳酸氢盐的形式结合。氨基酸类吸收剂与 CO_2 反应生成的氨基甲酸酯对种子发芽及幼芽生长有极强的抑制作用,是农药的主要成分,所以引入醇胺类吸收剂的沼液的 GI 值远高于引入氨基酸类吸收剂的沼液。由图 2-26(b)可知,在吸收温度为 35 ℃的条件下,依然是 MEA 与 TEA 拥有较高的 GI 值,且 TEA 强化的沼液的 GI 值要优于 MEA 强化的沼液。总体而言,在保证较低的植物生理毒性的条件下,在较低浓缩倍数(如 2~4 倍)时,可选择 MEA、TEA 作为外源吸收剂;而在高浓缩倍数(如 5 倍)下,则可选择 DEA 和 TEA 作为外源吸收剂。

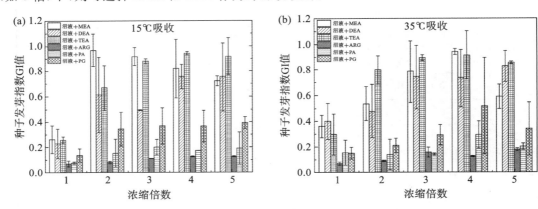

图 2-26　外源吸收剂强化后的富 CO_2 沼液的植物生理毒性

浓缩沼液经过稀释后,引入的吸收剂浓度均为 0.1 mol/L。在此浓度下,氨基酸类吸收剂对种子发芽具有很强的抑制作用。因此,需要继续探讨氨基酸类吸收剂的最适添加浓度。富 CO_2 氨基酸类吸收剂溶液的植物生理毒性随添加浓度变化的关系如图 2-27 所示。从图中可知,在添加浓度高于 0.02 mol/L 时,ARG、PA 和 PG 这 3 种吸收剂的植物生理毒性出现了较大的差异。此时,PG 的植物生理毒性最低,表明其具有较高的临界添加浓度。例如:浓度为 0.06 mol/L 时,富 CO_2 PG 溶液 GI 值为 0.8,对种子发芽无明显影响;但当浓度升高至 0.1 mol/L 时,其 GI 值低于 0.6,表现出对种子发芽具有明显的抑制作用。吸收剂 PA、ARG 分别在浓度达到 0.035 mol/L 和 0.025 mol/L 时,GI 值低于 0.8,便对种子发芽产生影响。当 ARG 和 PA 浓度分别达到 0.04 mol/L 与 0.07 mol/L 时,会对种子发芽产生明显的抑制作用。显然,从植物生理毒性的角度考虑,在氨基酸类吸收剂中,PG 为最适添加吸收剂,但添加浓度不宜超过 0.08 mol/L。

2.3.1.6　外源吸收剂在沼液体系中的生物降解性

吸收剂在生态上的毒性不仅体现在对植物的生理毒性上,还反映在其生物降解性上。部分不具有生物降解性的吸收剂可能在生理毒性上表现得并不明显,但吸收剂强化沼液在长期施用过程中可能会使其在生物体内富集,最终会导致生物体出现严重的生理毒性。因此,有必要讨论吸收剂在沼液体系内的生物降解性。

MEA、DEA、TEA、ARG、PA 和 PG 等 6 种 CO_2 外源吸收剂在水和沼液中的降解特性如图 2-28 所示。由图可知,MEA 在沼液中的降解率最高可达到约 54%,而在水中只能达到约 28%。不论哪种外源吸收剂,其在沼液中的降解率均要高于其在水中的降解率,这表示吸收剂在沼液中具有更好的生物降解性。其主要原因在于,外源吸收剂在水中的生物降解主要是依靠微生物的好氧分解,在水中溶氧充足的情况下,影响外源吸收剂的生物降解的主要因素是水中的微生物数量及种类。虽然沼液是厌氧发酵的产物,但其含有丰富的营养物质,发酵后经过开放储存积累了大量的好氧微生物,故其好氧微生物的数量及种类远高于水体系。

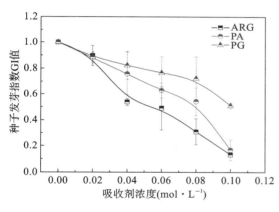

图 2-27　富 CO_2 氨基酸类吸收剂的植物生理毒性

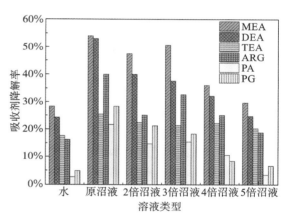

图 2-28　吸收剂在水和沼液中的 5 d 降解率

外源吸收剂在不同浓缩程度的沼液中的降解率也不尽相同。总体而言,吸收剂的生物降解率随沼液浓缩倍数的增加而呈现出下降的趋势,尤其是对 MEA、DEA、PA 和 PG 等吸收剂。造成该现象的可能原因是,随着沼液的浓缩,虽然微生物有一定的富集,但沼液中的有机物也相应富集,且有机物在浓缩过程中损失很少,基本与浓缩倍数线性相关,所以,高浓缩倍数的沼液中具有丰富的更易氧化分解的有机物,沼液中的微生物将会优先分解这部分有机物,从而导致用于吸收剂分解的微生物丰度及溶氧量低于低浓缩倍数的沼液,所以吸收剂的降解能力变弱。

从图 2-28 中还可看出,吸收剂种类不同,其降解能力也不同,且在同一种溶液体系中,吸收剂种类所体现出的降解能力差异性基本一致。在水中,吸收剂 MEA 拥有最高的 5 d 降解率,DEA 的 5 d 降解率可达到 24% 左右。这 2 种醇胺类吸收剂在水中的生物降解性要明显优于其他吸收剂。TEA 的生物降解性远低于 MEA 和 DEA。PA 和 PG 这 2 种氨基酸类吸收剂表现出最差的生物降解性,两者在水中的 5 d 降解率均低于 5%。通常外源吸收剂在沼液中的降解性差异性表现与其在水中的基本相同,但 ARG 在沼液中的降解性相比于其在水中的降解性有明显的提升,在降解性方面仅次于 MEA 和 DEA。在原沼液中,吸收剂之间的降解性差异表现最为明显,MEA 和 DEA 所表现出的优势最为突出。而在浓缩程度最高的 5 倍沼液中,降解性最差的 PA 和 PG 的 5 d 降解率更低,与在水中的情况基本相同。外源吸收剂的生物降解性不同的原因是,MEA 与 DEA 为天然产物,TEA 为非天然产物,而一般情形下,天然产物的生物降解性要优于非天然产物。虽然精氨酸和甘氨酸为自然型氨基酸,同样属于天然产物,但用其与 KOH 反应合成的 PA 与 PG 对溶液体系的 pH 值影响较大,而高 pH 值环境会抑制微生物的活性,故 PA 和 PG 的生物降解性也呈现出较低的水平,尤其是在高浓缩倍数沼液中。

因此,综合考虑沼液的 CO_2 吸收性能、富 CO_2 沼液的植物生理毒性及吸收剂的生物降解性等综合指标,MEA 和 DEA 的综合性能表现最优,且在沼液浓缩—吸收剂添加—CO_2 吸收—沼液稀释的吸收剂增量添加强化机制中,MEA 更适合应用于 4 倍浓缩沼液的情形,此时添加浓度为 0.4 mol/L,并对吸收温度无特别要求;而 DEA 更适合于 5 倍浓缩沼液的情形,添加浓度为 0.5 mol/L,吸收温度为 35 ℃。

2.3.2 基于碱性固废添加的沼液 CO_2 吸收性能强化机制

2.3.2.1 研究材料

向沼液中引入外源吸收剂,并通过吸收剂浓度的增量添加机制,可强化沼液 CO_2 吸收性能。但常用的化学吸收剂的植物生理毒性较高,且其生物降解性较差,因而为了保证富 CO_2 沼液的农业利用可行性,需要限制外源吸收剂的添加量。除了添加吸收剂外,还可以向沼液中引入富含氧化钙(CaO)的碱性固废,利用 CaO 的浸出,实现沼液 CO_2 负荷的下降及 pH 值的提升,恢复并强化沼液的 CO_2 吸收性能。同时,Ca^{2+} 还可直接参与 CO_2 吸收,进一步强化沼液的 CO_2 吸收性能。因此,本部分主要讨论氢氧化钙(理论钙源)与生物质灰(实际钙源)对沼液 CO_2 吸收性能的强化机制。

本研究所用沼液的主要参数如表 2-4 所示,所用的生物质灰的元素组成如表 2-17 所示。表 2-17 中的数据是采用 X 射线荧光光谱分析(XRF)测试而得的。

表 2-17　生物质灰的元素组成

组　分	含　量	单　位	组　分	含　量	单　位
Ca	48.23	wt. %	Cr	0.07	wt. %
Mg	3.28	wt. %	Mn	0.22	wt. %
Al	6.21	wt. %	Fe	8.94	wt. %
Si	15.11	wt. %	Ni	0.02	wt. %
P	0.50	wt. %	Cu	0.27	wt. %
S	6.61	wt. %	Zn	0.53	wt. %
Cl	3.77	wt. %	Br	0.03	wt. %

续表

组　分	含　量	单　位	组　分	含　量	单　位
K	2.94	wt.%	Rb	0.01	wt.%
Na	1.02	wt.%	Sr	0.13	wt.%
Ti	1.76	wt.%	Zr	0.02	wt.%
Ba	0.22	wt.%	Pb	0.11	wt.%

2.3.2.2　试验方案与数据分析方法

$Ca(OH)_2$ 和生物质灰的添加对沼液 CO_2 吸收性能的强化研究分为添加剂在沼液中的浸出研究和沼液的 CO_2 吸收研究两部分。在浸出研究中,将 200 mL 沼液加入丝口瓶中并记录质量,然后将丝口瓶放入集热式恒温加热磁力搅拌器中,调节至浸出温度。待温度稳定后,取指定量的生物质灰或 $Ca(OH)_2$ 加入丝口瓶中,打开磁力搅拌器以 200 rpm 的搅拌速度使固体样品与沼液充分混合,在 2 min、5 min、10 min、20 min、30 min、40 min、50 min 和 60 min 时各记录 1 次 pH 值。浸出 1 h 后,将沼液温度冷却至室温后进行过滤,取过滤液的上清液 5 mL 用于测试 CO_2 负荷和 pH 值。最后将过滤后的沼液置入新的丝口瓶中,并记录沼液损失的质量。

采用经典的鼓泡反应器对过滤后的沼液进行 CO_2 吸收性能测试,将 CO_2 的流量设定为 0.3 L/min,反应时间设定为 20 min。吸收结束后,取 5 mL 浆液测试其 CO_2 负荷和 pH 值,然后对沼液进行第二次过滤,取上清液 5 mL。将取样的沼液保存在 5 ℃ 的低温条件下,并测量浆液的氨氮浓度。对二次过滤后的上清液进行消解,测其金属离子含量。

碱性固废添加强化后沼液的沼气提纯性能研究方案如图 2-21 所示。本研究采用添加碱性固废来实现沼液 CO_2 解吸。

添加碱性固废的沼液的 CO_2 解吸性能主要由沼液的 CO_2 负荷来反映。而解吸后的贫 CO_2 沼液的 CO_2 再吸收特性则采用 CO_2 循环携带量(Δa)来评估,计算方法可参考式(2-3)。

2.3.2.3　$Ca(OH)_2$ 添加对沼液 CO_2 吸收性能的恢复与强化

在不同的 $Ca(OH)_2$ 添加量下,沼液中 CO_2 负荷变化情况如图 2-29 所示。由图可知,在沼液中添加 $Ca(OH)_2$ 有助于降低沼液 CO_2 负荷,且添加量越大,沼液 CO_2 负荷越低,沼液的解吸性能越优。以初始氨氮浓度为 1600 mg-N/L 的沼液为例,初始 CO_2 负荷为 0.137 mol/L,向沼液中添加 $Ca(OH)_2$,当 $Ca(OH)_2$ 中 Ca^{2+} 与沼液中 HCO_3^- 的摩尔比 $n(Ca^{2+}):n(HCO_3^-)$ 为 0.5:1 时,沼液 CO_2 负荷可急剧降至 0.06 mol/L;而当 $n(Ca^{2+}):n(HCO_3^-)$ 为 1:1 时,沼液 CO_2 负荷为 0。引起此种现象的主要原因在于,添加 $Ca(OH)_2$ 后,Ca^{2+} 可与沼液中的 CO_3^{2-} 和 HCO_3^- 结合生成碳酸钙($CaCO_3$)沉淀;而当 $Ca(OH)_2$ 添加量增加时,沼液中 Ca^{2+} 含量升高,可以沉淀沼液中更多的 CO_2。

添加 $Ca(OH)_2$ 后,沼液在 CO_2 吸收前后的 Ca^{2+} 浓度变化情况如表 2-18 所示。从表中可看出,在较低的 $Ca(OH)_2$ 添加量下,$Ca(OH)_2$ 所提供的 Ca^{2+} 可能完全被用于转化沼液中的 CO_3^{2-} 和 HCO_3^-,但此时所添加的 Ca^{2+} 量不够,因而沼液的 CO_2 负荷依然较高。随着 $Ca(OH)_2$ 添加量的增加,参与固定沼液中 CO_2 的 Ca^{2+} 量大幅增加,因而沼液 CO_2 负荷大幅

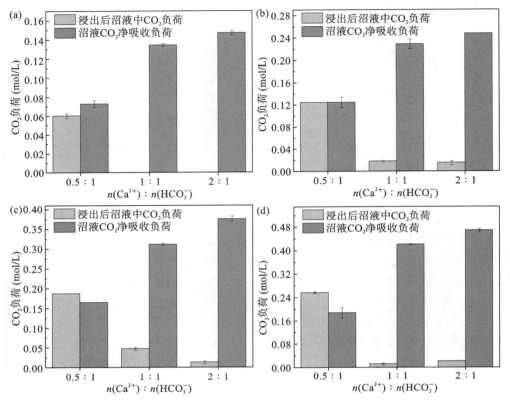

图 2-29 Ca(OH)₂ 添加量对沼液 CO₂ 解吸性能及 CO₂ 吸收性能强化的影响

(沼液初始氨氮浓度分别为 1600 mg-N/L、3200 mg-N/L、4600 mg-N/L、6000 mg-N/L)

下降。同时,添加 $Ca(OH)_2$ 后的沼液中的剩余 Ca^{2+} 含量也大幅提升。这意味着此部分 Ca^{2+} 可以在 CO_2 吸收过程中用于 CO_2 的固定,有助于强化沼液的 CO_2 吸收性能。

表 2-18 添加 Ca(OH)₂ 后沼液在 CO₂ 吸收前后的 Ca²⁺ 浓度变化情况(25 ℃下搅拌 1 h)

初始氨氮浓度 (mg-N/L)	$n(Ca^{2+}) : n(HCO_3^-) = 0.5 : 1$		$n(Ca^{2+}) : n(HCO_3^-) = 1 : 1$		$n(Ca^{2+}) : n(HCO_3^-) = 2 : 1$	
	浸出后	CO₂ 吸收后	浸出后	CO₂ 吸收后	浸出后	CO₂ 吸收后
1600	21.15	15.75	280.21	12.15	762.14	41.85
3200	21.52	11.51	15.52	11.12	743.12	12.54
4600	31.15	3.48	15.11	20.02	1014.29	29.15
6000	7.15	6.15	29.14	17.15	1041.74	43.95

表头: Ca^{2+} 浓度(mg/L)

固废 $Ca(OH)_2$ 溶于沼液时会释放 Ca^{2+} 与 OH^-,可实现沼液 pH 值的提升。不同 $Ca(OH)_2$ 添加量下沼液 pH 值变化规律如图 2-30 所示。由图 2-30 可知,无论在哪种初始氨氮浓度和

$Ca(OH)_2$ 添加量下,添加 $Ca(OH)_2$ 后,沼液的 pH 值都呈现出先快速增长后趋于稳定,且最终略微下降的趋势。在沼液中添加 $Ca(OH)_2$ 时,在 $Ca(OH)_2$ 溶解初期,会有大量的 Ca^{2+} 和 OH^- 浸出到沼液中,实现沼液中 CO_2 固定及沼液 pH 值的快速提升。但随着时间的推移,新生成的 $CaCO_3$ 会堵塞 $Ca(OH)_2$ 内部的疏松孔隙,增加了 $Ca(OH)_2$ 的溶解阻力,最终导致沼液 pH 值上升趋势减缓。同时,由于沼液 pH 值的上升,沼液中的游离氨浓度增加,会造成部分游离氨挥发损失,从而导致沼液体系的 pH 值呈现略微下降的趋势。另外,当 $n(Ca^{2+})$ ∶ $n(HCO_3^-)$ 为 0.5∶1、1∶1 和 2∶1 时,所研究沼液的最终 pH 值基本一致,分别为 9.2、10.3 和 12.6。

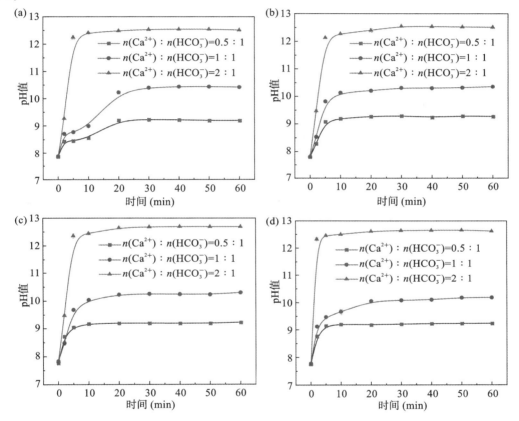

图 2-30　$Ca(OH)_2$ 添加量对不同初始氨氮浓度沼液 pH 值的影响

(沼液初始氨氮浓度分别为 1600 mg-N/L、3200 mg-N/L、4600 mg-N/L、6000 mg-N/L)

如上所述,向沼液中添加 $Ca(OH)_2$ 后,沼液 pH 值会大幅提升。pH 值越高,沼液中的游离氨含量越高,沼液的 CO_2 吸收性能就越佳。同时,$Ca(OH)_2$ 添加量越大,沼液初始氨氮浓度越高,沼液 CO_2 吸收性能强化效果就越明显,如图 2-29 所示。例如,对于初始氨氮浓度为 1600 mg-N/L 的沼液而言,$Ca(OH)_2$ 添加量为 $n(Ca^{2+})$ ∶ $n(HCO_3^-)$ ＝0.5∶1、1∶1 和 2∶1 时,沼液 CO_2 净吸收量分别为 0.073 mol/L、0.135 mol/L 和 0.147 mol/L。而当初始氨氮浓度为 6000 mg/L 时,在相同比例的 $Ca(OH)_2$ 添加量下,沼液的 CO_2 净吸收量则分别达到了 0.188 mol/L、0.422 mol/L 和 0.470 mol/L。值得注意的是,当 $n(Ca^{2+})$ ∶ $n(HCO_3^-)$ 为 1∶1

和 2∶1 时，沼液中除了游离氨参与 CO_2 吸收外，$Ca(OH)_2$ 浸出后富余的 Ca^{2+} 也会参与 CO_2 吸收，从而进一步增强沼液的 CO_2 吸收性能。就初始氨氮浓度为 1600 mg-N/L 的沼液而言，$n(Ca^{2+})∶n(HCO_3^-)$ 为 2∶1 时，浸出和 CO_2 吸收后沼液中 Ca^{2+} 浓度分别为762.14 mg/L 和 41.85 mg/L，Ca^{2+} 浓度降低证明其参与了 CO_2 的吸收反应。因此，考虑到$Ca(OH)_2$ 添加量及沼液 CO_2 净吸收性能，$Ca(OH)_2$ 为最佳添加量时 $n(Ca^{2+})∶n(HCO_3^-)=1∶1$。

2.3.2.4　生物质灰添加对沼液 CO_2 吸收性能的恢复与强化

1）生物质灰添加量的影响

在沼液中添加生物质灰后，生物质灰添加量对沼液 CO_2 解吸性能及 CO_2 吸收性能的强化效果的影响如图 2-31 所示。由图可知，向沼液中添加生物质灰后，沼液 CO_2 负荷大幅下降，且生物质灰的添加量越大，浸出后的沼液 CO_2 负荷就越低。其主要原因在于，添加碱性生物质灰后，生物质灰中以 CaO 为主的活性成分在沼液中浸出，释放出 Ca^{2+} 和 OH^-，可以沉淀沼液中的 CO_3^{2-} 和 HCO_3^-，从而导致沼液 CO_2 负荷的下降。而生物质灰的添加量越大，可浸出的 CaO 等活性成分的量就越大，因而浸出后的沼液 CO_2 负荷就越低。例如，以初始氨氮浓度为 1600 mg-N/L 的沼液为例，添加 50 g/L 的生物质灰在沼液中进行浸出后，沼液 CO_2 负

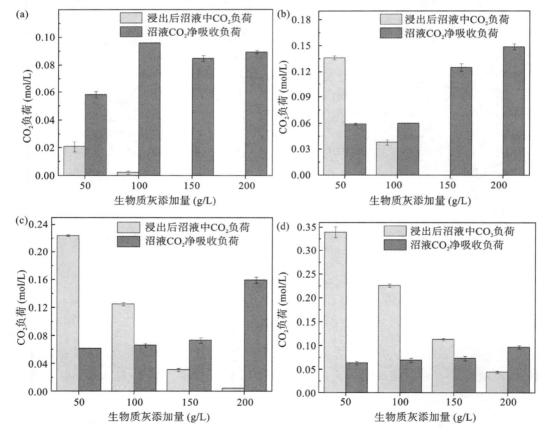

图 2-31　生物质灰添加量对沼液 CO_2 解吸性能及 CO_2 吸收性能强化的影响

（沼液初始氨氮浓度分别为 1600 mg-N/L、3200 mg-N/L、4600 mg-N/L、6000 mg-N/L）

荷为 0.021 mol/L,Ca^{2+} 浓度为 60.05 mg/L;而当添加量增加到 100 g/L 时,沼液中 CO_2 负荷接近于 0,Ca^{2+} 浓度大幅提升至 870.19 mg/L,如表 2-19 所示。

表 2-19　添加生物质灰后沼液在 CO_2 吸收前后的 Ca^{2+} 浓度变化情况(25 ℃下搅拌 1 h)

初始氨氮浓度 (mg-N/L)	Ca^{2+} 浓度(mg/L)							
	生物质灰添 加量 50 g/L		生物质灰添 加量 100 g/L		生物质灰添 加量 150 g/L		生物质灰添 加量 200 g/L	
	浸出后	吸收后	浸出后	吸收后	浸出后	吸收后	浸出后	吸收后
1600	60.05	24.24	870.19	602.84	1047.59	888.26	1161.54	980.12
3200	37.84	17.26	33.15	46.15	685.54	527.36	1110.21	722.25
4600	32.12	19.62	38.15	14.12	32.45	36.12	606.12	379.45
6000	20.51	22.22	41.12	38.12	32.25	16.12	56.23	40.26

由图 2-31 还可知,随着沼液初始氨氮浓度的提升,欲获得更低的浸出沼液 CO_2 负荷,则需要添加更大量的生物质灰。例如:对于初始氨氮浓度为 3200 mg-N/L 的沼液而言,生物质灰的添加量需要增加到 150 g/L,才能将沼液 CO_2 负荷降为 0;而对于初始氨氮浓度为 4600 mg-N/L 的沼液而言,生物质灰添加量需要增加到 200 g/L,才能将沼液 CO_2 负荷降低至接近于 0;而对于初始氨氮浓度为 6000 mg-N/L 的沼液而言,即使在 200 g/L 的生物质灰的添加量下,其 CO_2 负荷也依然接近 0.05 mol/L。造成该现象的主要原因在于,初始氨氮浓度越高,其 CO_2 初始负荷就越高,就需要更多的 Ca^{2+} 来固定,因而需要的生物质灰添加量就越大。同时,生物质灰的添加量越大,生物质灰与沼液浆体的可搅拌性就越差,因而会使 Ca^{2+} 等金属离子的浸出受限。这可用在相同添加量下的高氨氮浓度沼液中的 Ca^{2+} 浓度更低的情况来证实,如表 2-19 所示。

向沼液中添加生物质灰进行浸出后,沼液 CO_2 负荷下降,但沼液中的氨氮是否能被转换为游离氨,则取决于沼液的 pH 值。因此,添加生物质灰后,沼液的 CO_2 吸收性能是否能得到恢复,除了要考虑沼液 CO_2 负荷外,还需要考虑沼液的 pH 值与氨氮损失情况。在不同生物质灰添加量下,浸出后沼液的 pH 值如图 2-32 所示。由图可知,无论在哪种初始氨氮浓度下,生物质灰的添加量越大,沼液 pH 值就越高。同时,在相同的生物质灰添加量下,初始氨氮浓度越高,最终浸出后的沼液的 pH 值就越低。例如,在 200 g/L 的生物质灰添加量下,初始氨氮浓度为 1600 mg-N/L 的沼液的最终 pH 值接近 11,而初始氨氮浓度为 6000 mg-N/L 沼液的最终 pH 值仅为 8.66。

生物质灰在沼液中浸出后,沼液的氨氮浓度变化情况如表 2-20 所示。由表中数据可知,向沼液中添加生物质灰,会导致沼液氨氮浓度下降,但氨氮损失均在 200 mg-N/L 以内。从图 2-31、图 2-32 和表 2-20 可知,通过生物质灰在沼液中的浸出,可有效地实现沼液 CO_2 负荷的下降和沼液 pH 值的提升,且氨氮损失较小。这表明添加生物质灰可实现沼液 CO_2 吸收性能的强化。

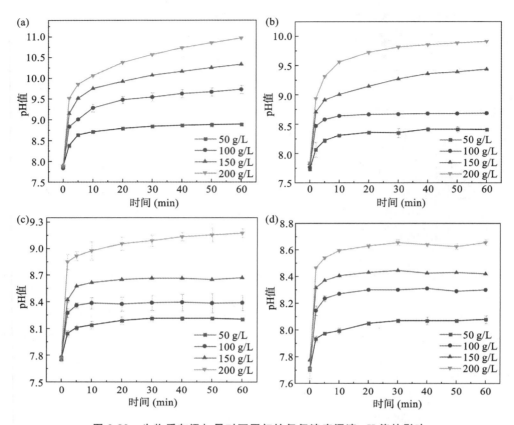

图 2-32 生物质灰添加量对不同初始氨氮浓度沼液 pH 值的影响

(沼液初始氨氮浓度分别为 1600 mg-N/L、3200 mg-N/L、4600 mg-N/L、6000 mg-N/L)

表 2-20 不同生物质灰添加量下沼液氨氮浓度

初始氨氮浓度 （mg-N/L）	氨氮浓度（mg-N/L）			
	生物质灰添 加量 50 g/L	生物质灰添 加量 100 g/L	生物质灰添 加量 150 g/L	生物质灰添 加量 200 g/L
1600 ± 100	1522.89 ± 50.46	1469 ± 9.03	1458.94 ± 36.21	1412.62 ± 32.17
3200 ± 100	3155.01 ± 36.23	3144.16 ± 46.56	3057.23 ± 50.24	3065.89 ± 38.17
4600 ± 100	4537.03 ± 51.55	4417.85 ± 42.64	4357.45 ± 45.24	4406.26 ± 70.45
6000 ± 150	5873.22 ± 103.61	5904.26 ± 65.22	5874.83 ± 42.63	5902.34 ± 12.15

添加生物质灰后,沼液的 CO_2 吸收性能如图 2-31 所示。总体而言,生物质灰的添加有助于实现沼液 CO_2 吸收性能的强化,且生物质灰的添加量越大,生物质灰浸出后的沼液 CO_2 吸收性能就越优。但需要注意的是,与同等添加量的 $Ca(OH)_2$ 相比,生物质灰的添加对沼液 CO_2 吸收性能的强化效果更差。其原因可能是生物质灰中的 Ca 元素的主要赋存形态为 CaO、$CaCO_3$ 和 $CaSO_4$ 等,虽然 $CaSO_4$ 可通过浸出贡献 Ca^{2+},从而参与沼液中 CO_2 的固定,但 SO_4^{2-} 也会锁定游离氨,形成 $(NH_4)_2SO_4$,这有益于降低氨挥发的损失,但同时也会造成游

离氨浓度的下降。因此,添加生物质灰时,沼液 pH 值更低。由此可见,可通过筛选硫(S)含量更低的生物质灰来进一步强化沼液的 CO_2 吸收性能。

　　2)生物质灰浸出温度的影响

　　在不同的生物质灰浸出温度下,浸出后沼液的 CO_2 负荷、CO_2 净吸收负荷及 pH 值如图2-33 和图 2-34 所示。由图可知,生物质灰浸出后的沼液 CO_2 负荷随浸出温度的升高而呈现出下降的趋势,但其变化并不显著。例如,在 50 g/L 生物质灰的添加量下,在 25 ℃、35 ℃ 和45 ℃ 的温度下浸出后,初始氨氮浓度为 1600 mg/L 的沼液的 CO_2 负荷分别为 0.021 mol/L、0.019 mol/L 与 0.016 mol/L。这说明在所探究的浸出温度范围内,提升生物质灰浸出的温度对 Ca^{2+} 等的浸出影响并不明显。由图 2-33 和图 2-34 可知,浸出温度越高,浸出后沼液的pH 值越低。其主要原因在于,温度升高对沼液中 CO_2 沉淀的效果并不显著,但会显著增加沼液中游离氨的挥发损失。因此,在实际应用中,可考虑采用常温进行浸出,从而获得较高的沼液 pH 值。

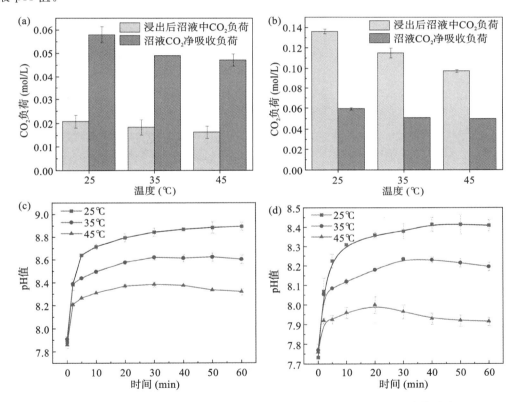

图 2-33　生物质灰浸出温度对沼液 CO_2 吸收性能强化及沼液 pH 值的影响
(沼液初始氨氮浓度依次为 1600 mg-N/、3200 mg-N/、1600 mg-N/L、3200 mg-N/L)

　　从图 2-33 和图 2-34 中还可知,生物质灰浸出后沼液的 CO_2 净吸收负荷随浸出温度的升高而呈现出略微降低的趋势,主要原因在于浸出温度升高会导致游离氨的挥发及沼液体系pH 值的降低。因此,从沼液 CO_2 吸收性能强化的角度来考虑,应优先选择常温浸出。同时,浸出后沼液的 CO_2 净吸收性能比较差。其原因在于,研究中的生物质灰添加量仅为 50 g/L,无法有效降低原沼液的自有 CO_2,从而无法将更多的氨氮转化为游离氨。

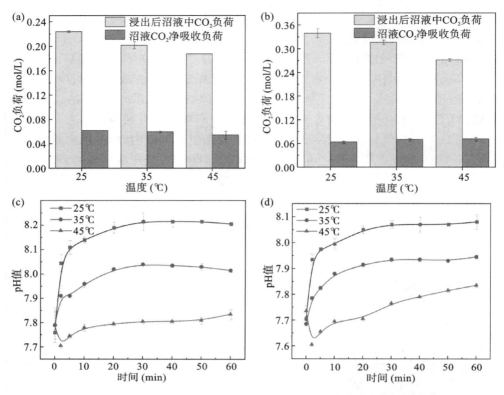

图 2-34　生物质灰浸出温度对沼液 CO₂ 吸收性能强化及沼液 pH 值的影响
（沼液初始氨氮浓度依次为 4600 mg-N/L、6000 mg-N/L、4600 mg-N/L、6000 mg-N/L）

2.3.3　外源添加剂强化后沼液的沼气提纯特性

2.3.3.1　Ca(OH)₂ 添加强化后沼液的沼气提纯特性

在沼液中添加 Ca(OH)₂ 时,在理论情形(吸收时通入纯 CO₂)和实际情形(吸收时通入 40% 的 CO₂)下,沼液循环强化次数对沼液的 CO₂ 负荷、pH 值和沼气的 CH₄ 含量的影响如图 2-35 所示。在利用添加 Ca(OH)₂ 来降低沼液 CO₂ 负荷,从而恢复沼液 CO₂ 吸收性能时,在用浸出后沼液去吸收纯 CO₂ 达到饱和的理论情形下,经过 4 次"…—Ca(OH)₂ 添加—过滤—沼液 CO₂ 吸收—…"的沼液强化后,可将沼气中 CH₄ 含量(计算值)提升至 95%;经过第 5 次自强化后,CH₄ 含量可接近 100%。而在利用浸出后沼液去吸收沼气中 CO₂ 的实际情形下,经过 4 次"…—Ca(OH)₂ 添加—过滤—沼液 CO₂ 吸收—…"的沼液强化后,可将沼气中 CH₄ 含量提升至 90%;经过第 5 次自强化后,CH₄ 含量也可接近 100%。这说明通过添加 Ca(OH)₂ 来强化沼液 CO₂ 吸收性能,对沼液进行循环强化后,可实现提纯沼气的目标。

2.3.3.2　生物质灰添加强化后沼液的沼气实际提纯特性

添加生物质灰时,在理论情形(吸收时通入纯 CO₂)和实际情形(吸收时通入 40% 的 CO₂)

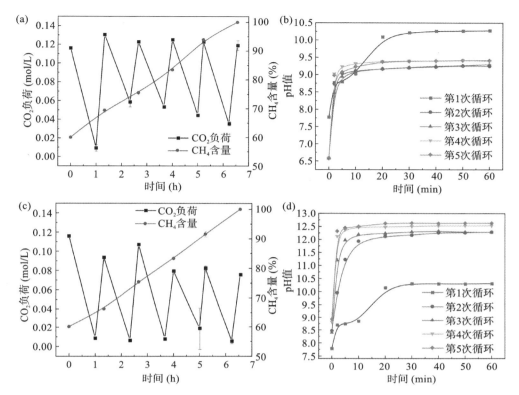

图 2-35　Ca(OH)$_2$ 添加强化次数对沼气的理论和实际提纯性能的影响

（沼液初始氨氮浓度 1600 mg-N/L，$n(Ca^{2+}):n(HCO_3^-)=1:1$；实际提纯过程中，
沼气初始 CH_4 含量 60%，单位容积产气率 1 m³/(m³·d)，沼气工程的水力滞留期 20 d）

下，沼液循环强化次数对沼气提纯性能的影响如图 2-36 所示。在实际运行中，由于每次生物质灰添加及过滤后，存在沼液的质量损失的情况，因而本研究只进行了 5 次沼液强化。

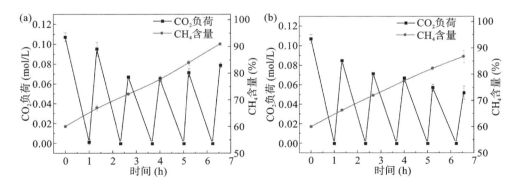

图 2-36　生物质灰添加强化次数对沼气的理论和实际提纯性能的影响

（沼液初始氨氮浓度 1600 mg-N/L，生物质灰添加量 100 g/L；实际提纯过程中，
沼气初始 CH_4 含量 60%，单位容积产气率 1 m³/(m³·d)，沼气工程的水力滞留期 20 d）

当在沼液中添加生物质灰,并利用生物质灰的浸出成分来固定沼液中 CO_2,从而恢复沼液 CO_2 吸收性能时,在用浸出后沼液去吸收纯 CO_2 达到饱和的理论情形下,经过 5 次"…—生物质灰添加—过滤—沼液 CO_2 吸收—…"的沼液强化后,沼气中 CH_4 含量可超过 90%。而在用浸出后沼液去吸收沼气中 CO_2 的实际情形下,经过 5 次"…—生物质灰添加—过滤—沼液 CO_2 吸收—…"的沼液强化后,沼气中 CH_4 含量大约可提升至 86%。显然,在 1600 mg-N/L 的初始氨氮浓度下,还需要增加沼液强化次数,从而获得更高的 CH_4 含量。另外,与 $Ca(OH)_2$ 的添加对沼液的浸出强化相比,生物质灰的添加对沼液的强化效果略差,主要在于生物质灰中以钙为主的有效组分浸出效果要差一些。虽然在研究中并未实现将沼气中 CH_4 含量提高到 95% 以上,但该研究证明了采用生物质灰的添加来强化沼液 CO_2 吸收性能,在对沼液进行循环强化后,可实现沼气热值的提升。相信在未来通过增加循环强化次数、增加生物质灰投加量或选择更高氨氮浓度的沼液等,可以实现将沼气提纯至生物天然气的目标。

2.4 基于绿色氨水回收与 CO_2 吸收的沼液 CO_2 吸收性能强化机制

2.4.1 从沼液中分离富集绿色氨水的背景

对沼液 CO_2 吸收性能进行强化后,可直接以沼液为 CO_2 吸收剂,实现沼气的 CO_2 分离。沼液吸收 CO_2 的主要机理是沼液中的游离氨(NH_3)与 CO_2 的化学反应,因而可通过减压解吸和气体吹扫等方式来提升沼液的 pH 值及游离氨的浓度,从而强化沼液自身的 CO_2 吸收性能。但在上述方式中,由于沼液自身的氨氮含量一般为 200~5000 mg-N/L,即使在较高的 pH 值下,其游离氨的浓度也并不高,因而上述方式只适合于中小规模沼气工程的沼气提纯,不太适合大规模的应用。同时,添加外源添加剂时,在保证沼液的低植物生理毒性的基础上,必须控制添加剂的添加浓度,因而其对沼液 CO_2 吸收性能的提升幅度有限,并且还会消耗大量的吸收剂。

根据沼液的 CO_2 吸收机理,如果能将沼液中的游离氨进行回收和富集,获得高浓度的氨水溶液,再以此氨水溶液为 CO_2 吸收主体进行 CO_2 吸收,这样不仅可以增加 CO_2 的吸收速率,还可以获得更高的 CO_2 净携带量以及满足工程化应用的需求。由于沼液是可再生的,因而回收富集的氨水也是可再生的,称为绿色氨水。在沼液体系中,游离氨与氨氮之间存在动态平衡关系,从沼液中分离出游离氨将有助于氨氮向游离氨的进一步转化。因此,回收和富集沼液中的游离氨本质上是对沼液中氨氮的分离与回收。再者,沼液中的氨氮极易造成空气污染和水体富营养化,且过高的氨氮含量还会导致高的植物生理毒性,不利于沼液后续的农业利用。因此,从沼液利用的角度来看,在沼液的处理处置过程中也需要大幅降低氨氮含量。因此,如果能从沼液中回收氨氮并获得高浓度的氨水溶液来用于 CO_2 吸收,不仅能回收沼液的营养物质,还能提升其 CO_2 吸收性能,以及促进沼液的农业利用。

显然,通过从沼液中回收氨氮来获得高浓度氨水的关键在于沼液中氨氮的脱除。氨氮脱除的方法主要有反渗透法、蒸发浓缩法、电渗透法、气体吹扫法、生物法和吸附法等。其中,气体吹扫法及蒸发浓缩法是目前应用最广泛的两种技术。这两种技术主要是利用气体吹扫和加热来促进沼液中 NH_4^+ 向游离氨的转化,其操作简单、能耗较低,同时还能结合硫酸吸收将沼液中脱除的氨氮回收,生成硫酸铵肥料。但该技术的主要问题在于氨氮传质推动力较弱,氨氮分离的反应动力学常数较低,导致氨氮分离需要耗费较长的时间。在相同液相氨分压条件下,采用减压方式降低氨氮分离时气相中氨分压,这样有助于增强氨氮传质推动力,提高氨氮分离的反应动力学常数,并缩短分离时间。同时,通过减压方式分离沼液中的氨氮,理论上可通过冷凝等方式将分离的氨氮进行回收,可进行 CO_2 吸收和沼气的提纯净化。

减压蒸馏一般分为直接减压蒸馏与减压膜蒸馏(VMD)两类。其主要用于溶液浓缩和回收溶液中的挥发性物质。相比于直接减压蒸馏过程,减压膜蒸馏过程的气液界面多了一层疏水膜,更加有利于气液两相的组织,可减小蒸馏设备的体积,强化整体传质特性等,其基本过程如图 2-37 所示。在减压膜蒸馏中,气液两相通过一层疏水膜隔开,在膜的一侧有溶液流过,在膜的另一侧施加一定的真空度。溶液中的水蒸气、氨分子等挥发性组分通过膜孔自由扩散到真空渗透侧,进而在渗透侧被冷凝和收集下来。显然,减压膜蒸馏过程是典型的热驱动过程,尤其适用于有大量废热或低品位热源的场所。其所用的膜主要为中空纤维膜或平板膜,由 PTFE(聚四氟乙烯)、PVDF(聚偏氟乙烯)、PP(聚丙烯)等疏水性材料制备而成。

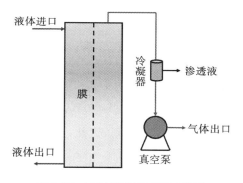

图 2-37　减压膜蒸馏过程示意图

由于沼液中存在氨氮与游离氨的动态平衡过程,因而可利用减压膜蒸馏过程将氨氮从沼液中分离回收,并获得绿色氨水溶液。

2.4.2　沼液中氨氮的分离与沼液源绿色氨水的回收可行性

2.4.2.1　研究材料

本研究所用的沼液取自湖北省某一大型沼气集中供气工程,该工程以猪粪为主要原料,配合添加少量的牛粪及生活污水,在 35 ℃下进行中温发酵。将沼液取回后放在(25±5) ℃的温度下密封保存至不再产气后,对沼液进行 20 min 的 4000 r/min 的离心分离(TSZ5-WS 型低速多管架自动平衡离心机,来自湖南赛特湘仪离心机仪器有限公司),然后取其上清液进行试验和测试。原沼液的主要参数如表 2-21 所示。沼液离心后的 pH 值用 FE20 型 pH 计(来自梅特勒-托利多国际贸易(上海)有限公司)测试,电导率用 DDS-307A 型电导率仪(来自上海仪电科学仪器股份有限公司)测试,浊度用 WZT-1 型光电浊度仪(来自上海劲佳科学仪器有限公司)测试,化学需氧量(COD)采用 CM-03 型便携式 COD 水质测定仪(来自北京双晖京承电子产品有限公司)测试,沼液氨氮浓度采用 FIAstar 5000 型流动注射分析仪(来自瑞士安捷伦科技有限公司)测试,总固体含量(TS)采用重量分析法测试,总无机碳(TIC)浓度采用海能 T860 型全自动滴定仪(来自济南海能仪器股份有限公司)测试,总挥发性脂肪酸(volatile fatty acids,VFAs)浓度采用 GC-FID 气相色谱仪(SP-2100A)测试。

表 2-21　沼液氨氮减压膜蒸馏回收时原沼液的主要参数

参　　数	沼液氨氮分离反应 动力学研究用沼液 I	沼液氨氮分离传质 特性研究用沼液 II
pH 值	7.93±0.21	7.8±0.2
电导率(mS/cm)	25.51±0.32	16.6±0.3
浊度(NTU)	347.17±0.58	977±21
化学需氧量(mg/L)	2725.47±11.29	7451±31
总无机碳(g-C/L)	—	1.92±0.12
总氨态氮(g-N/L)	1.96±0.098	2.5±0.21
总固体含量(mg/L)	5589±56.98	6387±54
总磷(mg-P/L)	—	60.0±5
总挥发性脂肪酸(mg/L)	0.011±0.001	0.05±0.02

采用标准的酸碱滴定法来确定沼液的 CO_2 负荷。测试时,对每个指标至少测量 3 次。本研究利用 CaO 和 NaOH 来调节沼液的 pH 值。当沼液的目标 pH 值小于 10 时,用价格较低的 CaO 对其进行调节。由于 CaO 的溶解度较低,因此,当沼液的目标 pH 值高于 10 时,则用 NaOH 对其进行调节。通过离心对未溶解的固体和部分悬浮物进行固液分离,并取其上清液用于进一步的减压膜蒸馏试验。

沼液氨氮分离反应动力学研究所采用的中空纤维膜接触器 I,是由杭州洁弗膜技术有限公司提供的;沼液氨氮分离传质特性研究所使用的聚丙烯疏水性中空纤维膜接触器 II,是由宁波摩尔森膜环保科技有限公司提供的。相关参数如表 2-22 所示。

表 2-22　中空纤维膜组件相关参数

参　　数	沼液氨氮分离反应 动力学研究用膜组件 I	沼液氨氮分离传质 特性研究用膜组件 II
膜内径(μm)	350～370	200
膜外径(μm)	450	300
膜孔直径(nm)	100～200	80～90
膜孔隙率(%)	40～50	33
组件内径(mm)	18	20
组件外径(mm)	22	22
膜丝数量	500	500

参　　　数	沼液氨氮分离反应 动力学研究用膜组件 I	沼液氨氮分离传质 特性研究用膜组件 II
总长度(mm)	400	722.5
有效长度(mm)	320	380
有效气液接触面积(m²)	0.176	0.12

2.4.2.2　沼液减压膜蒸馏试验系统与流程

沼液减压膜蒸馏试验系统与流程图如图 2-38 所示。在沼液氨氮分离反应动力学的研究中,将 0.6 L 沼液置于进料罐中,再将进料罐置于恒温磁力搅拌器(DF-101S 型,由巩义市予华仪器有限责任公司提供)上,搅拌均匀,使沼液保持一定的温度。沼液通过蠕动泵输送到中空纤维膜接触器(简称膜接触器)的底端。在进入膜接触器前,沼液在水浴加热器内被加热到设定的温度。加热后的沼液在中空纤维膜接触器的管层内流动,其中的水分、氨气、挥发性酸等挥发性物质会通过膜孔扩散到膜接触器的壳层。通过真空泵(SHZ-DIII 型,由巩义市予华仪器有限责任公司提供)施加一定的真空度,挥发性成分被真空泵抽离膜接触器后,进入冷凝器中冷凝并被回收到接收罐中。冷凝器中通入了由低温冷却液循环泵(DL5B-5/25 型,由巩义市予华仪器有限责任公司提供)制备的 0~2 ℃冷却液。

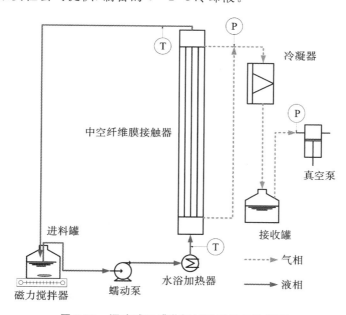

图 2-38　沼液减压膜蒸馏试验系统与流程图

在进行用减压膜蒸馏去除沼液氨氮过程中的反应动力学的测试时,膜接触器壳层的绝对压力约为 3 kPa,沼液进料温度为 55 ℃。每次试验的时长约为 2 h,且每隔 15~30 min 取样测试一次沼液和冷凝回收液中的氨氮浓度,直至沼液体积变为原体积的一半。在沼液氨氮分离传质特性的研究中,根据研究需要调整相关的操作参数,例如,沼液进料温度为 45~75 ℃,进料流量为 15~60 mL/min,真空侧的绝对压力为 5~15 kPa 等。

2.4.2.3 数据分析方法

1) 减压膜蒸馏中沼液的氨氮分离性能

由表 2-21 可知,沼液中的挥发性脂肪酸的含量远低于总无机碳(主要为 CO_2、碳酸根离子和碳酸氢根离子)的含量。因而沼液中主要是氨氮与 TIC 之间的化学平衡。在减压膜蒸馏过程中,通过减压可快速抽离沼液表面的游离氨(NH_3)。同时,由于气相中的 NH_3 与水蒸气被冷凝,在气液界面形成了较大的 NH_3 分压差,在该分压差的推动下,氨氮以 NH_3 形式从液相转移到气相,从而实现了沼液中氨氮的脱除。沼液中 NH_3 浓度可采用式(2-6)进行估算。

为比较氨氮的分离速率,可通过实际氨氮浓度变化趋势来拟合氨氮浓度的变化,并获得氨氮分离的一级反应动力学常数。利用进料瓶中沼液氨氮浓度随时间变化的拟合曲线来计算氨氮分离的一级反应动力学常数。

$$C_t = C_0 e^{-kt} \tag{2-26}$$

式中,C_0 为初始时刻的沼液氨氮浓度,单位为 mol/L;C_t 为 t 时刻的沼液氨氮浓度,单位为 mol/L;t 为减压蒸馏时间,单位为 h;k 为沼液中氨氮分离的一级反应动力学常数,单位为 h^{-1}。

在氨氮分离试验中,可用时间常数 τ 来表示氨氮含量降低程度为($1-e^{-1}$)时或为初始值的 63% 时所耗费的时间。该常数可用于不同起始和终止条件下的试验间的定量比较。τ 的计算公式如下。

$$\tau = \frac{l}{k} \tag{2-27}$$

式中,l 为氨氮含量降低程度($1-e^{-1}$)或 63%。

氨氮分离因子 S_t 是用于定量分析氨氮分离程度的重要指标,其计算公式如下。

$$S_t = \frac{(C_{NH_3}/C_{H_2O})_p}{(C_{NH_3}/C_{H_2O})_f} \tag{2-28}$$

式中,S_t 表示 t 时刻的氨氮分离因子;C_{NH_3} 和 C_{H_2O} 分别表示 NH_3 的浓度和 H_2O 的浓度,单位为 mol/L;p 和 f 分别表示渗透侧和进料侧。

在沼液减压膜蒸馏的过程中,沼液的氨氮脱除率 R_{mov} 和回收率 R_{cov} 可按下列公式进行计算。

$$R_{mov} = \frac{C_0 V_0 - C_t V_t}{C_0 V_0} \times 100\% \tag{2-29}$$

$$R_{cov} = \frac{C_t' V_t'}{C_0 V_0} \times 100\% \tag{2-30}$$

式中,V_0 和 C_0 分别表示沼液初始体积和初始氨氮浓度,单位分别为 L 和 mol/L;V_t 和 C_t 分别表示 t 时刻的沼液体积和氨氮浓度,单位分别为 L 和 mol/L;V_t' 和 C_t' 分别表示 t 时刻冷凝液的体积和氨氮浓度,单位分别为 L 和 mol/L。

2) 减压膜蒸馏过程中的挥发分传质性能

减压膜蒸馏结束后,对进料侧和渗透冷凝侧溶液的质量进行测试,即可计算出主要挥发分的传质通量。其中,水通量 N_{H_2O} 可采用下列公式进行计算。

$$N_{H_2O} = \frac{\Delta m_{H_2O}}{A \Delta t} \tag{2-31}$$

式中，Δm_{H_2O} 表示在时间 Δt 内的跨膜水分传输质量，单位为 kg；A 表示气液膜的接触面积，单位为 m²。

氨通量 N_{NH_3} 可按下列公式进行计算。

$$N_{NH_3}=\frac{C_0 V_0 - C_t V_t}{A\Delta t}\times 0.017 \tag{2-32}$$

式中，V_0 和 C_0 分别表示沼液的初始体积和初始氨氮浓度，单位分别为 L 和 mol/L；V_t 和 C_t 分别表示 t 时刻沼液的体积和氨氮浓度，单位分别为 L 和 mol/L。

在氨氮分离过程中，氨的总传质系数 K_{ov} 可按下列公式进行计算。

$$K_{ov}=\frac{V}{A\Delta t}\ln\left(\frac{C_0}{C_t}\right) \tag{2-33}$$

3）减压膜蒸馏过程中挥发分的传质通量模拟计算

挥发性组分在膜内的传质通量 N 可采用达西定律来评估，且传质通量正比于挥发分在气液间的跨膜分压差 ΔP。

$$N=\alpha\Delta P=\alpha(P_{i,f}-P_{i,p}) \tag{2-34}$$

式中，α 表示膜的渗透性，单位为 kg/(m²·s·Pa)；$P_{i,f}$ 和 $P_{i,p}$ 分别表示膜进料侧和渗透侧的挥发组分 i 的蒸汽分压，单位为 Pa。

沼液侧水的蒸汽分压 P_{H_2O} 的计算公式如下。

$$\ln\left(\frac{P_{H_2O}}{P_{C,H_2O}}\right)=\frac{-7.858\gamma+1.839\gamma^{1.5}-11.781\gamma^3+22.671\gamma^{3.5}-15.939\gamma^4+1.775\gamma^{7.5}}{1-\gamma} \tag{2-35}$$

$$\gamma=1-\frac{T}{T_{C,H_2O}} \tag{2-36}$$

式中，P_{C,H_2O} 和 T_{C,H_2O} 分别表示水处于临界点时的压力和温度，单位分别为 kPa 和 K。

氨分压 P_{NH_3} 可通过亨利定律计算获得。

$$P_{NH_3}=\frac{100\lambda m_{NH_3}}{K_H} \tag{2-37}$$

式中，m_{NH_3} 表示游离氨的摩尔浓度，单位为 mol/L；λ 表示活性系数，在溶液合理稀释的情况下，$\lambda=1$；K_H 是基于温度 T 的亨利系数，单位为 Pa·m³/mol。

K_H 可采用下式进行计算。

$$\ln K_H=-8.096\,94+\frac{3917.507}{273.15+T}-0.003\,14(273.15+T) \tag{2-38}$$

4）减压膜蒸馏过程中挥发分的传质系数模拟计算

在减压膜蒸馏过程中，挥发分的传质可以分为 3 步：第一，挥发分由液相扩散到气液接触的膜表面；第二，挥发分通过气液界面向膜孔进行传质；第三，挥发分从膜的表面扩散到真空侧。总传质系数（K_{ov}）可以通过连续传质阻力模型进行表述。

$$\frac{1}{K_{ov}}=\frac{1}{k_f}+\frac{1}{k_m}+\frac{1}{k_p} \tag{2-39}$$

式中，k_f、k_m 和 k_p 分别表示液相、膜内和渗透侧的分传质系数，单位为 m/s。

由于在膜的渗透侧施加了真空，因此在渗透侧的传质阻力可忽略不计。可以用克努森扩散对膜孔中的传质进行表述，膜内传质系数 k_m 的计算公式如下。

$$k_{\mathrm{m}} = \frac{8}{3}\frac{\varepsilon r}{\tau \delta}\sqrt{\frac{1}{2\pi RTM}} \tag{2-40}$$

式中，ε 表示膜的孔隙率，单位为%；δ 表示膜的厚度，单位为 m；τ 表示膜的曲折率；r 表示平均膜孔径，单位为 m；R 是摩尔气体常数，为 8.314 J/(mol·K)；M 是传输组分的平均摩尔质量，单位为 g/mol；T 为绝对温度，单位为 K。

可采用经典的 Lévêque 公式对进料液相侧的传质系数进行估算。

$$Sh = 1.615(ReScd_{\mathrm{h}}/L)^{1/3} \tag{2-41}$$

可以通过舍伍德数 Sh 对液相传质系数 $k_{\mathrm{f}}^{\mathrm{L}}$ 进行计算。

$$Sh = \frac{k_{\mathrm{f}}^{\mathrm{L}}d_{\mathrm{h}}}{D_{\mathrm{L}}} \tag{2-42}$$

$$Sc = \frac{\mu}{\rho_{\mathrm{f}}D_{\mathrm{L}}} \tag{2-43}$$

$$Re = \frac{\nu d_{\mathrm{h}}\rho}{\mu} \tag{2-44}$$

式中，Sc 和 Re 分别表示施密特数和雷诺数；d_{h} 是膜管侧水力半径，单位为 m；D_{L} 是液相扩散系数，单位为 m²/s；μ 表示进料液体的黏度，单位为 Pa·s；ρ_{f} 是进料液体的密度，单位为 kg/m³；ν 为进料液体的流速，单位为 m/s。

氨在液相中的扩散系数可以通过下列公式进行计算。

$$D_{\mathrm{L}} = (1.65 + 2.47\chi_{\mathrm{NH_3}}) \times 10^{-6}\exp(-16\,600/RT) \tag{2-45}$$

$$\mu = (0.67 + 0.78\chi_{\mathrm{NH_3}}) \times 10^{-6}\exp(17\,900/RT) \tag{2-46}$$

式中，$\chi_{\mathrm{NH_3}}$ 表示液相中氨的摩尔占比。

2.4.2.4　沼液氨氮减压膜蒸馏分离中的反应动力学

在沼液氨氮的减压膜蒸馏分离中，沼液的 pH 值越高，沼液中游离氨浓度就越高，氨传质推动力就越大，沼液氨氮的分离就越迅速，沼液氨氮的脱除率就越高。同时，随着减压膜蒸馏分离时间的延长，沼液中氨氮含量逐渐下降，且下降趋势符合指数衰减曲线，如图 2-39（a）所示。由此可计算出沼液氨氮分离的一级反应动力学常数，如表 2-23 所示。

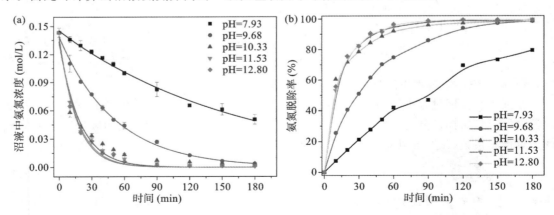

图 2-39　沼液 pH 值对氨氮脱除特性的影响

表 2-23　减压膜蒸馏氨氮分离中 pH 值和温度对一级反应动力学常数 k 和时间常数 τ 的影响

分 离 条 件	pH 值	温度(℃)	$k(h^{-1})$	$\tau(h)$	R^2
减压膜蒸馏	7.93	55	0.0006	1666.67	0.99
	9.68	55	0.019	52.63	0.99
	10.33	55	0.053	18.87	0.94
	11.53	55	0.060	16.67	0.99
	12.80	55	0.063	15.87	0.98

由图 2-39 可知,在高 pH 值条件下,进料液(沼液)的氨氮浓度(TAN)在减压膜蒸馏初始状态下便急剧下降,尤其是在初始的 60 min 内,TAN 浓度降低最为明显。但是,当沼液 pH 值由 10.33 升高到 12.80 时,沼液 pH 值变化对 TAN 的脱除率的影响不显著,且一级反应动力学常数也仅从 0.053 h^{-1} 略微升高至 0.063 h^{-1}。在 VMD 过程中,氨氮以游离氨的形式从沼液中被脱除,游离氨含量越高,氨氮就越容易被脱除。沼液中游离氨的含量可根据 TAN 浓度、温度和 pH 值计算获得,如式(2-6)所示。当沼液 pH 值为 7.93 时,沼液中游离氨的占比约为 20.67%;而当沼液 pH 值升高至 10.33 时,游离氨的占比增加至 98%。因此,应将沼液的初始 pH 值调节至 10.0 以上,从而使沼液中游离氨的占比高于 95%,以保证氨氮的高效脱除。

2.4.2.5　减压膜蒸馏操作参数对沼液氨氮分离性能的影响

1) 沼液温度的影响

据式(2-6)可知,在相同的沼液初始 pH 值和氨氮浓度条件下,温度越高,沼液中游离氨浓度就越高,有助于强化氨氮的传质特性。同时,沼液温度越高,沼液黏度就越低,并且游离氨在沼液中的溶解度也就越低,有助于氨的溢出。温度升高,沼液表面水蒸气分压增加,从而导致气相中氨分压下降,有助于提高氨传质推动力。因此,选择较高的温度有助于强化沼液氨氮的分离性能,如图 2-40 所示。

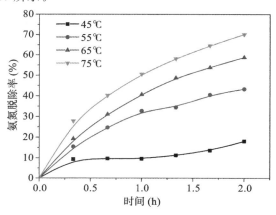

图 2-40　沼液进料温度对沼液氨氮脱除率的影响

(沼液流量 60 mL/min,沼液初始 pH 值 9.0,真空压力 10 kPa)

在氨的脱除过程中，$\ln(C_0/C_t)$ 随时间 t 的变化规律如图 2-41 所示。显然，$\ln(C_0/C_t)$ 与 t 呈线性关系。根据该直线的斜率可计算出沼液氨氮分离的总传质系数。不同温度下，沼液氨氮的减压膜蒸馏传质系数如表 2-24 所示。由表可知，氨氮分离的总传质系数和沼液进料侧的分传质系数均随温度的增加而急剧增加，例如 75 ℃时的进料侧传质系数几乎比 45 ℃时的高一个数量级。其主要原因在于，温度升高导致跨膜驱动力大幅增加。总传质系数和进料侧传质系数的比值表示沼液侧的边界层传质阻力在总传质阻力中的占比，当温度从 75 ℃降低到 45 ℃时，该比值便从 0.71 增加到 0.96。这表明在减压膜蒸馏过程中，沼液侧边界层的传质阻力是总传质过程中的主要限制因素。

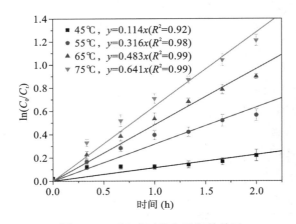

图 2-41　$\ln(C_0/C_t)$ 值与时间的关系

（沼液流量 60 mL/min，沼液初始 pH 值 9.0，真空压力 10 kPa）

表 2-24　不同温度下的总传质系数、膜内传质系数和进料边界层的传质系数

温度（℃）	K_{ov}（$\times 10^{-6}$ m/s）	k_m（$\times 10^{-6}$ m/s）	k_f（$\times 10^{-6}$ m/s）	K_{ov}/k_f
45	0.26	5.4	0.27	0.96
55	0.73	5.32	0.85	0.86
65	1.12	5.25	1.42	0.79
75	1.48	5.17	2.07	0.71

当利用 Lévêque 方程对沼液进料侧氨的传质系数进行估算时，沼液黏度对传质有着重要的影响。经测试，沼液的黏度一般可达到相同条件下水的黏度的 3 到 5 倍。在不同的温度和黏度下，氨氮在液相中的传质估算结果如表 2-25 所示。由表可知，沼液侧氨氮分传质系数随温度的增加而增加。当沼液黏度增加时，分传质系数随温度的增加效果更加明显。当沼液的黏度为水黏度的 5 倍时，分传质系数几乎为其初始值的 1/5。显然，沼液黏度对传质的影响较大，降低沼液黏度有利于提升从沼液中分离的氨的传质性能。

表 2-25　基于 Lévêque 方程计算获得的进料侧氨氮分传质系数

温度(℃)	分传质系统 k_f(×10^{-6} m/s)		
	1	3	5
45	4.32	1.44	0.86
55	4.96	1.65	0.99
65	5.81	1.93	1.16
75	6.44	2.14	1.28

　　通常情况下,可通过氨氮传质系数、氨氮分离因子和氨氮通量对沼液氨氮分离特性进行评估。在此主要采用氨氮总传质系数和氨氮分离因子来对氨氮分离性能进行评估。该评估方法考虑了氨和水蒸气的传质通量。沼液温度对氨氮分离特性的影响如图 2-42 所示。显然,氨氮总传质系数随温度的升高而大幅增大,但氨氮分离因子却随温度升高而急剧减小。该现象可以用图 2-42(b)中的氨氮和水传质通量结果来进行解释。当温度升高时,沼液表面的水蒸气分压呈现出指数增长的趋势,而氨氮分压的增幅较小,如图 2-43 所示。例如,在 70 ℃时,水蒸气分压为 31 kPa,而 0.2 mol/L 氨水的氨气分压仅为 3.1 kPa。因此,当温度升高时,水蒸气传质通量大幅增大,而氨传质通量的增加远远低于水蒸气的传质通量的增加,从而导致了氨氮分离因子呈现急剧下降的趋势。这说明,想要同时获得高的氨氮传质系数和高的氨氮分离因子,就需要选择合适的沼液温度。

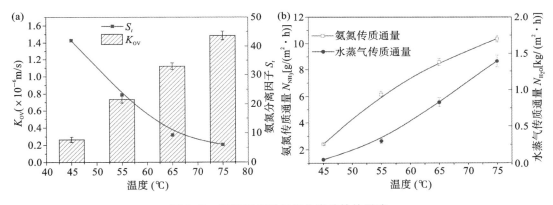

图 2-42　沼液温度对氨氮分离特性的影响
(沼液流量 60 mL/min,沼液初始 pH 值 9.0,真空压力 10 kPa)

2) 渗透侧压力的影响

　　在减压膜蒸馏过程中,渗透侧压力对沼液氨氮分离总传质系数和分离因子的影响如图 2-44 所示。图 2-44 并未显示渗透侧绝对压力高于 15 kPa 时的氨氮分离性能,主要是因为此条件下的氨氮传质通量太小。渗透侧压力越小,气相侧氨分压就越小,液-气侧的氨分压梯度就越大。氨氮分离过程中的传质推动力也就越大,有助于氨的传质,如图 2-44 所示。而氨分离因子随渗透侧压力的增加呈现出先增加后减小的趋势,并在 10 kPa 时达到极值,约为 25。该结果表明存在一个最优的渗透侧压力。在此最优压力条件下,可通过膜减压蒸馏回收获得浓度为 3%～5% 的可用氨水。

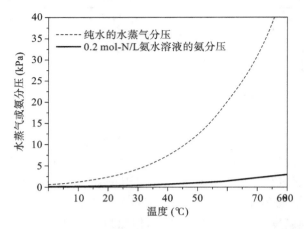

图 2-43　水蒸气分压和 0.2 mol-N/L 氨水表面氨气分压随温度变化的趋势图

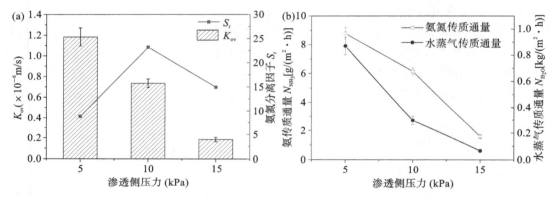

图 2-44　渗透侧压力对氨氮分离特性的影响

（沼液流量 60 mL/min，温度 55 ℃，沼液初始 pH 值 9.0）

3）沼液进料流量的影响

沼液进料流量对氨氮分离特性的影响如图 2-45 所示。当进料流量由 15 mL/min 增至 60 mL/min 时，总传质系数由 0.37×10^{-6} m/s 增加到 0.73×10^{-6} m/s，但氨氮分离因子却从 83.1 减小为 23.2。增加进料流速可减小液相边界层效应，从而减小液相侧传质阻力，进而减小总传质阻力。氨氮分离因子随沼液流量的增加而减小的现象可用水蒸气传质通量增幅高于氨氮传质通量增幅来进行解释，如图 2-45（b）所示。但相比于温度和压力对氨分离特性的影响，进料流量的影响较弱。这说明进料流量在氨分离过程中并不起主导作用。当进料流量降低为 15 mL/min 时，氨氮分离因子最高可达 83.1，而此时的总传质系数约减小了 50%。当温度由 75 ℃ 降至 45 ℃ 时，总传质系数约减少了 82%。显然，减小进料流量是同时获得较高氨氮分离因子和氨传质系数的较优选择之一。另外，进料流量越小，沼液在膜内的滞留时间就越长，将导致更高的氨氮脱除率。

4）沼液初始 pH 值的影响

在减压膜蒸馏回收氨氮的过程中，只有游离氨才能通过挥发的方式从沼液中脱离出来，

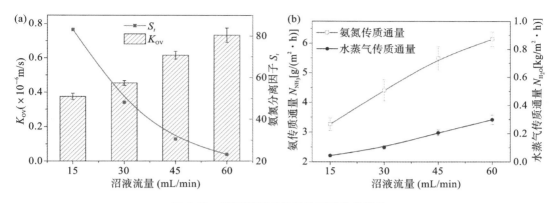

图 2-45　进料流量对氨氮分离特性的影响

(真空压力 10 kPa,温度 55 ℃,沼液初始 pH 值 9.0)

而游离氨的含量又受到沼液 pH 值和温度等的影响,且 pH 值是氨分离最重要的参数之一。由表 2-23 可知,当沼液 pH 值达到 10 以上时,氨氮分离中的反应动力学常数差异较小,这和游离氨含量随 pH 值变化的趋势一致。当沼液 pH 值大于 10.5 时,沼液中 98% 的氨氮均已转化为游离氨。这说明只需要将 pH 值调节至将沼液中氨氮绝大部分转化为游离氨所需要的临界值即可,没有必要过度提高沼液 pH 值。因此,有必要进一步细化研究,当 pH<10 时,pH 值变化对氨氮回收特性的影响。

当 pH<10 时,pH 值变化对氨氮回收特性的影响如图 2-46 所示。当沼液初始 pH 值由 7.7 上升到 10.0 时,氨的总传质系数增加了近 4 倍。与此同时,氨分离因子也增加了近 9 倍,从 6.61 急剧增加至 60.3。由式(2-37)可知,在室温下,当沼液 pH 值为 10.0 时,沼液中游离氨的占比可达到 95% 以上,从而导致了氨传质系数的大幅增加。需要注意的是,pH 值对水通量的影响不大,但对氨通量的影响显著。

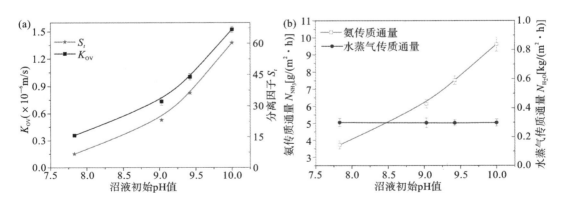

图 2-46　沼液 pH 值对氨氮分离特性的影响

(真空压力 10 kPa,温度 55 ℃,进料流量 60 mL/min)

综上可知,采用减压膜蒸馏方式可快速脱除沼液中的氨氮,并且在合适的操作参数下,可同时获得较高的氨氮传质系数和氨氮分离因子。

2.4.2.6 沼液源绿色氨水的回收可行性

在对沼液进行减压膜蒸馏后,还分析测试了进料侧和渗透侧冷凝液的 pH 值与氨氮浓度,如图 2-47 所示。进行减压膜蒸馏后,进料侧沼液的氨氮浓度从 0.18 mol/L 降低至 0.1 mol/L,而渗透侧的氨氮浓度升高到 1.0 mol-N/L,远高于原沼液的氨氮浓度。渗透侧冷凝液的 pH 值为 10.5,这表明渗透侧冷凝液中 98% 以上的氨氮以游离氨形式存在,即渗透侧冷凝液的主要成分为氨水。沼液是可再生的,因而渗透侧的冷凝液可以被称为绿色氨水。这证明了从沼液中回收绿色氨水的可行性。

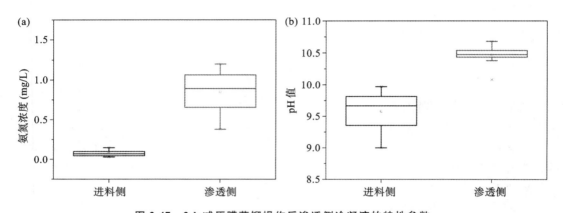

图 2-47　2 h 减压膜蒸馏操作后渗透侧冷凝液的特性参数
(进料侧沼液的初始 pH 值和氨氮浓度分别为 10.0 和 0.178 mol/L)

2.4.3　沼液源绿色氨水的化学组成及其 CO_2 吸收反应动力学

由 2.4.2 节的论述可知,可以通过减压膜蒸馏技术从富含氨氮的沼液中分离氨氮,并将分离的氨氮以绿色氨水的形式进行回收,且氨水中的氨氮浓度远高于原沼液。根据现有研究可知,采用氨水作为 CO_2 吸收剂时,氨水有较高的 CO_2 吸收速率和较低的解吸能耗,适合于在吸收剂不循环的单程 CO_2 化学吸收工艺中用于沼气的提纯净化,可以有效地解决沼液自身 CO_2 吸收性能较弱的问题。但 2.4.2 节只证实了绿色氨水回收的可行性,并未对其化学组分进行详细的研究。沼液中还含有可挥发的饱和脂肪酸。这些饱和脂肪酸在氨氮的回收过程中也可以通过跨膜传质进入氨水之中。这些杂质是否会对回收的绿色氨水的 CO_2 吸收反应产生影响,这需要进一步探索。

2.4.3.1 材料与方法

1）绿色氨水的减压膜蒸馏回收

在绿色氨水化学组分的研究中,依然采用减压膜蒸馏技术从沼液中回收氨水,该试验系统如图 2-38 所示。绿色氨水回收中所使用的聚丙烯中空纤维膜和膜组件均由宁波摩尔森膜环保科技有限公司提供并组装。所用沼液取自正常发酵的大型沼气工程,原沼液相关的主要参数如表 2-26 所示。

表 2-26　用于绿色氨水化学成分评估时的原沼液主要参数特性

参　数	数　值
pH 值	7.87±0.21
电导率(mS/cm)	16.61±0.32
浊度(NTU)	976.96±21.14
化学需氧量(mg/L)	2911.98±30.65
总氨态氮浓度(g-N/L)	2.0±0.06
总固体含量(mg/L)	4387±54.37
总磷浓度(mg/L)	37.74±0.014
总挥发酸(mg/L)	0.011±0.001

在该试验中 1 L 沼液在蠕动泵的驱动下循环于中空纤维膜管程,液相的流速保持在 60 mL/min,在膜接触器的壳层通过真空泵施加 10 kPa 的绝对压力。沼液进料温度保持在 69 ℃,氨气和水蒸气从沼液中渗透蒸发后在 0 ℃下冷凝,冷凝得到的含氨浓度较高的溶液就是绿色氨水。试验每次运行 90 min,并每隔 15 min 取样测试一次。运行结束后,对所有样品进行 pH 值(测试仪器为 Mettler Toledo,FE20K)、氨氮浓度(测试仪器为 Smartchem 200 Discrete Auto Analyzer,Italy AMS-Westco)、挥发酸(测试仪器为 gas chromatograph,GC-FID SP-2100A)和总碳/总氮含量(测试仪器为 TC/TN Analyzer,multi N/C 2100,Analytik Jena AG,German)等参数的测试。

2)绿色氨水的 CO_2 吸收反应动力学测试

利用如图 2-48 所示的湿壁塔系统对回收的绿色氨水的 CO_2 吸收速率进行测试,并由此计算出总传质系数 K_G。湿壁塔中,气液反应接触柱由不锈钢管制作而成。本研究用一个透明玻璃管在湿壁柱外侧盖住反应湿壁塔柱,其外径为 4.24 cm,内径为 2.32 cm。N_2 和 CO_2 混合气体从湿壁塔的底部通入,并与湿壁塔柱表面的液体进行逆向接触反应。总气体流量保持在 5 L/min,而液相流量保持在 200~220 mL/min,进而保证湿壁塔柱上形成均匀覆盖的液膜。使用 CO_2 分析仪对出口气体中 CO_2 浓度进行检测。在进行检测之前,需要将气体通入 200 mL 含有 1 mol/L 磷酸的酸洗瓶中对气体中可能夹杂的氨气进行清洗。在湿壁塔系统中,对水、氨水溶液和模拟绿色氨水溶液等的 CO_2 吸收速率进行了测试。溶液的温度保持在 298 K,每次测试都使用 350 mL 的溶液进行循环。进口气体中的 CO_2 的体积分数的变化区间为 1% 到 7%。

3)数据分析测试方法

CO_2 与氨的反应可以通过如下两性离子机制来进行解释。

$$CO_2(aq) + NH_3 \underset{k_2}{\overset{k_2}{\rightleftharpoons}} NH_3^+ COO^- \tag{2-47}$$

$$NH_3^+ COO^- + B \underset{k_{-B}}{\overset{k_B}{\rightleftharpoons}} NH_2 COO^- + BH^+ \tag{2-48}$$

$$CO_2 + OH^- \overset{k_{OH^-}}{\longrightarrow} HCO_3^- \tag{2-49}$$

式中,k_i 是 i 反应的反应动力学常数,单位为 L/(mol·s);B 表示溶液中的碱性物质,可以是

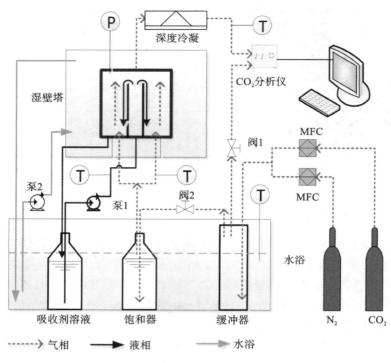

图 2-48 湿壁塔试验系统

（MFC 代表质量流量控制器，T 代表温度计，P 代表压力计）

水、氨或者氢氧根离子。

在稳定条件下，氨吸收 CO_2 过程中的总化学反应速率如下所示。

$$r_{CO_2} = \frac{C_{CO_2} C_{NH_3}}{1/k_2 + (k_{-2}/k_2)(1/\sum k_B C_B)} + k_{OH^-} C_{CO_2} C_{OH^-} \tag{2-50}$$

当式（2-50）中的两性离子机制是主要反应速率控制步骤时，$k_{-2} \ll k_B C_B$。此外，相比于氨基甲酸盐的形成，CO_2 水解的速率非常缓慢，因而其在整个化学反应速率中的贡献率较低。此时，式（2-50）可以进行如下的简化。

$$r_{CO_2} = k_2 C_{CO_2} C_{NH_3} \tag{2-51}$$

式中，C_{CO_2} 和 C_{NH_3} 分别表示 CO_2 和 NH_3 在液相中的浓度，单位为 mol/L。

若 CO_2 吸收进入液体薄膜的瞬间服从拟一级反应区间，此时氨的浓度被认为保持不变，该条件下 CO_2 吸收通量 N_{CO_2} 的表示如下。

$$N_{CO_2} = \frac{P_{CO_2}^{bulk}}{H_{CO_2}} \sqrt{D_{CO_2} k_2 C_{NH_3}} \tag{2-52}$$

式中，$P_{CO_2}^{bulk}$ 表示反应器气相主体中的 CO_2 分压，单位为 Pa，可通过进出口气体的对数平均值进行计算；H_{CO_2} 和 D_{CO_2} 分别表示 CO_2 在水中的亨利常数和扩散系数，单位分别为（Pa·m³）/mol 和 m²/s，可采用下列公式进行计算。

$$H_{CO_2} = 2.82 \times 10^6 \times e^{\frac{-2044}{T}} \tag{2-53}$$

$$D_{CO_2} = 2.35 \times 10^{-6} \times e^{\frac{-2119}{T}} \tag{2-54}$$

基于气液反应传质的双膜理论,湿壁塔中的总传质系数可以通过气相和液相的分传质阻力来计算。$1/K_G$ 表示通过气相、气液边界层和液相三界面传质的 CO_2 吸收过程中的总传质阻力。

$$\frac{1}{K_G} = \frac{1}{k_g} + \frac{1}{k_1} \tag{2-55}$$

式中,K_G 为气相总传质系数,单位为 $mol/(m^2 \cdot s \cdot Pa)$;$k_g$ 和 k_1 分别表示 CO_2 在气相和液相中的分传质系数,单位为 $mol/(m^2 \cdot s \cdot Pa)$。

根据菲克第一定律可知,CO_2 吸收通量正比于 CO_2 在扩散方向上的浓度梯度,其比例因子为 CO_2 在介质中的扩散系数。基于双膜理论,CO_2 吸收可以用传质系数和传质推动力的乘积来表示,其中传质系数是基于扩散的方程式。因而,CO_2 吸收通量可以通过总传质系数进行表示和计算。

$$N_{CO_2} = K_G(P_{CO_2}^{bulk} - P_{CO_2}^{eq}) \tag{2-56}$$

$$P_{CO_2}^{bulk} = \frac{P_{CO_2,in} - P_{CO_2,out}}{\ln(P_{CO_2,in}/P_{CO_2,out})} \tag{2-57}$$

式中,$P_{CO_2}^{eq}$ 是 CO_2 的平均分压,单位为 Pa;$P_{CO_2,in}$ 和 $P_{CO_2,out}$ 分别表示进出湿壁塔的气相中 CO_2 分压,单位为 Pa。

气相传质系数 k_g 可以通过舍伍德数 Sh、施密特数 Sc 和雷诺数 Re 进行计算。

$$Sh = \alpha Re^\beta Sc^\beta \left(\frac{d}{h}\right)^\beta \tag{2-58}$$

$$Sh = \frac{RTk_g d}{D_{CO_2}^g} \tag{2-59}$$

$$Re = \frac{\rho_g \upsilon d}{\eta_g} \tag{2-60}$$

$$Sc = \frac{\eta_g}{\rho_g D_{CO_2}^g} \tag{2-61}$$

式中,d 是气体通道的水力半径,其值等于湿壁塔系统中的湿壁柱外径和玻璃罩内径的差值。在本研究中,$d = 5.5$ mm;h 是中心湿壁柱的高度,为 10.31 mm;ρ_g 为气体密度,单位为 kg/m^3;η_g 为气体黏度,单位为 $Pa \cdot s$;υ 是气体流速,单位为 m/s;常数 α 和 β 分别为 1.44 和 1.17;$D_{CO_2}^g$ 是 CO_2 在气相中的扩散系数,单位为 m^2/s,可通过下列公式进行计算。

$$D_{CO_2}^g = \frac{4.36 \times 10^{-5} T^{1.5} \left(\frac{1}{M_A} + \frac{1}{M_B}\right)^{1.5}}{P((V_A)^{0.33} + (V_B)^{0.33})^2} \tag{2-62}$$

式中,M_j 表示 j 组分(A 或 B)的摩尔质量,单位为 g/mol;V_j 表示 j 组分在沸点下的摩尔体积,单位为 cm^3/mol,V_A 和 V_B 分别为 34 cm^3/mol 和 31.2 cm^3/mol;P 表示总压力,单位为 kPa。

2.4.3.2　沼液源绿色氨水的化学组分分析

在采用减压膜蒸馏技术从沼液中回收绿色氨水的过程中,包括水蒸气、CO_2、氨和挥发酸等在内的挥发性物质均会透过疏水膜膜孔挥发到气相中,然后在渗透侧冷凝下来。沼液的初始总氨氮浓度 $[TAN]_0$ 和操作时间对富集回收的绿色氨水的成分及 pH 值的影响如图 2-49 所示。

由图 2-49 可知,回收的绿色氨水中的 TAN 浓度 $[TAN]_{GAA}$ 与沼液初始 TAN 浓度 $[TAN]_0$ 直接相关。当 $[TAN]_0$ 增加时,沼液表面的游离氨浓度增加,减压膜蒸馏过程中氨的传质推动力也就增加,便导致更多的氨进行跨膜传质,因而回收绿色氨水的 TAN 浓度

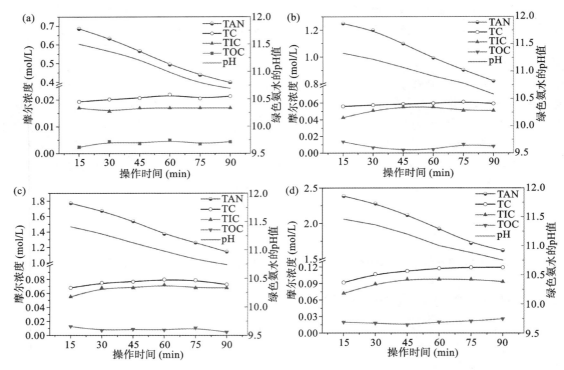

图 2-49   不同沼液初始氨氮浓度条件下回收的绿色氨水的总氨氮、总碳、总无机碳、总有机碳浓度和 pH 值
（初始氨氮浓度依次为 0.07 mol/L、0.14 mol/L、0.21 mol/L、0.28 mol/L）

$[TAN]_{GAA}$ 也增加。同时，减压膜蒸馏的操作时间越长，水蒸发量就越多，因而 $[TAN]_{GAA}$ 越小。例如，当 $[TAN]_0 = 0.14$ mol/L 时，$[TAN]_{GAA}$ 在最初的 15 min 内可以达到 1.25 mol/L，而在 90 min 后却降低至 0.82 mol/L。从图 2-49 还可看出，无论 $[TAN]_{GAA}$ 为多少，其 pH 值变化规律基本一致，均随 $[TAN]_{GAA}$ 的减小而减小；但其波动并不明显，始终保持在 10.7～11.5。这说明所回收的绿色氨水的主要组分为游离氨。

富集回收的绿色氨水中，除游离氨这一主要组分外，还包括无机碳（主要是减压过程中从沼液中释放的 CO_2 与氨水反应生成的产物）、可挥发性脂肪酸（VFAs）等。其中，无机碳的浓度为 0.015～0.09 mol/L，与沼液初始氨氮浓度有关。而绿色氨水中包含的 VFAs 主要有乙醇、乙酸、丙酸和丁酸等，其浓度与沼液初始氨氮浓度息息相关，如图 2-50 所示。另外，与绿色氨水中的游离氨含量相比，无机碳和 VFAs 含量均较低。

2.4.3.3   绿色氨水 CO_2 吸收反应动力学常数

1) 新鲜氨水的 CO_2 吸收反应动力学常数

本研究利用湿壁塔系统对新鲜氨水的 CO_2 吸收速率进行了测试，测试结果如图 2-51 所示。在 298 K 的温度下，氨水的浓度越高以及气相中 CO_2 的分压越大，CO_2 吸收通量就越大。对 CO_2 吸收通量随 CO_2 分压的变化曲线进行拟合，即可获得氨吸收 CO_2 时的总传质系数 K_G。气相分传质系数可以通过舍伍德数进行计算，然后根据式（2-55）计算出液相分传质系数，相关结果如表 2-27 所示。当氨水的 TAN 浓度由 0.3 mol/L 增加至 2.0 mol/L 时，K_G 由 0.641 mmol/(m²·s·kPa) 增加至 1.528 mmol/(m²·s·kPa)。由于研究中气体流速保持

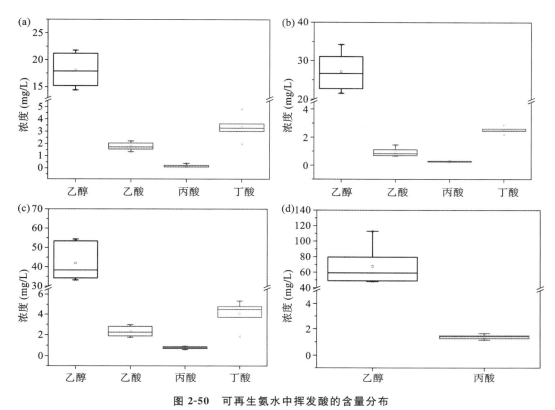

图 2-50 可再生氨水中挥发酸的含量分布

(各图的初始氨氮浓度依次为 0.07 mol/L、0.14 mol/L、0.21 mol/L、0.28 mol/L)

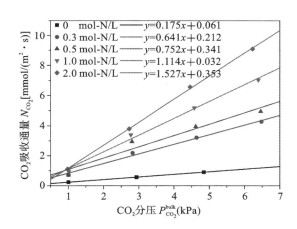

图 2-51 CO₂ 吸收通量 N_{CO_2} 随 CO₂ 分压 $P_{CO_2}^{bulk}$ 和氨水浓度的变化趋势

不变,因而气相传质系数始终保持在 24.63 mmol/(m² · s · kPa)。在表 2-27 中,K_G/k_1 的比值表示液相传质阻力在总传质阻力中的占比,范围为 93.89%~97.43%。这说明在湿壁塔试验系统中,液相传质阻力在总传质过程中占主导地位,也进一步说明了可以通过总传质系数 K_G 计算出反应动力学常数 k_2。

表 2-27　298 K 温度下氨水吸收 CO_2 过程中的总传质系数、气相分传质系数和液相分传质系数

新鲜氨水 TAN 浓度 （mol/L）	K_G [mmol/(m² · s · kPa)]	k_g [mmol/(m² · s · kPa)]	k_1 [mmol/(m² · s · kPa)]	K_G/k_1 （%）
0	0.175±0.003	24.63	0.176	99.30
0.3	0.641±0.051	24.63	0.658	97.43
0.5	0.772±0.1	24.63	0.797	96.71
1.0	1.115±0.08	24.63	1.167	95.54
2.0	1.528±0.03	24.63	1.628	93.89

在低浓度下吸收 CO_2 时，为避免溶液表面的吸收剂被迅速消耗而影响 CO_2 与吸收剂的反应动力学常数的测试，本研究选用了 2.0 mol/L 的氨水来进行测试并计算其反应动力学常数。通过测试得到，在 298 K 条件下，新鲜氨水对 CO_2 的二级反应动力学常数 $k_2 = 4772$ L/(mol·s)。该结果在其他研究者所报告的结果范围之内。

新鲜氨水的 CO_2 吸收速率可通过将测试获得的 k_2 值代入式(2-51)和式(2-52)中进行模拟计算而得。通过比较 CO_2 吸收速率的模拟值和测试值，即可探究 CO_2 物理吸收及 CO_2 扩散对传质的影响，测试和模拟结果如图 2-52 所示。当 CO_2 的分压高于 3 kPa 和氨水的 TAN

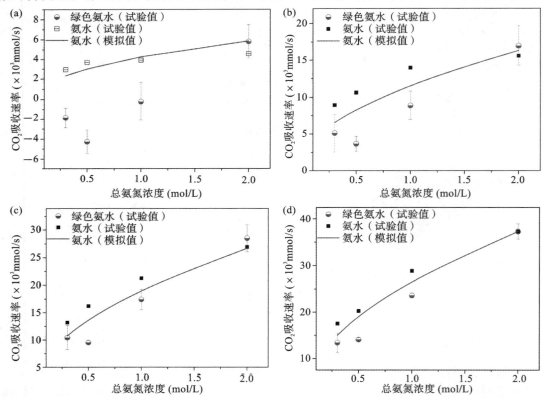

图 2-52　新鲜氨水和绿色氨水在不同氨氮浓度和 CO_2 分压下的 CO_2 吸收速率

（各图的压力条件依次为 1 kPa、3 kPa、5 kPa、7 kPa）

浓度低于 1 mol/L 时,模拟值低于试验值。这表明,相比于化学吸收,CO_2 的物理吸收和扩散在该条件下不可忽略。而在其他条件下,其模拟值和计算值高度吻合。这说明化学反应在 CO_2 吸收中占主导地位。

2）绿色氨水的 CO_2 吸收反应动力学常数

本研究依然采用湿壁塔系统对绿色氨水的 CO_2 吸收反应动力学进行测试。由于试验中所获得的绿色氨水较少,本研究根据绿色氨水的化学组分调配了模拟氨水以进行测试,测试结果如表 2-28 所示。表 2-28 还显示了不同成分的模拟绿色氨水对应的测试 K_G 值。从表中可知,由于绿色氨水组分中包含 CO_2 和挥发酸,因而其 K_G 值要小于新鲜氨水的 K_G 值。

表 2-28　298 K 下模拟绿色氨水在湿壁塔系统中测试获得的 K_G 值

溶液编号	$[TAN]_{GAA}$ (mol/L)	CO_2 负荷 (mmol/L)	乙醇浓度 (mg/L)	乙酸浓度 (mg/L)	丙酸浓度 (mg/L)	丁酸浓度 (mg/L)	K_G [mmol/($m^2 \cdot s \cdot kPa$)]
S1	0.3	16	20	5	0.5	1	0.53 ± 0.08
S2	0.3	50	30	2	1	5	0.48 ± 0.08
S3	0.3	65	40	3	1	5	0.58 ± 0.10
S4	0.5	16	20	5	0.5	1	0.73 ± 0.07
S5	0.5	50	30	2	1	5	0.74 ± 0.08
S6	0.5	65	40	3	1	5	0.71 ± 0.03
S7	1.0	50	30	2	1	5	1.12 ± 0.01
S8	1.0	65	40	3	1	5	1.06 ± 0.09
S9	1.0	100	60	0	2	0	0.98 ± 0.09
S10	2.0	65	4	3	1	5	1.46 ± 0.04
S11	2.0	100	6	0	2	0	1.47 ± 0.08
S12	2.0	80	100	0	2	0	1.44 ± 0.10

不同 TAN 浓度和不同 CO_2 分压下的可再生氨水的 CO_2 吸收速率如图 2-52 所示。显然,绿色氨水的 CO_2 吸收速率随 CO_2 分压和 TAN 浓度的增加而增加。但是,经过多次测试发现,当气相中 CO_2 分压为 1 kPa 时,绿色氨水的 CO_2 吸收速率小于零,这说明此时有 CO_2 从绿色氨水中被释放出来。其原因可能是由于挥发酸的存在,导致溶于绿色氨水中的 CO_2 不稳定,出现了溶液 CO_2 分压高于气相 CO_2 分压的情况。这表明低 TAN 浓度的绿色氨水并不适合于低 CO_2 分压气体的 CO_2 吸收。另外,当绿色氨水的 TAN 浓度低于 1 mol/L 时,在测试所涉及的 CO_2 分压下,绿色氨水的 CO_2 吸收速率均低于新鲜氨水。这说明杂质对绿色氨

水的 CO_2 吸收的影响不可忽略。然而,对于 TAN 浓度为 2 mol/L 的情形,绿色氨水和新鲜氨水的 CO_2 吸收速率并没有显著差异。这说明,当游离氨浓度较高时,绿色氨水中的杂质成分对 CO_2 吸收的影响可忽略。在典型情况下,绿色氨水的 CO_2 吸收速率要比新鲜氨水的 CO_2 吸收速率低 $4.67\% \sim 17.31\%$,尤其是当 TAN 浓度低于 1 mol/L 时,两者间的差值更大。在 298 K 下,2 mol/L 的绿色氨水的二级反应动力学常数为 4306 L/(mol·s),略低于相同条件下的新鲜氨水的二级反应动力学常数 4772 L/(mol·s)。

2.4.3.4 绿色氨水中杂质组分对 CO_2 传质性能的影响

在采用减压膜蒸馏技术进行绿色氨水回收的过程中,沼液中的 CO_2 和 VFAs 等可挥发组分不可避免地通过传质进入绿色氨水,从而对绿色氨水的 CO_2 吸收性能产生影响。因此,从不同来源的沼液中分离回收的绿色氨水中的杂质的浓度差异可能较大,因而有必要研究杂质浓度对绿色氨水 CO_2 吸收特性的影响。为了研究绿色氨水中的每种杂质对 CO_2 吸收性能的影响,在氨水中分别添加单一的乙醇、乙酸、丁酸或碳酸氢铵,且乙醇、乙酸、丁酸的浓度范围设定为 $10 \sim 200$ mg/L。CO_2 和 VFAs 对绿色氨水 CO_2 吸收性能的影响如图 2-53 所示。

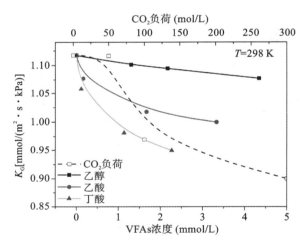

图 2-53 CO_2 或单一挥发酸对 1mol/L 绿色氨水的 CO_2 吸收性能的影响

由图 2-53 可知,K_G 值随杂质浓度的增加而减小。其中,乙醇、乙酸和丁酸对 K_G 的负面影响要大于 CO_2,且乙酸和丁酸的负面影响最大。CO_2 负荷在 50 mmol/L 以下时,CO_2 负荷对 K_G 值基本无影响;而当 CO_2 负荷超过 100 mmol/L 时,K_G 随 CO_2 负荷的增加而线性减小。当乙酸和丁酸的浓度从 0 增加到 3.33 mmol/L 和 2.27 mmol/L 时,K_G 值从 1.12 mmol/(m²·s·kPa) 分别减小至 1 mmol/(m²·s·kPa) 和 0.94 mmol/(m²·s·kPa),降低幅度分别为 10.71% 和 16.07%。显然,丁酸对 K_G 的负面影响要高于乙酸。挥发酸的存在可能会降低绿色氨水中游离氨的浓度。丁酸的黏度要高于乙酸,导致 CO_2 在含丁酸的绿色氨水中的液相传质阻力更大。因此,在从沼液中回收绿色氨水时,应当考虑采取有效方法抑制挥发酸的含量,如增加厌氧发酵的时间和效率、优化减压膜蒸馏过程的参数等。

2.4.4　沼液源绿色氨水的 CO_2 与 H_2S 联合脱除性能

2.4.4.1　材料与方法

对沼液进行减压膜蒸馏(VMD)后所获得的绿色氨水(GAA)可以用于 CO_2 吸收,同时也可以用于 H_2S 脱除,即适合于沼气的提纯净化。研究中,所构建的 CO_2 和 H_2S 联合脱除试验系统如图 2-54 所示。本研究中所使用的中空纤维膜接触器(简称膜接触器)的参数如表 2-29 所示。绿色氨水在中空纤维膜接触器的管程内流动,模拟沼气(59.5 vol.% N_2+40 vol.% CO_2+5 vol.‰ H_2S)在壳程内逆向流动。

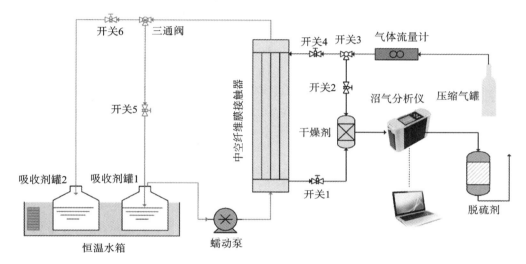

图 2-54　绿色氨水联合脱除沼气中 CO_2 和 H_2S 试验系统

表 2-29　中空纤维膜丝及膜接触器参数

名　称	参　数	数　值
膜丝	纤维内径(μm)	200
	纤维外径(μm)	300
	膜孔尺寸(nm)	80~90
	膜孔隙率(%)	33
膜组件	膜组件内径(mm)	20
	膜组件外径(mm)	22
	纤维的数量	1000
	膜组件全长(m)	0.525
	有效中空纤维长度(m)	0.375
	有效接触面积(m^2)	0.24

本研究考虑了吸收剂绿色氨水不循环利用及循环利用两种模式。在绿色氨水不循环利用的模式中,吸收剂罐1为进料罐,吸收剂罐2为接收罐;吸收剂的流动方向为吸收剂罐1→膜接触器→吸收剂罐2。在绿色氨水循环利用模式中,吸收剂在吸收剂罐1和膜接触器之间循环流动。吸收剂的温度和流速分别由恒温水箱和蠕动泵控制。用气体流量计调节气体流量大小,并利用沼气分析仪实时记录中空纤维膜接触器壳侧出口气体中CO_2和H_2S的浓度变化。

绿色氨水对CO_2和H_2S的脱除性能可分别采用CO_2和H_2S的吸收速率来表征,计算公式如下。

$$J_{CO_2} = \frac{(Q_{in}\varphi_{CO_2,in} - Q_{out}\varphi_{CO_2,out})T_0}{V_m T_g A}$$ (2-63)

$$J_{H_2S} = \frac{(Q_{in}\varphi_{H_2S,in} - Q_{out}\varphi_{H_2S,out})T_0 \rho_{H_2S}}{T_g A}$$ (2-64)

式中,J_{CO_2}和J_{H_2S}分别表示吸收剂对CO_2和H_2S的吸收速率,单位分别为$mol/(m^2 \cdot h)$和$mg/(m^2 \cdot h)$;$\varphi_{CO_2,in}$和$\varphi_{H_2S,out}$分别表示气相进出口的CO_2和H_2S的体积分数;Q_{in}和Q_{out}分别表示中空纤维膜接触器进出口的气体流量,单位为L/h;ρ_{H_2S}为H_2S密度,其值为1.52×10^3 mg/L;$T_0 = 273.15$ K和$V_m = 22.4$ L/mol分别为标准状态下的气体温度与摩尔体积;T_g为实际气体温度,单位为K;A为传质面积,单位为m^2。

2.4.4.2 绿色氨水循环运行时对CO_2和H_2S的联合脱除性能

本研究将吸收剂绿色氨水与KOH和纯水进行了对比,探讨了绿色氨水在CO_2和H_2S吸收中的优势。为抑制氨挥发,所选择的氨水浓度为0.1 mol/L,吸收温度为25 ℃,吸收剂循环运行,吸收剂的循环流量为50 mL/min,模拟沼气的流量为0.4 L/min。

在不同循环运行时间下,绿色氨水对沼气中CO_2和H_2S的吸收性能如图2-55所示。从图中可看出,无论采用何种吸收剂,吸收剂对CO_2和H_2S的吸收通量在试验的初始阶段均达到最高,且随着吸收剂CO_2负荷和H_2S负荷的增加而减小。另外,吸收剂对H_2S的脱除率远高于对CO_2的脱除率。其主要原因在于,沼气中CO_2的初始浓度远大于H_2S的初始浓度,且H_2S在吸收剂中的溶解度大于CO_2的溶解度。另外,当CO_2负荷大于0.05 mol/L时,绿色氨水对CO_2的吸收通量将高于KOH溶液。这表明绿色氨水具有在高酸性气体负荷下稳定快速吸收CO_2的潜力。

绿色氨水的CO_2负荷对CO_2与H_2S吸收性能的影响如图2-56所示。显然,绿色氨水的CO_2吸收通量随CO_2负荷增加呈现出线性减小的趋势,但CO_2负荷对H_2S吸收通量和H_2S脱除效率的影响较小。在高CO_2负荷段(CO_2负荷大于0.09 mol/L),绿色氨水对H_2S的吸收性能呈现出下降的趋势。

2.4.4.3 吸收剂不循环单程吸收工艺中绿色氨水对CO_2和H_2S的联合脱除性能

1)氨水浓度的影响

绿色氨水不循环时,其对CO_2和H_2S的联合脱除性能如图2-57所示。此时,吸收剂的温度为25 ℃,气相和液相的流量分别为400 mL/min和50 mL/min,氨水浓度(由氨氮浓度来

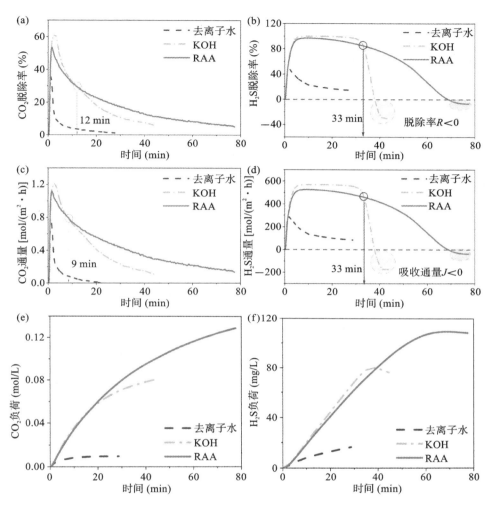

图 2-55　绿色氨水在循环运行模式下对沼气中 CO_2 和 H_2S 的吸收性能

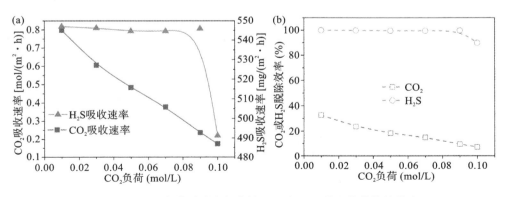

图 2-56　CO_2 负荷对绿色氨水的 CO_2 和 H_2S 的吸收性能的影响

表征)为 0.1～0.5 mol/L。由图 2-57 可知,CO_2 脱除性能随氨水浓度的增加而大幅提升。当浓度由 0.1 mol/L 提高至 0.5 mol/L 时,CO_2 吸收速率从 0.97 mol/(m^2·h)增加至 1.72 mol/(m^2·h),CO_2 脱除率从 42% 增大到 96%。氨水浓度对 H_2S 吸收速率的影响较小,即使当氨水浓度低至 0.1 mol/L 时,H_2S 亦可被全部脱除。氨水浓度是绿色氨水吸收剂的重要属性,受氨氮回收的工艺和操作时间的影响,浓度可达到 1 mol/L 以上。但高浓度氨水在中空纤维膜接触器中进行吸收时可能存在结晶或膜润湿的现象,这些会影响膜的吸收性能。因而,在利用绿色氨水进行沼气提纯时,在不影响正常膜吸收的情况下,提升绿色氨水的浓度,可以更好地脱除沼气中的 CO_2。

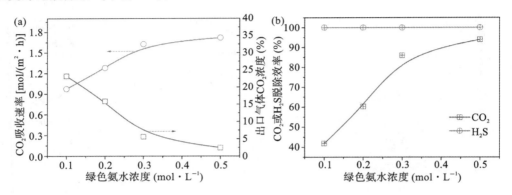

图 2-57　可再生氨水浓度对 CO_2 和 H_2S 脱除性能的影响

2）绿色氨水中杂质的影响

从沼液中回收绿色氨水时,沼液中自有的 CO_2 与挥发性饱和脂肪酸也会传质至氨水中,从而导致回收的绿色氨水中含有乙醇、乙酸、丙酸、丁酸和 CO_2 等杂质。杂质种类及浓度(0.01～0.05 mol/L)对绿色氨水的 CO_2 与 H_2S 脱除性能的影响如图 2-58 所示。本研究的含杂氨水是由新鲜氨水与各杂质混配而成的。

由图 2-58 可知,绿色氨水中乙醇的存在对 CO_2 吸收性能的影响较小,其 CO_2 吸收速率保持在 0.93 mol/(m^2·h),CO_2 脱除率保持在 39%,而其他杂质的影响较大。其中,CO_2 和乙酸对 CO_2 吸收速率有显著的负影响。当绿色氨水中 CO_2 负荷和乙酸浓度增加到 0.05 mol/L 时,CO_2 吸收速率下降至 0.48 mol/(m^2·h)。另外,绿色氨水中的杂质对 H_2S 脱除率的影响微小,含杂质的绿色氨水仍然可以吸收沼气中 98% 以上的 H_2S。因此,低杂质含量的绿色氨水更适合于沼气的提纯。如果回收的绿色氨水的杂质含量较高,则可用于沼气的 H_2S 脱除,并同时对 CO_2 进行粗吸收。

2.4.4.4　绿色氨水的 CO_2 和 H_2S 吸收性能的优化

用绿色氨水作为吸收剂时,吸收剂的温度对绿色氨水的 CO_2 和 H_2S 吸收性能的影响如图 2-59 所示。显然,在所研究的温度范围内,温度越高,绿色氨水对酸性气体的吸收性能就越差。这主要与绿色氨水的挥发特性及酸性气体在氨水溶液中的溶解度有关。当吸收剂的温度为 25 ℃ 时,酸性气体的吸收速率和对应负荷均为最高。因此,低温更合适绿色氨水脱除沼气中的酸性气体。

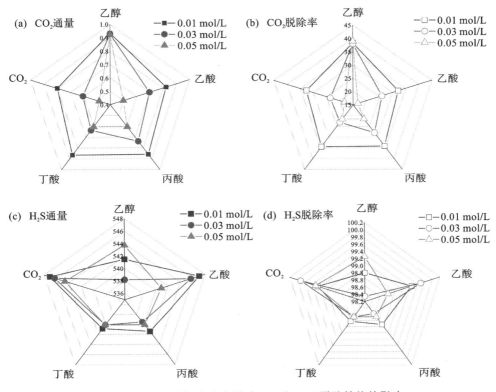

图 2-58　可再生氨水中杂质对 CO_2 和 H_2S 脱除性能的影响

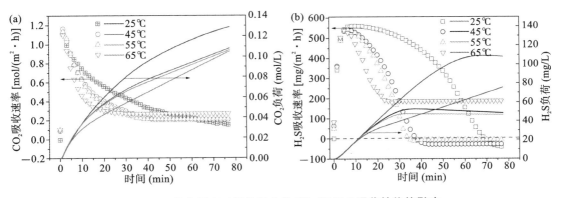

图 2-59　吸收温度对绿色氨水的 CO_2 和 H_2S 吸收性能的影响

　　绿色氨水流量与沼气流量对氨水的 CO_2 和 H_2S 吸收性能影响如图 2-60 所示。由图可知,沼气流量越大,氨水对酸性气体的吸收速率就越大,意味着单位时间内吸收的酸性气体量就越大,但对酸性气体的脱除效率却越低。当沼气流量为 0.1 L/min 时,氨水可从沼气中脱除 99% 以上的 CO_2。当沼气流量小于 0.4 L/min 时,H_2S 的脱除率可达 99% 以上。随着气体流量的增加,膜内壁面边界层变薄,传质过程阻力减小,进而导致酸性气体吸收通量的增大。与此同时,气体流量的增加也大大缩短了气体在膜内的停留时间,使得中空纤维膜接触器壳侧出口的酸性气体浓度升高,从而导致较高气体流量下的脱除效果较差。

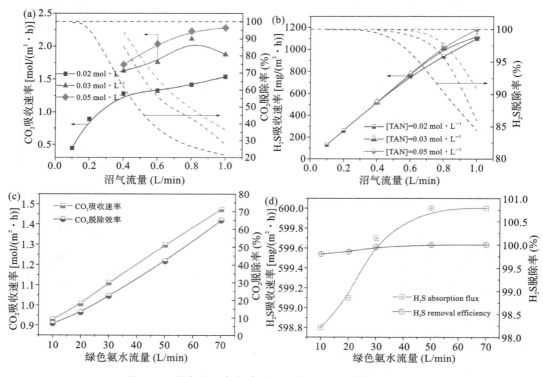

图 2-60　沼气和绿色氨水对 CO_2 和 H_2S 吸收性能的影响

增大绿色氨水的流量可同时提高氨水对酸性气体的吸收速率和脱除率。当氨水的流量从 10 mL/min 增加到 70 mL/min 时，CO_2 吸收速率可从 0.93 mol/(m^2 · h) 提升至 1.47 mol/(m^2 · h)，CO_2 脱除率则从 6.72% 提升至 65%。但绿色氨水流量变化对 H_2S 脱除效果的影响并不明显，基本均能实现 100% 的 H_2S 脱除。

因此，低温、高氨水流量和低沼气流量是绿色氨水在中空纤维膜接触器中进行 CO_2 和 H_2S 联合脱除的最佳操作条件。

2.4.5　沼液源绿色氨水回收用于 CO_2 吸收的碳足迹分析

2.4.5.1　材料与方法

用于评估氨氮回收性能和能耗的装置和试验流程图如图 2-61 所示。将进料瓶放置在电子天平之上，用于实时监测进料瓶中溶液质量的损失情况。将进料瓶中的溶液通过蠕动泵泵入加热器，等其升温到要求的温度后送入膜池。膜池中放置了一张疏水性的平板膜，热溶液从平板膜的上侧流过，通过真空泵在平板膜另一侧施加一定的真空度。在进出口溶液的温度和流量均保持稳定后，开启真空泵。每隔 10～20 min 测试一次进料瓶中溶液的质量和氨氮浓度，并同时测试进出口溶液的温度。在每次试验结束时，提前关闭真空泵，使渗透侧压力升至常压，待进出口温度稳定后再测试进出口的温度值。在每次试验前均要用蒸馏水清洗试验装置,并以蒸馏水作为对照试验组。膜池由美国 STERLITECH 公司提供,平板膜即聚四氟乙烯(PTFE)膜,购置于上海大宫新材料有限公司。膜池和平板膜的相关参数如表 2-30 所示。

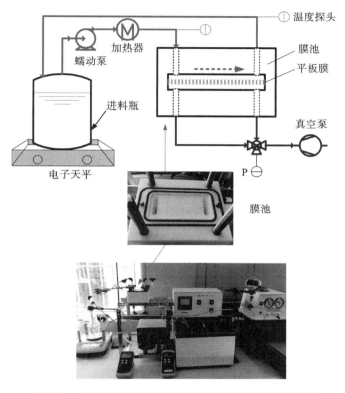

图 2-61　评估氨氮回收性能和能耗的装置和试验流程图

表 2-30　膜池和平板膜参数

参　　数	数　值
最大可承受压力(bar)	27
有效膜面积(cm^2)	42
内部有效宽度(mm)	39
内部有效深度(mm)	2.28
单位面积平板膜重量(g/m^2)	30
平板膜厚度(mm)	0.15
平板膜透气性[$cc/(m^2 \cdot s)$]	0.5~1
平板膜耐受温度(℃)	90
平板膜孔径(μm)	0.1~1.0

2.4.5.2 数据处理方法

减压膜蒸馏过程中的总通量 N_T（单位为 kg/(m²·h)）的计算公式如下。

$$N_T = \frac{\Delta m_T}{A \Delta t} \tag{2-65}$$

式中，Δm_T 表示在时间 Δt 内的跨膜水分传输质量，单位为 kg；A 表示气液膜接触面积，单位为 m²。

采用氨氮总传质系数 K_{ov} 和渗透侧氨氮浓度 C_p 等指标来评估氨的分离性能。

$$K_{ov} = \frac{V}{A \Delta t} \ln\left(\frac{C_0}{C_t}\right) \tag{2-66}$$

$$C_p = \frac{m_0 C_0 - m_t C_t}{\Delta m_T} \tag{2-67}$$

式中，V 表示用于减压膜蒸馏过程的总溶液体积，单位为 L；C_0 和 C_t 分别表示初始时刻和 t 时刻进料瓶中氨氮浓度，单位为 g/L；m_0 和 C_0 分别表示初始时刻和 t 时刻进料瓶中总溶液的质量，单位为 kg。

减压膜蒸馏过程中的主要能耗表现为溶液加热所需的热耗 Q_h 和真空泵消耗的电能。其中，热耗可按下式进行估算。

$$Q_h = FH\delta_T \tag{2-68}$$

$$\delta_T = (T_{in,0} - T_{out,0}) - (T_{in} - T_{out}) \tag{2-69}$$

式中，Q_h 为消耗的热能，单位为 W；F 表示进料流量，单位为 kg/h；H 表示进料溶液的比热容，单位为 J/(kg·K)；δ_T 表示由于溶液渗透蒸发导致的温差，单位为 K；$T_{in,0}$ 和 $T_{out,0}$ 分别表示在施加真空条件下的进、出口液体的温度，单位为 K；T_{in} 和 T_{out} 分别表示在未施加真空条件下的进、出口液体的温度，单位为 K。

真空泵所消耗的电能 W 可用下列公式进行计算。

$$W = \frac{GRTZ\kappa}{(1-\kappa)\eta}\left[(P_{in}/P_{out})^{(\kappa-1)/Z\kappa} - 1\right] \tag{2-70}$$

$$\eta = -0.105\,8\ln(P_{out}/P_{in}) + 0.874\,6 \tag{2-71}$$

式中，G 表示通过真空泵的流体摩尔流量，单位为 mol/h；Z 表示真空泵压缩级数；κ 表示进气的绝热系数；T 表示通过真空泵后流体的温度，单位为 K；P_{in} 和 P_{out} 分别表示进气口和排气口的压力，单位为 Pa；η 表示效率。

循环泵所消耗的电能 W_C 可用下列公式进行计算。

$$W_C = \frac{F\Delta P_C}{\eta} \tag{2-72}$$

式中，ΔP_C 表示膜池进出口液相压差，单位为 kPa；η 表示循环泵的效率，一般取 0.8。

从废水中回收 1 kg 氮时，消耗的电能所产生的 CO_2 排放量 $m_{CO_{2E}}$（单位为 kg-CO_2/kg-N）可用下列公式进行计算。

$$m_{CO_{2E}} = M_{CO_{2E}} E \tag{2-73}$$

式中，$M_{CO_{2E}}$ 表示每产生 1 kW·h 电能的 CO_2 排放量，单位为 kg-CO_2/(kW·h)；E 表示每回收 1 kg 氮所需要消耗的电能，单位为 (kW·h)/kg。

当将回收的氨水用于吸收 CO_2 时,CO_2 减排量可用下列公式进行计算。

$$m_{CO_{2A}} = m_{CO_{2C}} - m_{CO_{2E}} \qquad (2\text{-}74)$$

式中,$m_{CO_{2A}}$ 表示 CO_2 减排量,单位为 kg-CO_2/kg-N;$m_{CO_{2C}}$ 为 1 kg 氮所能吸收的 CO_2 量,约为 2.17 kg-CO_2/kg-N;$m_{CO_{2E}}$ 表示发电过程中 CO_2 的排放量,单位为 kg/(kW・h)。

2.4.5.3　沼液源绿色氨水的回收能耗分析

前面章节中已对操作参数对氨氮的回收特性的影响和氨氮的传质机理进行了深入的阐述,本部分研究则重点关注操作参数对氨氮回收能耗的影响。

1) 氨氮回收的特性

从低浓度的氨水(浓度为 2 g/L)中回收氨氮时,操作参数对其影响如表 2-31 所示(r 为膜孔径,P 为渗透侧压力,F 为液体流速,T_{in} 为进料温度)。表中所示的氨氮传质系数可由氨氮浓度随时间变化的拟合曲线来获得。显然,传质系数和总通量均随进料温度的升高、渗透侧压力的降低和进料流量的增加而增加。本研究也测试了膜孔径和溶液盐度对氨氮传质特性的影响。结果表明,膜孔径和溶液盐度对氨氮回收特性的影响并不显著。

表 2-31　不同操作参数下的氨氮回收特性

操作参数组合	$\ln(C_0/C_t)$(y 与时间 x 之间的拟合方程)	R^2	K_{ov} ($\times 10^{-5}$ m/s)	总通量 [kg/(m²・h)]	C_p (mg-N/L)
$T_{in} = 35\ ^\circ\!C$,$P = 10$ kPa,$F = 0.042$ m/s,$r = 0.45\ \mu m$	$y = 0.144x$	0.65	0.33 ± 0.12	0.93 ± 0.83	24.4
$T_{in} = 50\ ^\circ\!C$,$P = 10$ kPa,$F = 0.042$ m/s,$r = 0.45\ \mu m$	$y = 1.294x$	0.95	2.99 ± 0.21	8.82 ± 0.51	23.04
$T_{in} = 50\ ^\circ\!C$,$P = 5$ kPa,$F = 0.042$ m/s,$r = 0.45\ \mu m$	$y = 1.425x$	0.79	3.29 ± 0.21	13.13 ± 0.68	17.09
$T_{in} = 50\ ^\circ\!C$,$P = 15$ kPa,$F = 0.042$ m/s,$r = 0.45\ \mu m$	$y = 0.342x$	0.91	0.79 ± 0.19	1.04 ± 0.32	51.59
$T_{in} = 50\ ^\circ\!C$,$P = 20$ kPa,$F = 0.042$ m/s,$r = 0.45\ \mu m$	$y = 0.190x$	0.99	0.44 ± 0.07	1.14 ± 0.37	26.24
$T_{in} = 50\ ^\circ\!C$,$P = 10$ kPa,$F = 0.021$ m/s,$r = 0.45\ \mu m$	$y = 0.687x$	0.99	1.59 ± 0.07	5.13 ± 0.44	21.05
$T_{in} = 50\ ^\circ\!C$,$P = 10$ kPa,$F = 0.063$ m/s,$r = 0.45\ \mu m$	$y = 1.168x$	0.99	2.70 ± 0.03	6.86 ± 1.19	26.69

操作参数组合	$\ln(C_0/C_t)$（y 与时间 x 之间的拟合方程）	R^2	K_{ov}（$\times 10^{-5}$ m/s）	总通量 [kg/(m²·h)]	C_p（mg-N/L）
$T_{in}=50$ ℃,$P=10$ kPa,$F=0.042$ m/s,$r=0.1$ μm	$y=1.136x$	0.99	2.63 ± 0.11	6.46 ± 0.56	27.54
$T_{in}=65$ ℃,$P=10$ kPa,$F=0.042$ m/s,$r=0.45$ μm	$y=2.036x$	0.99	4.71 ± 0.17	20.11 ± 1.41	15.96
$T_{in}=65$ ℃,$P=10$ kPa,$F=0.042$ m/s,$r=0.2$ μm	$y=1.834x$	0.98	4.25 ± 0.21	23.94 ± 0.66	12.13
$T_{in}=65$ ℃,$P=10$ kPa,$F=0.042$ m/s,$r=0.1$ μm	$y=2.349x$	0.99	5.21 ± 0.34	22.72 ± 1.29	15.61
$T_{in}=65$ ℃,$P=10$ kPa,$F=0.042$ m/s,$r=0.45$ μm,5 g-NaCl/L	$y=1.859x$	0.98	4.30 ± 0.22	25.48 ± 1.07	11.56
$T_{in}=65$ ℃,$P=10$ kPa,$F=0.042$ m/s,$r=0.45$ μm,10 g-NaCl/L	$y=2.181x$	0.98	5.05 ± 0.35	25.83 ± 1.70	13.35
$T_{in}=65$ ℃,$P=10$ kPa,$F=0.042$ m/s,$r=0.45$ μm,20 g-NaCl/L	$y=1.132x$	0.99	2.62 ± 0.15	22.67 ± 1.71	7.98

2）氨水回收的热耗

减压膜蒸馏过程是一个典型的热驱动传质过程。在此过程中,可挥发性成分在压力差的驱动下从液相转移到气相中,因此需要为可挥发性成分的相变提供热量。当进料侧分别通入纯水和氨氮浓度为 2 g-N/L 的氨水时,两者在总通量之间及溶液进出口之间的温差关系如图2-62所示。图中线性拟合方程的截距设置为零,主要是为了考察当进料侧分别为水和沼液时,系统传质通量和温差的关系。斜率越接近于1,说明纯水和氨水在减压膜蒸馏过程间的传质通量或温差的差异就越小。

由图 2-62 可知,当进料溶液分别为纯水和氨水时,总通量之间的差异较小,氨水情形下

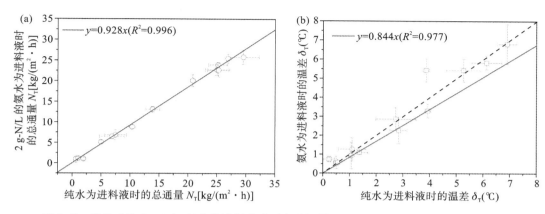

图 2-62　当纯水和 2 g-N/L 氨水为进料溶液时在总通量之间及溶液进出口之间的温差关系

的总通量为相同条件下纯水总通量的 0.928 倍。产生该差异的主要原因在于，氨的分子量较水的分子量略小。由表 2-31 可知，馏出物中氨的浓度最高仅为 51.59 g-N/L，仅为总溶液质量的 6.26%，因此，馏出物中的主要成分依然为水，所以总通量之间无明显差异。相比于总通量之间的差异，纯水和氨水两者的进出口温差之间的差异较大。由图 2-62(b) 中可知，氨水情形下的温度为纯水时的 0.844 倍。氨水情形下，溶液进出口的温差较小的主要原因在于，氨的比热容要低于水，且氨的蒸发潜热也比水小。在从图 2-62(b) 可知，在误差允许的范围内，分别采取水和氨水为进料溶液时，两者的溶液进出口温差间的差异并不显著。

基于研究结果，可计算出回收单位质量馏出物和单位质量氨氮所需要消耗的热能，结果如图 2-63 所示。从图 2-63(a) 可看出，采用纯水和氨水作为进料液时，在减压膜蒸馏中，回收单位质量渗透液的热能消耗差距并不显著，其主要原因在于两者的传质通量和运行中的进出口温差间的差异并不显著。在典型条件下，馏出物回收热耗的平均值为 3.26 MJ/kg。该结果和相关研究报告的结论（约为 3.96 MJ/kg）基本保持一致。但该值要明显高于经过余热回收利用的多级减压膜蒸馏制备纯水过程的能耗（约为 0.3 MJ/kg-水）。其主要原因如下。①在多级减压膜蒸馏制备纯水的过程中，采用了中空纤维膜接触器，系统热损失更低。②在多级减压膜蒸馏制备纯水的过程中，温度（70 ℃）和流量（2.4 m/s）均较高，可有效缓解膜蒸馏过程中因浓度极化和温度极化所带来的传质阻力。③在多级减压膜蒸馏制备纯水的过程中，优化后的多级减压膜蒸馏将膜组件进行串联或并联，可有效利用热能。由此可知，采用减压膜蒸馏回收氨水时，也可通过多级多效蒸馏的方式来降低能耗，预计单位质量馏出物的回收能耗可进一步降低 70% 以上。

回收单位质量氨氮的热耗如图 2-63(b) 所示。由图可知，回收的氨水浓度越高，单位氨氮回收的热耗就越低。例如，当绿色氨水中的平均氨氮浓度为 5 g-N/L 时，单位热耗可高达 485 MJ/kg-N。而当绿色氨水浓度提升到 100 g-N/L 时，单位热耗则大幅降低至 26.85 MJ/kg-N。绿色氨水的浓度主要受进料液体中游离氨浓度的影响。在研究中，直接以稀释后的氨水为进料溶液，并未对其操作参数进行刻意调节，此时回收获得的绿色氨水的浓度区间为 7.98～51.59 g-N/L，主要集中在区间 10～30 g-N/L。工业上利用氨水脱除烟气中的 CO₂ 时，氨氮浓度需要达到 100 g-N/L。当然，采用高氨氮浓度沼液进行绿色氨水回收时，通过调节 pH 值，并对减压膜蒸馏过程的操作参数进行优化，在理论上可获得氨氮浓度约 100 g-N/L 的绿

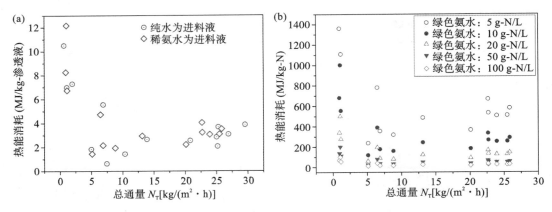

图 2-63　氨氮回收过程中的热耗

色氨水,满足工艺 CO_2 的脱除需求。此时,绿色氨水的回收能耗可降低至 $20 \sim 30$ MJ/kg-N。

3）氨水回收的电耗

采用减压膜蒸馏技术从沼液中回收绿色氨水时,沼液循环泵和真空泵的工作都需要消耗电能(简称电耗)。在减压膜蒸馏过程中,如果渗透侧的馏出物(NH_3 和水蒸气)在真空泵前冷凝,可降低真空泵的电耗,但会增加 NH_3 的挥发损失;反之,在真空泵后冷凝,则可减少 NH_3 挥发损失,但会增加真空泵的电耗。当在真空泵后冷凝馏出物时,绿色氨水回收的真空泵的电耗如图 2-64 所示。对比图 2-63 和图 2-64 可知,真空泵消耗的电能数值要远低于热能消耗(简称热耗),例如,在绝对压力为 10 kPa 时的回收单位质量渗透液的电耗约为 0.8 MJ/kg,仅为热耗的 1/4。但在不同的压力下电耗差异却较大,当绝对压力为 5 kPa 时,电耗为 1.24 MJ/kg,而当绝对压力提升到 20 kPa 时,电耗仅为 0.45 MJ/kg,降低了 63.7%。显然,减压膜蒸馏过程中的渗透侧压力对电耗的影响巨大。由于电能属于高品位能源,而膜蒸馏过程是典型的热驱动型传质过程,为了降低电耗,可以适当提高温度和提高渗透侧的绝对压力。单位质量氨氮回收的电耗如图 2-64（b）所示。与热耗类似,当绿色氨水中的氨氮浓度仅为 5 g-N/L 时,电耗可高达 122 MJ/kg-N(渗透侧压力为 10 kPa);而当可再生氨水中氨氮浓度高达 100 g-N/L 时,电耗可减低至 6.11 MJ/kg-N。

当减压膜蒸馏的馏出物的冷凝发生在真空泵之前时,由于通过真空泵的气体流量极低,因而,此时真空泵的电耗可忽略不计。在这种情况下,膜蒸馏过程中的电耗主要体现在驱动液体循环的循环泵上。由式(2-72)可知,电耗与液体流量和进出口液压差成正比。一般情况下,循环泵的电耗不足总能耗的 2%。因此,可综合考虑真空泵和循环泵的电耗,假定系统总电耗为总热耗的 5%,即电耗约为 0.16 MJ/kg-渗透液或 1.5 MJ/kg-N。

2.4.5.4　沼液源绿色氨水回收用于 CO_2 吸收的碳足迹分析

将从沼液中回收的绿色氨水用于 CO_2 吸收时,系统的资源消耗与系统边界如图 2-65 所示。该系统主要消耗的资源如下。①含氨氮的沼液或废水。②用于对沼液进行预处理与调节 pH 值的 CaO。虽然在制备 CaO 的过程中会释放出 CO_2（1.37 kg-CO_2/kg-CaO）,但在沼液的预处理过程中又吸收了沼液中的 CO_2 并使该部分的碳固定在了固相中。因此,假设本过程中此部分的 CO_2 释放量可忽略。③外界向系统提供的热能和电能。本研究主要考虑了两种情景。

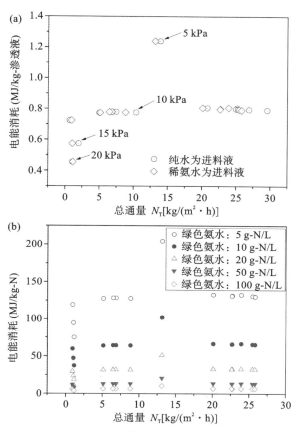

图 2-64 氨氮回收过程中的电耗

一是高氨水浓度情景,即绿色氨水中氨氮浓度为 100 g-N/L 时,热耗为30 MJ/kg-N,电耗为 1.5 MJ/kg-N。二是低氨水浓度情景,即绿色氨水中氨氮浓度为 10 g-N/L 时,热耗为 300 MJ/kg-N,电耗为 15MJ/kg-N。由于电能的来源渠道不同,其发电过程中的 CO_2 排放量 也不尽相同,例如,燃煤电厂、天然气电厂、核电站、太阳能光伏电站、水利电站和生物质电厂 发电时,其典型的 CO_2 排放量分别为0.96 kg-CO_{2E}/(kW · h)、0.44 kg-CO_{2E}/(kW · h)、 0.066 kg-CO_{2E}/(kW · h)、0.032 kg-CO_{2E}/(kW · h)、0.01 kg-CO_{2E}/(kW · h) 和 0.12 kg-CO_{2E}/(kW·h)。④从外界吸收的 CO_2,此处为沼气中的 CO_2。该系统的主要资源 产出如下。一是低氮磷含量的沼液,可以用于农业灌溉。二是固体肥料,如沼液预处理后高 磷含量的固相、回收氨水吸收 CO_2 后的碳酸氢铵结晶等。

    本研究探讨了在两种不同的氨水获取方式下的 CO_2 排放量,如图 2-66 所示,包括从废水 中以减压膜蒸馏的方式获得绿色氨水的过程和传统的合成氨过程。其中,传统的合成氨的过 程考虑了电能来源渠道的影响。本研究考虑了绿色氨水的氨氮浓度为 100 g-N/L 和 10 g-N/L 的情景。这两种情景对热能和电能的需求并不相同,CO_2 排放量也不尽相同。本研究通过参 照文献对电能和热能产生过程中排放的 CO_2 量进行了计算。当绿色氨水中氨氮浓度为 10 g-N/L时,氨氮回收过程的 CO_2 排放量为 3.03 kg-CO_2/kg-N。当绿色氨水中氨氮浓度为 100 g-N/L时,氨氮回收过程的 CO_2 排放量为 0.3 kg-CO_2/kg-N。显然,在氨水回收中抑制水

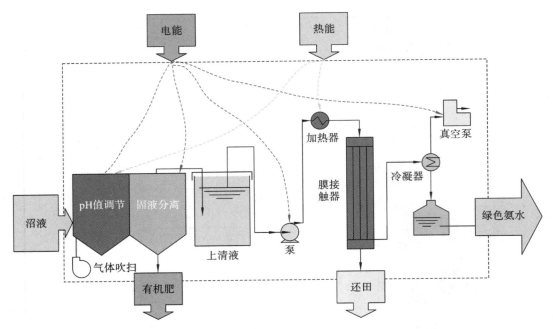

图 2-65 将回收的绿色氨水用于 CO_2 吸收时的资源消耗及系统边界

的蒸发以及提升绿色氨水的浓度可有效降低氨水回收过程中的 CO_2 排放量。当回收的氨水用于 CO_2 吸收时,绿色氨水的 CO_2 吸收量略小于其热力学平衡容量,可达到 0.98 mol-CO_2/mol-NH_3,即 3.08 kg-CO_2/kg-N。因此,当氨水回收过程中因能源和物质消耗所导致的 CO_2 排放量低于 3.08 kg-CO_2/kg-N 时,即可实现 CO_2 化学吸收过程的负排放,即碳足迹为负。

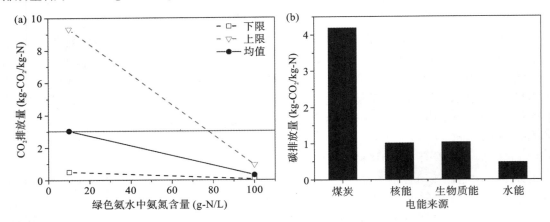

图 2-66 氨回收和制备过程的 CO_2 排放量

在吸收剂不循环的单程 CO_2 化学吸收工艺中,在直接使用传统的合成氨法获得的绿色氨水作为 CO_2 吸收剂时,需要考虑氨合成中的 CO_2 排放量,而该排放量又与电能的来源息息相关。传统合成氨的能耗的平均值为 52.8 MJ/kg-NH_3,当其使用的电能来源于燃煤发电厂时,氨合成时的 CO_2 排放量为 4.19 kg-CO_2/kg-N。而当其使用的电能来源于核能、水能和生物质能等清洁能源时,其 CO_2 排放量均不高于 1 kg-CO_2/kg-N。显然,如果采用燃煤电厂的电力为合成氨系统供电,那么电耗所导致的 CO_2 排放量要大于吸收剂不循环的单程 CO_2 吸收工艺中的绿色氨水所能回收固定的 CO_2 量(3.08 kg-CO_2/kg-N),无法实现 CO_2 吸收过程的负排放,此时碳足迹为正。但如若采用清洁能源供电,可实现 CO_2 吸收过程的负排放,此时碳足迹为负。

对绿色氨水和合成氨这两种体系进行对比时发现,无论工艺系统的电能来源如何,基于绿色氨水使用的单程 CO_2 吸收工艺的 CO_2 负排放量均要大于合成氨的情形。从 CO_2 吸收剂制备的能耗角度来看,工业上传统的合成氨的能耗的平均值为 52.8 MJ/kg,制备乙醇胺(MEA)的能耗为 88.4 MJ/kg,并且即使是在工艺未优化的前提下,从废水中回收的绿色氨水为 CO_2 吸收剂时的能耗也仅为 30 MJ/kg。因此,就现有研究而言,绿色氨水的能耗要低于MEA 和工业氨水的制备能耗,具有一定的优势。如若对现有工艺进行改进优化,其优势将会更明显。

为方便利用清洁能源,可以对废水脱氨处理工厂和清洁能源生产工厂进行集成。这样既有利于清洁能源的合理利用,减少能源输送中的损失,也可以减少废水处理和氨回收过程的 CO_2 排放。例如,在沼气工程中,使用沼气工程自身产生的沼气进行发电,将产生的电和热用于沼液的处理和氨回收,但其中的资源平衡问题需要进行进一步的评估。利用清洁能源驱动减压膜蒸馏过程时,从沼液或废水中回收获得氨水的灵活性要远高于传统的合成氨的工艺。由此可知,在废水处理过程中,利用从废水(如沼液)中回收获得的绿色氨水来吸收 CO_2,并将所产生的肥料(如沼渣和碳酸氢铵)用于农业生产。这样不仅可以降低该过程的 CO_2 排放量,还可以将 CO_2 转移并储存在植物和土壤中,属于安全的 CO_2 利用和储存过程。

2.5　本 章 小 结

(1)采用减压操作可实现沼液自带 CO_2 的解吸与脱除,恢复并强化沼液的 CO_2 吸收性能,同时也不影响沼液的植物生理毒性。沼液中 CO_2 的解吸反应活化能为 57.78 kJ/mol,略高于相同条件下碳酸氢铵溶液的活化能(50.88 mol/L)。但两者之间的 CO_2 解吸速率差异并不显著。这说明沼液中 CO_2 的解吸主要源自碳酸氢铵的分解过程。在 77 ℃ 和 40 kPa 的条件下对初始氨氮浓度约为 1500 mg/L 沼液进行减压解吸后,解吸后沼液的 CO_2 再吸收容量可提高到 0.125 mol/L,比原沼液高 3.18 倍。且在此状态下获得的富 CO_2 沼液的 EC_{50}(种子发芽抑制率达到 50% 的沼液浓度)为 155.5 mL/L,高于原沼液,表明其植物生理毒性更低。

(2)采用气体吹扫操作可实现沼液自带 CO_2 的解吸与脱除,恢复并强化沼液的 CO_2 吸收性能。采用气体吹扫时,增加气体的吹扫流量和吹扫温度,有助于强化沼液中 CO_2 的解吸性能,但也会导致沼液氨氮损失的增加。贫 CO_2 沼液的净 CO_2 吸收容量与沼液的初始氨氮浓度息息相关。对于初始氨氮浓度分别为 1600 mg-N/L、3200 mg-N/L、4600 mg-N/L 和 6000 mg-N/L 的原沼液而言,经过 75 ℃ 和 0.5 L-N_2/min 的气体吹扫解吸后,所获得的贫 CO_2 沼液的 CO_2 净吸收量可分别达到 0.089 mol/L、0.176 mol/L、0.244 mol/L 和 0.334 mol/L。当采用"原沼液气体吹扫 CO_2 解吸—贫 CO_2 沼液 CO_2 吸收—富 CO_2 沼液气体吹扫解吸—贫 CO_2 沼液 CO_2 吸收—⋯"的放热方式对沼液进行循环自强化利用时,只需要通过有限的循环利用次数即可实现沼气中 CH_4 纯度的大幅提升。当以沼气中 CH_4 纯度超过 95% 为目标时,沼液循环利用次数与沼液初始氨氮浓度、沼气工程的容积产气率和沼气中 CO_2 含量息息相关。当沼气工程的容积产气率为 $1 m^3/(m^3 \cdot d)$，水力滞留期为 20 d 时，在沼液初始浓度分别为 1600 mg-N/L、3200 mg-N/L、4600 mg-N/L 和 6000 mg-N/L 的情形下，只分别需要将沼液循环利用 6 次、4 次、3 次和 3 次，即可将沼气中 CH_4 纯度从 60% 提升至 95% 以上。同时，沼气初始 CH_4 浓度越高（即初始 CO_2 浓度越低），达到 95% 的 CH_4 纯度目标时所需要的沼液循环次数就越少。

（3）在沼液中添加外源化学吸收剂可实现沼液 CO_2 吸收性能的强化，但外源化学吸收剂的添加量受到严格的限制。为了保证沼液的低植物生理毒性和高 CO_2 吸收性能，可采用"沼液浓缩—吸收剂添加—CO_2 吸收—富 CO_2 沼液稀释"的吸收剂增量添加机制。外源有机吸收剂中，精氨酸钾（PA）强化的 5 倍浓缩沼液在 15 ℃ 条件下的 CO_2 净吸收量可达到 0.68 mol/L，而其他几种吸收剂强化沼液的饱和 CO_2 净吸收量均集中在 $0.37 \sim 0.42$ mol/L。尽管精氨酸钾在吸收性能上具有一定的优势，但其稀释后进行农业应用时，其浓度必须控制在 0.035 mol/L 以下。外源吸收剂在沼液中的生物降解性要优于在水中的生物降解性，其降解性能随沼液的浓缩程度增加而降低，且在原沼液中的降解性最佳。乙醇胺（MEA）、二乙醇胺（DEA）的降解性能最优，在原沼液中的 5 d 降解率分别可达到 55% 和 54% 左右，而精氨酸钾和氨基乙酸钾（PG）的生物降解性最差，在沼液中的降解率均低于 30%。综合考虑沼液的 CO_2 吸收性能、富 CO_2 沼液的植物生理毒性及吸收剂的生物降解性等综合指标，MEA 和 DEA 的综合性能表现最优，且 MEA 更适合应用于沼液 4 倍浓缩的情形，对吸收温度无特别要求；而 DEA 更适合于沼液 5 倍浓缩的情形，吸收温度为 35 ℃。同时，MEA 和 DEA 稀释后的浓度不超过 0.1 mol/L。

（4）在沼液中添加 $Ca(OH)_2$ 和生物质灰等碱性物质可实现沼液 CO_2 吸收性能的恢复与强化，且 CaO 的效果要优于生物质灰。在沼液的初始氨氮浓度为 1600 mg-N/L 时，经过 5 次 "…—$Ca(OH)_2$ 添加—过滤—沼液 CO_2 吸收—…" 沼液的自强化循环利用后，可将沼气中的 CH_4 含量提升至接近 100%。而添加生物质灰时，在相同初始氨氮浓度情况下，经过 5 次 "…—生物质灰添加—过滤—沼液 CO_2 吸收—…" 沼液的自强化循环利用后，沼气中的 CH_4 含量仅为 86%。

（5）采用膜减压蒸馏技术可实现沼液中氨氮的分离，并富集为绿色氨水，可进行 CO_2 吸收。沼液氨氮分离性能主要受沼液 pH 值的控制，优化操作参数可以有效提高氨氮总传质系数，但不会提高氨氮分离因子。相比于进料沼液中的低氨氮浓度（<0.2 mol-N/L），回收的绿色氨水中氨氮浓度可达到 1.0 mol-N/L，且 98% 以上的氨氮以游离氨的形式存在，适合于 CO_2 吸收。源于沼液的绿色氨水吸收 CO_2 的反应动力学研究表明，298 K，2 mol-N/L 的绿色氨水的二级反应动力学常数为 3933 L/(mol·s)，略低于相同条件下新鲜氨水的二级反应动力学常数 4700 L/(mol·s)。绿色氨水的 CO_2 吸收速率要比相同条件下新鲜氨水的低 5%~27%。此外，若绿色氨水中的挥发酸和 CO_2 含量增加，将导致 CO_2 传质速率的急剧下降。其中，丁酸的影响最大，其次分别为乙酸、乙醇和 CO_2。

（6）沼液源绿色氨水可实现沼气中 CO_2 和 H_2S 的联合脱除。利用沼液源绿色氨水在中空纤维膜接触器中进行沼气的 CO_2 和 H_2S 联合脱除时，绿色氨水可实现沼气中 H_2S 近100% 脱除，且氨水浓度、CO_2 负荷等对 H_2S 脱除性能的影响并不显著。高的氨水浓度能实

现更高的沼气 CO_2 脱除效率,且氨水的 CO_2 负荷越高,其 CO_2 吸收性能越差。绿色氨水中的乙醇杂质对 CO_2 吸收性能影响较小,而 CO_2 和乙酸等杂质则对其存在显著的负影响。

（7）从沼液中回收的绿色氨水的 CO_2 吸收系统的碳足迹与氨水浓度及系统的能源来源息息相关。当绿色氨水的浓度大于 10 g-N/L 且采用清洁能源驱动减压膜蒸馏系统时,系统可实现 CO_2 负排放。

第3章　生物质灰基绿色吸收剂的 CO_2 吸收机理

3.1　引　　言

除了第 2 章所论述的沼液源绿色吸收剂外,生物质灰基绿色吸收剂也可应用于吸收剂不循环的单程 CO_2 化学吸收工艺中,进行 CO_2 的吸收和固定。生物质灰的 CO_2 吸收过程与其本身化学组成、颗粒形态、多孔性及在水溶液中的浸出特性有关。此外,生物质灰的 CO_2 吸收容量还受操作压力、反应温度、杂质种类与浓度等因素的影响。已有研究表明,生物质灰可在干燥、湿润或者与水混合形成浆体等状态下吸收 CO_2。不同状态下的生物质灰与 CO_2 的反应机理不尽相同,从而导致其应用场景和固碳能力的差异明显。因此,本章将重点讨论生物质灰与水的混合体系中 CO_2 的吸收与固定机理,并将其与干燥状态下的生物质灰的 CO_2 吸收性能进行对比。

3.2　材料与方法

3.2.1　研究材料

本研究中所使用的生物质灰(BA)来自武汉市某一生物质清洁供热工程,该工程以马尾松木材作为唯一原材料进行直接燃烧供热。由于所取得的生物质灰(锅炉底灰)的粒径分布不均匀,因此,为了研究生物质灰粒径的影响,将生物质灰筛分为如下的粒径梯度:LJ-Ⅰ(小于 0.075 mm)、LJ-Ⅱ(0.075~0.150 mm)、LJ-Ⅲ(0.150~0.250 mm)和 LJ-Ⅳ(0.250~0.425 mm)。在该粒径梯度下,生物质灰的比表面积依次为 3.255 m^2/g、4.568 m^2/g、1.824 m^2/g 和 1.728 m^2/g。其中,比表面积由孔隙度分析仪(TriStar II 3020,Micromeritics)测得。使用 X 射线荧光光谱仪(XRF,PANalytical,Axios)测定生物质灰的主要成分,测定结果如表 3-1 所示。

表 3-1　不同粒径生物质灰的化学成分

化学组分	含量(wt. %)			
	LJ-Ⅰ	LJ-Ⅱ	LJ-Ⅲ	LJ-Ⅳ
CaO	26.53	33.79	29.02	20.03
MgO	4.60	5.55	5.18	3.70
Al_2O_3	7.22	5.58	6.86	8.76
SiO_2	23.01	16.95	22.16	31.47

续表

化学组分	含量（wt. %）			
	LJ-Ⅰ	LJ-Ⅱ	LJ-Ⅲ	LJ-Ⅳ
P_2O_5	0.02	2.94	2.81	2.09
K_2O	3.57	3.33	4.24	5.41
Na_2O	0.57	0.53	0.87	0.87
Fe_2O_3	5.55	5.27	5.56	5.06
SO_3	0.18	0.79	0.66	0.42
其他	28.76	25.07	22.64	22.19

3.2.2　试验装置与工艺流程

本研究探讨了生物质灰的 3 种 CO_2 吸收路径,即空气源 CO_2 吸收、中等 CO_2 分压下的 CO_2 吸收和高 CO_2 分压下的 CO_2 吸收。

1）空气源 CO_2 吸收

为了模拟生物质灰在自然状态下从空气中吸收 CO_2 的情形,本研究选择的试验流程如图 3-1 所示。研究中共设置了 6 组试验组,每组均取 10 g 生物质灰（LJ-Ⅲ梯度,粒径为 0.150～0.250 mm）放入培养皿中,堆积厚度约为 2 mm,然后向其中加入不同质量的蒸馏水,并混合均匀,制备出含水率分别为 0%、20%、30%、40%、50% 和 60% 的 6 组湿生物质灰样品（简称湿灰样品）,从而模拟不同含水率的生物质灰。每组试验重复 7 次,以保证结果的准确性。最后,将所有处理好的样品置于恒温恒湿箱中放置 40 d,每隔 2～3 d 取出称一次重量,若有减少则添加去离子水补充。每隔 10 d 取样一次。40 d 后,测定生物质灰的特性,计算其 CO_2 吸收性能。此外,在含水率为 20% 的情形下,研究了不同堆积厚度（2 mm、4 mm、6 mm、8 mm 和 10 mm）对生物质灰 CO_2 吸收性能的影响。

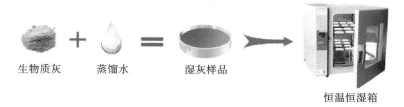

生物质灰　　蒸馏水　　湿灰样品　　　　　　　　恒温恒湿箱

图 3-1　生物质灰的空气源 CO_2 吸收试验

2）中等 CO_2 分压下的 CO_2 吸收

在生物质灰的实际 CO_2 吸收中,一般需要对含 CO_2 的气体进行加压处理,通过增加气相 CO_2 分压来提高生物质灰的 CO_2 吸收性能。这里讨论中等 CO_2 分压条件下的生物质灰的 CO_2 吸收性能。本研究采用常压（约 101 kPa）纯 CO_2 气体来模拟中等 CO_2 分压下的气体,此时相当于将沼气（CO_2 体积分数为 40%）加压至约 2.5 bar。其试验流程如图 3-2 所示。

首先,向粒径梯度为 LJ-Ⅲ（粒径为 0.150～0.250 mm）的生物质灰中加入一定质量的蒸

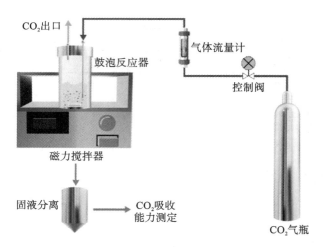

图 3-2　中等 CO_2 分压下生物质灰的 CO_2 吸收流程图

馏水,制备出生物质灰浆体。将生物质灰浆体的固液比设定为 $1:99$、$1:49$、$1:19$、$1:9$ 和 $1:4$。然后,将制备好的 200 g 浆体置入鼓泡反应器中,将磁力搅拌器的速度调节为 600 rpm,并在常温常压下将纯 CO_2 直接泵入鼓泡反应器中,直至达到 CO_2 吸收饱和。在每次运行结束时,将吸收 CO_2 饱和后的灰浆在离心机中以 3000 rpm 的转速进行 15 min 的离心。将分离出的固相在 60 ℃ 的热风烘箱中烘干至恒重,而对分离出的上清液进行直接检测。每组 CO_2 吸收试验进行 2 次。上清液的 CO_2 负荷和固体的 CO_2 封存量通过经典酸碱滴定法来确定。此外,本研究还在固液比 $1:19$ 的条件下探究了生物质灰粒径对 CO_2 矿化性能的影响。

3)高 CO_2 分压下的 CO_2 吸收

本研究采用对纯 CO_2 气体加压的方式来模拟高 CO_2 分压条件,研究中的 CO_2 分压为 $300\sim1400$ kPa,相当于将沼气加压至 $7.5\sim35$ bar 的情形。其试验流程如图 3-3 所示。首先,用粒径梯度为 LJ-Ⅲ(粒径为 $0.150\sim0.250$ mm)的生物质灰制备出固液比为 $1:9$ 且总质量为 200 g 的生物质灰浆体,并将其置入不锈钢高压反应釜中。在每次注入 CO_2 前,需要向

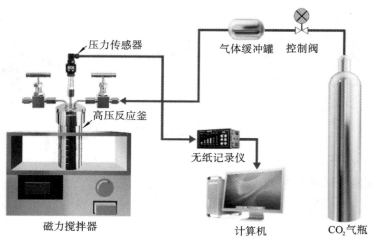

图 3-3　高 CO_2 分压下生物质灰的 CO_2 吸收流程图

高压反应釜中通入 N_2 来排空高压反应釜中的 CO_2。然后打开 CO_2 气瓶,在一定的压强(300 kPa、500 kPa、1000 kPa、1400 kPa)下将纯 CO_2 注入高压反应釜中,当达到设定压力后,封闭高压反应釜。随后通过磁力搅拌器(转速为 600 rpm)增大生物质灰与气体的接触,大约持续 6 h。在反应过程中,通过压力传感器监测系统的实时压力,并通过无纸记录仪将数据保存在计算机上,用于计算生物质灰的 CO_2 吸收量。考虑到部分 CO_2 在吸收过程中会溶解在水中,因此还设置了空白溶液的对照试验组。

3.2.3　数据处理方法

常温常压下,生物质灰浆体中液相部分的 CO_2 吸收性能可由下式计算。

$$m_{L\text{-}CO_2} = (\alpha_s - \alpha_i) \cdot M_{CO_2} \cdot V_T \tag{3-1}$$

式中,$m_{L\text{-}CO_2}$ 为生物质灰浆中液相的 CO_2 净吸收量,单位为 g;α_s 为 CO_2 吸收饱和后液相的 CO_2 负荷,单位为 mol/L;α_i 为 CO_2 吸收饱和前液相的 CO_2 负荷,单位为 mol/L;M_{CO_2} 为 CO_2 的摩尔质量,为 44 g/mol;V_T 为 CO_2 吸收过程中所用液体的总体积,单位为 L。

生物质灰的 CO_2 实际封存能力可采用下式进行计算。

$$m_{S\text{-}CO_2} = m_c - m_i \tag{3-2}$$

$$m_{CO_2} = m_{S\text{-}CO_2} + m_{L\text{-}CO_2} \tag{3-3}$$

式中,$m_{S\text{-}CO_2}$ 为固相的净 CO_2 封存能力,按 g-CO₂/kg-BA 计量;m_i 为吸收饱和前的固相 CO_2 含量,按 g-CO₂/kg-BA 计量;m_c 为吸收饱和后的固相 CO_2 含量,按 g-CO₂/kg-BA 计量;m_{CO_2} 为生物质灰的 CO_2 实际封存能力,按 g-CO₂/kg-BA 计量。

在中、高分压 CO_2 吸收中,生物质灰的实际 CO_2 封存能力可通过以下公式进行计算。

$$p_{abs} = p_T - p_{blank} \tag{3-4}$$

$$n_{CO_2} = \frac{p_{abs}V}{RT} \tag{3-5}$$

$$m_{CO_2} = \frac{n_{CO_2}}{m_{BA}} \cdot M_{CO_2} \tag{3-6}$$

式中,p_{abs} 为生物质灰 CO_2 吸收所导致的系统压降,单位为 kPa;p_T 为系统总压降,单位为 kPa;p_{blank} 为空白溶液导致的系统压降,单位为 kPa;n_{CO_2} 为吸收的 CO_2 的物质的量,单位为 mol;V 为高压反应釜中 CO_2 的实际体积,单位为 L;R 为气体常数,为 8.134 J/(mol·K);m_{BA} 为 CO_2 吸收中的生物质灰量,单位为 kg。

3.3　生物质灰-水体系的 CO₂ 吸收反应机理

为研究生物质灰-水体系吸收 CO_2 过程中的主要反应机理,采用图 3-2 所示的试验装置测试生物质灰-水体系下的 CO_2 吸收性能。该试验在常温常压下开展,生物质灰-水体系的液固比设定为 9∶1。本研究开展了多组试验,并分别在反应开始后的第 0 min、2 min、5 min、10 min、20 min、30 min、40 min、60 min 和 90 min 等时间点停止试验,进行固液分离并测试固相和液相的相关指标。其中,采用酸碱滴定法测试 CO_2 吸收量,采用原子吸收法测试金属离子浓度,采用 X 射线衍射仪(XRD)测试生物质灰反应前后的晶体组分。

3.3.1 典型的生物质灰-水体系 CO_2 吸收性能

生物质灰在干燥状态下吸收 CO_2 和在水中以浆体的形式吸收 CO_2 是生物质灰最主要的2种 CO_2 吸收形式。其中,浆体形式吸收 CO_2 具有更高的反应速率和 CO_2 固定量,因此备受关注。典型的生物灰-水体系 CO_2 吸收量随时间变化的趋势图如图 3-4 所示。由图可知,生物质灰-水体系的总 CO_2 吸收量随反应时间的延长而逐步增加,并在 60 min 后趋于平稳。但固相的 CO_2 吸收量却是在 40 min 时达到最大值,随后逐步降低。相比之下,液相的 CO_2 吸收量在前 40 min 增长缓慢,随后呈现出较快的增长趋势。结合后期的离子浓度变化,初步推测可能是由于反应生成的碳酸钙发生溶解导致了此种现象的产生。

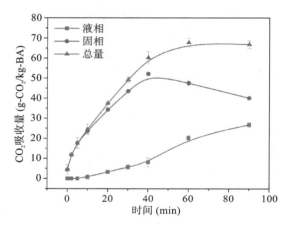

图 3-4　典型的生物质灰-水体系 CO_2 吸收量随时间变化趋势图

3.3.2 CO_2 吸收前后生物质灰-水体系中主要离子浓度的变化

为了进一步探究生物质灰在水中的浸出机理以及浸出后吸收 CO_2 的反应机理,在常温常压和液固比为 9∶1 的条件下,利用粒径梯度为 LJ-Ⅲ(粒径为 0.150～0.250 mm)的生物质灰,在集热式恒温磁力搅拌器以 300 rpm 的搅拌速度下使生物质灰在水中浸出 90 min,实时监测体系 pH 值的变化,并在第 2 min、5 min、10 min、20 min、30 min、40 min、60 min 和 90 min 的时间节点均匀取样,以测定体系液相中 Ca^{2+}、Mg^{2+}、K^+、Na^+ 等离子的浓度。浸出反应持续 90 min 后,以 30 mL/min 的气体流速向浸出完成后的体系中注入 CO_2,并重复上述操作。

生物质灰在去离子水中的浸出及 CO_2 吸收过程中的 pH 值和主要离子浓度随时间的变化如图 3-5 所示。添加生物质灰后,体系的 pH 值可以在较短的时间内迅速提升到 12.0 以上,且浸出完成后的浸出液的 pH 值可稳定在 12.07 左右。添加生物质灰后导致水体系 pH 值上升的原因是生物质灰中钙、镁、钾、钠等元素的氧化物、氢氧化物、碳酸盐或碳酸氢盐的溶解浸出。随着 CO_2 的注入,体系 pH 值缓慢下降,最终稳定在 7.0 左右。需要注意的是,尽管生物质灰浸出后水体系的 pH 值能保持在 12.0 左右,但其吸收固定 CO_2 的量是非常有限的。由图 3-4 可知,CO_2 吸收量增加的主要部分依然在固相。固相中钙离子和镁离子的浸出可增加其与 CO_2 反应的物质的量,二者浸出的量既与生物质灰本身的特性有关,也与反应过程中溶液能够溶解钙镁离子的能力有关。结果表明,浆体中的钙、镁离子浓度均在 10 min 左右就实现了溶解平衡,其浓度分别为 262 mg/L 与 3 mg/L。显然,二者的溶解度与溶液 pH 值有关。当注入 CO_2 后,随着体系 pH 值的降低,钙、镁离子的浓度也逐步增加,最终分别稳定在 750 mg/L 和 61 mg/L。钙、镁离子的浓度逐步向溶液中释放,一方面有助于 CO_2 的固定,另一方面可以促进灰分中其他离子的浸出。如图 3-5(d)和图 3-5(e)所示,随着 CO_2 的注入,钾离子和钠离子的浓度也随之增加。

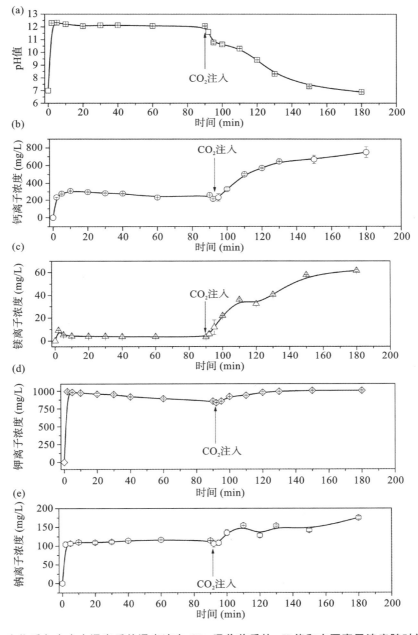

图 3-5　生物质灰在水中浸出后的浸出液在 CO_2 吸收前后的 pH 值和主要离子浓度随时间的变化

3.3.3 CO₂ 吸收前后生物质灰的晶体组分与形貌变化

生物质灰原料的 XRD 分析图谱如图 3-6（a）所示。由图 3-6（a）可知，在生物质灰中，方解石（$CaCO_3$）和石英（SiO_2）是主要的矿物结晶，同时还含有 CaO、$Ca(OH)_2$、Fe_2O_3 和 $Ca_2P_2O_7$ 等矿物。存在大量方解石的原因一方面是生物质灰本身是在燃烧中形成的，另一方面是在生物质灰处理现场与大气接触时发生的自然碳化作用。生物质灰中的 CaO 和 $Ca(OH)_2$ 有利于水合过程的发生，这对进一步的 CO_2 吸收反应至关重要。此外，生物质灰原料中还存在可与 CO_2 反应的氧化镁（MgO）。图 3-6（b）所示为吸收 CO_2 后的生物质灰的 XRD 分析图谱，该图显示吸收 CO_2 后的生物质灰中的 $CaCO_3$ 峰值明显变大，而 $Ca(OH)_2$ 的特征峰消失，且 CaO 的特征峰减弱，这说明 $Ca(OH)_2$ 和 CaO 直接参与了 CO_2 的吸收。CaO 的特征峰值依然存在，这说明生物质灰中依然存在可继续与 CO_2 反应的活性组分，但反应过程需要强化。此外，原料中的 MgO 特征峰消失，转而出现了碳酸镁（$MgCO_3$）特征峰。这表明钙、镁等碱土金属的氧化物与 CO_2 发生反应生成了碳酸盐。

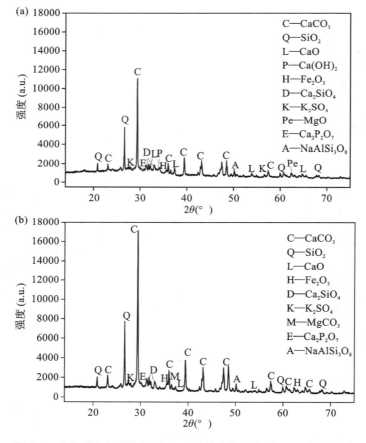

图 3-6　生物质灰原料和吸收 CO₂ 后的生物质灰的 XRD 分析图谱

利用扫描电子显微镜观察生物质灰在吸收 CO_2 前后的形貌，发现研究中所使用的生物质灰主要由非结晶（无定形）和结晶到半结晶（矿物）成分组成。生物质灰在吸收 CO_2 前的表面形貌光滑,颗粒物较少,其形貌主要与燃烧过程或者燃烧后的粉碎过程相关,如图 3-7(a)所示。而在吸收 CO_2 后,生物质灰原有的颗粒物表面生长出了更多方形或球形的颗粒物,这与大多数研究中观测到的以方解石形态存在的碳酸钙形貌一致,如图 3-7(b)所示。形貌分析结果和 XRD 分析结果可以相互印证。

图 3-7　吸收 CO_2 前后生物质灰的形貌变化

3.3.4　生物质灰-水体系的 CO_2 吸收机理

生物质灰中的 Ca 元素主要以 CaO 和 $CaCO_3$ 的形式存在。生物质灰在溶液中浸出结束后,浸出液中的 Ca^{2+} 浓度提高到了 262.50 mg/L,如图 3-5(b)所示。生物质灰在去离子水中浸出时,由于生物质灰中的部分物质的高可溶性,灰分一旦暴露于去离子水中,其中的 Ca、K、Na 等元素将迅速释放到溶液里,同时溶液的 pH 值快速上升。Ca、K、Na 等元素浸出的同时溶液中的 OH^- 浓度增加。生物质灰中 CaO、K_2O 和 Na_2O 在含水溶液中的溶解可用以下化学方程式表示。

$$CaO_{(s)} + H_2O_{(l)} \longrightarrow Ca^{2+}_{(aq)} + 2OH^-_{(aq)} \tag{3-7}$$

$$K_2O_{(s)} + H_2O_{(l)} \longrightarrow 2K^+_{(aq)} + 2OH^-_{(aq)} \tag{3-8}$$

$$Na_2O_{(s)} + H_2O_{(l)} \longrightarrow 2Na^+_{(aq)} + 2OH^-_{(aq)} \tag{3-9}$$

向去离子水中添加生物质灰后,浸出液的 pH 值在 2 min 内便从 7.0 上升到 12.0 左右,如图 3-5(a)所示。随着浸出时间的延长,体系的 pH 值几乎保持不变,同时浸出液中的 Ca^{2+} 浓度在初始几分钟也达到峰值。这一方面是因为溶液的 pH 值为 12.0 时,$Ca(OH)_2$ 在水中已经达到饱和,反应达到平衡,导致生物质灰中的 Ca 元素并未完全溶解于水中;另一方面是因为生物质灰中钠氧化物和钾氧化物的浸出提供了额外的 OH^-,抑制了 CaO 浸出。

生物质灰在去离子水中浸出后,浸出液的 Mg^{2+} 浓度较低,如图 3-5(c)所示。其主要原因在于碱性生物质灰中的 Mg 元素在水中的浸出性很差,即使 Mg 元素浸出到水中,会在溶液中发生反应生成不溶性的 $Mg(OH)_2$,而随着体系 pH 值的上升,更易形成 $Mg(OH)_2$ 沉淀,其沉淀后会覆盖在生物质灰颗粒表面,抑制进一步发生反应,从而抑制 Mg 元素的浸出。另外,从生物质灰中浸出的 Ca^{2+} 和 Mg^{2+},可与浸出的 PO_4^{3-} 反应,生成磷酸钙或鸟粪石沉淀,使得溶液中的 Ca^{2+}、Mg^{2+} 浓度下降。其反应式如下。

$$3Ca^{2+}_{(aq)} + 2OH^-_{(aq)} + 2HPO^{2-}_{4(aq)} \rightleftharpoons Ca_3(PO_4)_{2(s)} + 2H_2O_{(l)} \tag{3-10}$$

$$3Mg^{2+}_{(aq)} + 2OH^-_{(aq)} + 2HPO^{2-}_{4(aq)} \Longleftrightarrow Mg_3(PO_4)_{2(aq)} + 2H_2O_{(l)} \qquad (3\text{-}11)$$

$$Mg^{2+}_{(aq)} + NH^+_{4(aq)} + HPO^{2-}_{4(aq)} + 6H_2O \Longleftrightarrow MgNH_4PO_4 \cdot 6H_2O_{(s)} + H^+_{(aq)} \qquad (3\text{-}12)$$

在 CO_2 吸收过程中,CO_2 在水中的持续溶解增加了 H^+ 的浓度,导致体系的 pH 值下降,但体系的 Ca^{2+}、Mg^{2+}、K^+ 和 Na^+ 等离子的浓度却均呈现出上升的趋势,这可能是因为在 pH 值降低后,Ca 和 Mg 元素的浸出更加容易。随着 CO_2 的通入,在生物质灰-水体系中,覆盖在生物质灰颗粒表面的 $CaCO_3$ 也开始脱离并发生粒子碰撞,令反应加速,使得生物质灰中未浸出的 CaO 持续浸出到体系中,与水发生反应生成 $Ca(OH)_2$,从而导致各离子浓度增加,这样便为 CO_2 吸收提供更多的活性成分。显然,在整个 CO_2 吸收过程中,Ca^{2+} 一边从生物质灰中不断浸出,一边与 CO_3^{2-} 发生化学反应,产生碳酸钙沉淀,实现 CO_2 吸收和固定。体系中的反应速率取决于 $CO_{2(aq)}$ 浓度,而 $CO_{2(aq)}$ 浓度进一步受 CO_2 在水中的溶解速率和体系中 CO_3^{2-} 浓度的影响。整个反应过程可用以下化学反应式表示。

$$CaO_{(s)} + H_2O_{(l)} \Longleftrightarrow Ca^{2+}_{(aq)} + 2OH^-_{(aq)} \qquad (3\text{-}13)$$

$$Ca(OH)_{2(s)} \Longleftrightarrow Ca^{2+}_{(aq)} + 2OH^-_{(aq)} \qquad (3\text{-}14)$$

$$Ca^{2+}_{(aq)} + CO^{2-}_{3(aq)} \Longleftrightarrow CaCO_{3(s)} \qquad (3\text{-}15)$$

由图 3-4 可知,在通入 CO_2 后 40 min 时,生物质灰-水体系的 CO_2 吸收基本达到饱和。这意味着生物质灰-水体系的 CO_2 吸收反应已经趋于完全,而继续向其中通入 CO_2 可能造成部分 $CaCO_3$ 沉淀转化为 $Ca(HCO_3)_2$ 而溶解于液相中。此外,随着 CO_2 的持续通入,体系 pH 值继续下降,生物质灰中的 Mg^{2+} 持续浸出并与 CO_2 快速反应,生成 $MgCO_3$。在消耗 $Mg(OH)_2$ 后,$MgCO_3$ 开始溶解并继续吸收 CO_2,生成可溶性的 $Mg(HCO_3)_2$,导致液相中 Mg^{2+} 浓度和 CO_2 吸收量上升。这可能是导致生物质灰-水体系的 CO_2 吸收性能在 40 min 后略微上升的主要原因。生物质灰-水体系的 CO_2 吸收过程中所涉及的主要化学反应式如下所示。

$$CaCO_{3(s)} + H_2O + CO_{2(aq)} \Longleftrightarrow Ca(HCO_3)_{2(aq)} \qquad (3\text{-}16)$$

$$Ca(HCO_3)_{2(aq)} \Longleftrightarrow Ca^{2+}_{(aq)} + 2HCO^-_{3(aq)} \qquad (3\text{-}17)$$

$$Mg(OH)_{2(s)} \Longleftrightarrow Mg^{2+}_{(aq)} + 2OH^-_{(aq)} \qquad (3\text{-}18)$$

$$Mg^{2+}_{(aq)} + 2HCO^-_{3(aq)} \Longleftrightarrow Mg(HCO_3)_2 \qquad (3\text{-}19)$$

对于生物质灰-水体系而言,其 CO_2 吸收主要是基于生物质灰中碱土金属离子(主要是 Ca^{2+})的持续浸出,并与溶解于水中的 CO_2 发生化学反应,从而生成碳酸盐沉淀。此外,还有部分 CO_2 可通过形成 $Ca(HCO_3)_2$ 和 $Mg(HCO_3)_2$ 而赋存于生物质灰-水体系的液相之中。

3.4 生物质灰-水体系的 CO_2 吸收性能强化

3.4.1 生物质灰的空气源 CO_2 吸收性能

生物质灰吸收空气中的 CO_2 时的吸收性能如图 3-8 所示。由图可知,生物质灰对 CO_2 的吸收量随着反应时间的延长而增加,且生物质灰的含水率对吸收性能有较大影响。当采用干生物质灰(即含水率为 0%)时,40 d 后的 CO_2 吸收量仅为 8.15 g-CO_2/kg-灰。当生物质灰中含水率为 20% 时,CO_2 吸收量最大,在 40 d 后可达到 60.66 g-CO_2/kg-灰。但是,随着含水率的进一步增大,生物质灰对 CO_2 的吸收量反而呈现出下降的趋势。例如,在 40 d 时,30% 含

水率情形下的 CO_2 吸收量约为 37.28 g-CO_2/kg-灰,而当含水率增大到 60％时,CO_2 吸收量则大幅度减小到 23.41 g-CO_2/kg-灰。在低含水率(如 0％)的条件下,空气中 CO_2 与生物质灰中的有效固碳成分的反应受到限制。该反应属于典型的气固反应,其反应速率较慢。当生物质灰的含水率增加后,一方面可加速生物质灰中的碱性金属元素的浸出;另一方面可促进 CO_2 在液相中的溶解,继而加速 CO_2 的吸收。但当含水率过高且无搅拌时,生物质灰易沉积结块,从而导致生物质灰的孔隙系统被堵塞,阻碍了 CO_2 扩散,进而抑制了 CO_2 吸收反应的进行。

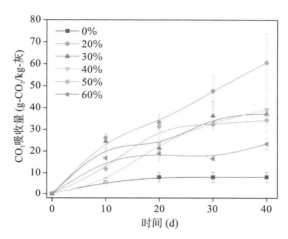

图 3-8 不同含水率的生物质灰对空气源 CO_2 的吸收性能

（2 mm 堆积厚度）

含水率为 20％时,生物质灰堆积厚度对 CO_2 吸收量的影响如图 3-9 所示。生物质灰的堆积厚度越大,气固总接触面积就越小,且 CO_2 的传质阻力就越大,因而生物质灰的 CO_2 吸收性能就越差。当堆积厚度由 2 mm 增加至 10 mm 时,生物质灰对 CO_2 的吸收量从 58.60 g-CO_2/kg-灰大幅降低至 32.15 g-CO_2/kg-灰,降低了约 45％。需要注意的是,在生物质灰的自然堆积中,即使是 10 mm 的堆积厚度也难以保证,因此,在实际过程中,生物质灰对 CO_2 的吸收量将远低于试验值。同时,自然堆积的生物质灰也无法应用于吸收剂不循环的单程 CO_2 吸收工艺之中。因此,无论是燃煤电厂中的粉煤灰,还是生物质燃烧后的灰分,均需要通过工程手段来强化其 CO_2 吸收性能,如增大反应面积和强化有效组分的浸出与暴露。

3.4.2 中等 CO_2 分压下生物质灰-水体系的 CO_2 吸收性能

在不同的固液比和生物质灰粒径的条件下,生物质灰在中等 CO_2 分压(约为 101 kPa)下对 CO_2 的吸收性能如图 3-10 所示。由图可知,生物质灰-水体系对 CO_2 的吸收量随固液比的增大而减少。当固液比为 1∶99 时,CO_2 吸收量可达 121.68 g-CO_2/kg-灰;而当固液比为 1∶4 时,CO_2 吸收量为 41.52 g-CO_2/kg-灰,下降了约 65.88％。造成该现象的主要原因在于较少的液体量减少了生物质灰中可与 CO_2 进行化学反应的钙、镁等碱土金属元素的浸出量。

生物质灰粒径对生物质灰-水体系的 CO_2 吸收性能的影响如图 3-10 所示。粒径梯度为 LJ-Ⅱ(0.075～0.150 mm)的生物质灰的 CO_2 吸收性能最好。不同粒径下的生物质灰的化学

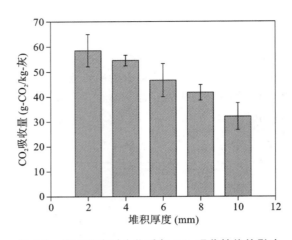

图 3-9　堆积厚度对生物质灰 CO_2 吸收性能的影响

（20%含水率）

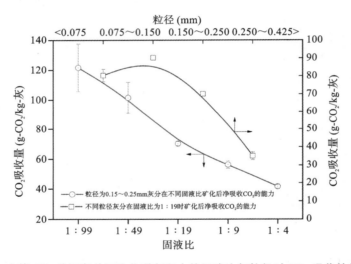

图 3-10　中等 CO_2 分压条件下生物质灰和水的固液比与粒径对 CO_2 吸收性能的影响

组成、颗粒与液体的接触面积及颗粒的团聚特性均不相同,均会对生物质灰-水体系的 CO_2 吸收性能产生影响。粒径越大,生物质灰颗粒与液体接触的液-固接触面积就越小,传质面积就越小,CO_2 吸收性能也就越差。然而,在实际工程中,不可能仅挑选粒径较小的生物质灰进行 CO_2 吸收。因此,生物质灰的实际 CO_2 吸收性能可能会低于本研究的研究结果。

3.4.3　高 CO_2 分压下生物质灰-水体系的 CO_2 吸收性能

在生物质灰-水体系的 CO_2 吸收中,气相初始 CO_2 分压(300～1400 kPa)对体系 CO_2 吸收性能的影响如图 3-11 所示。随着 CO_2 滞留时间的延长,生物质灰的 CO_2 吸收量逐渐增加。同时,气相初始 CO_2 分压越高,达到 CO_2 吸收平衡所需的时间就越长。当 CO_2 的初始压力为 300～500 kPa 时,体系的 CO_2 吸收反应可在 200 min 左右达到平衡。而当 CO_2 的初始分压为 1400 kPa 时,需要约 400 min 才能达到平衡。需要注意的是,当 CO_2 的初始压力低于

500 kPa 时,体系的 CO_2 吸收量低于 70 g-CO_2/kg-灰,低于中等分压(约 101 kPa)情形的 CO_2 吸收量。这可能是因为在高压反应釜中进行 CO_2 吸收时,气体未经搅拌,则通过溶解而进入液相的 CO_2 量较小,进而导致最终 CO_2 吸收量较少。而当初始 CO_2 分压提升至 1400 kPa 时,CO_2 吸收量可大幅提升至 216.85 g-CO_2/kg-灰,显示出良好的 CO_2 吸收性能。但此时,气体的加压需要额外的能量投入,亦会产生额外的碳排放。

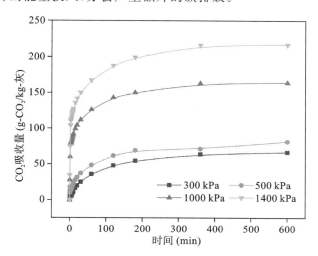

图 3-11 高 CO_2 分压条件下生物质灰-水体系的 CO_2 吸收性能

3.4.4 反应温度的影响

在通入纯 CO_2,初始 CO_2 分压为 500 kPa,液固比为 9∶1 及反应时间为 10 h 的条件下,反应温度对高压反应釜内的系统压降的影响如图 3-12 所示。需要注意的是,系统压降越大,CO_2 吸收性能越强。由图 3-12 可知,无论何种反应温度,系统的压降趋势均一致,且极限压降差距不大。在 25 ℃时,生物质灰-水体系的最小极限压降为 172.4 kPa。而在 55 ℃时达到最大的极限压降,为 188.96 kPa。在较高的反应温度下,CO_2 吸收反应速率更快。这是因为在较高的反应温度下系统能更快地达到极限压降。在不同的反应温度下,CO_2 吸收反应结束后系统的极限压降差异并不明显。在这种情况下,系统内 CO_2 压降并不能很好地表示生物质灰-水体系的 CO_2 吸收量,主要是因为高压反应釜内压力大小在一定程度上受到反应温度的影响,反应温度越高,压力就越大。因此,需要将高压反应釜内的压降转换为 CO_2 吸收量,才能更好地进行分析比较。

反应温度对生物质灰-水体系 CO_2 吸收性能的影响如图 3-13 所示。显然,温度对体系最终 CO_2 吸收性能的影响并不显著。当反应温度从 25 ℃升高至 55 ℃时,生物质灰-水体系的 CO_2 吸收量由 8.85 g-CO_2/kg-浆液上升到 9.38 g-CO_2/kg-浆液。反应温度对体系 CO_2 吸收性能的影响是多种因素共同作用的结果。首先,温度通过影响溶液蒸发或改变溶液黏度或改变气相扩散速率,影响反应体系的物理性质。此外,生物质灰中碱性组分溶解、矿物沉淀、CO_2 溶解速率以及热力学平衡常数等也与反应温度有关。根据 CO_2 吸收反应机理,温度对 CO_2 吸收反应有积极影响的原因如下。①随着反应温度的升高,Ca 元素的有效扩散系数略

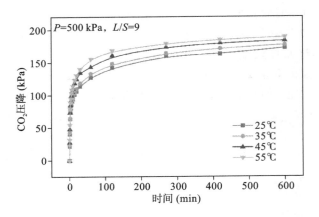

图 3-12　反应温度对生物质灰-水体系 CO_2 压降的影响

有增加,因而可从生物质灰中浸出更多的 Ca^{2+} 到浆液中,并与 CO_3^{2-} 反应生成 $CaCO_3$。②MgO在 CO_2 吸收反应过程中,与 H_2O 反应生成不溶性的 $Mg(OH)_2$,$Mg(OH)_2$ 覆盖在生物质灰颗粒表面,抑制了反应的进一步进行。反应温度的升高促进了 $Mg(OH)_2$ 的离子化,从而将 Mg^{2+} 和 OH^- 释放到浆液中。浆液中较高的 OH^- 浓度有利于 CO_2 的吸收,并促使 Mg^{2+} 与 CO_3^{2-} 结合形成 $MgCO_3$。③反应温度的升高可以提高传质速率,促进浆液中碳酸(H_2CO_3)分子的热运动,通过增加平均动能来提高反应速率,有助于 H_2CO_3 的一次和二次电离并释放出 H^+ 和 CO_3^{2-},从而加速活性物质的溶解,促进碳酸盐沉淀的形成。

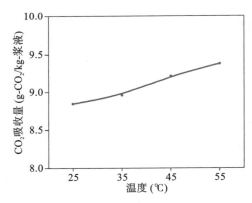

图 3-13　反应温度对生物质灰-水体系 CO_2 吸收性能的影响

　　需要注意的是,当采用本研究所使用的生物质灰时,提高反应温度有利于生物质灰-水体系的 CO_2 吸收,但提升幅度并不显著。也有文献指出,反应温度的上升反而会抑制碱性固废的 CO_2 吸收性能。有研究人员利用粉煤灰在高压反应釜中进行 CO_2 湿法吸收研究,结果表明,当反应温度高于 60 ℃时,CO_2 吸收量随着反应温度的进一步升高而降低。也有研究人员利用钢渣进行 CO_2 的矿化研究,结果发现,当反应温度超过 200 ℃时,继续升高温度将不利于碳酸化反应的进行。这些可能是因为 CO_2 在浆液中的溶解度成为碳酸化反应的主要限制因素,温度升高,CO_2 溶解度降低,不利于碳酸盐的沉淀。此外,较高的反应温度也会使 $CaCO_3$ 的溶解度下降,使未完全反应颗粒被覆盖,阻碍了有效组分的浸出,不利于 CO_2 吸收。因此,反应温度对碱性固废 CO_2 吸收反应的影响是一个错综复杂的过程,对于不同的反应原料,反应温度的影响规律不尽相同,故在实际运行中应当根据不同的原料来确定 CO_2 吸收过程的最优反应温度,同时还要综合考量反应温度对能耗的影响。

3.5　本 章 小 结

(1) 生物质灰-水体系可作为 CO_2 吸收剂从各种氛围下吸收 CO_2,主要的 CO_2 吸收机理为生物质灰中以 Ca^{2+} 为主的碱土金属离子的持续浸出,与溶解于水中的 CO_2 发生化学反应,生成碳酸盐沉淀。同时,部分 CO_2 可通过形成 $Ca(HCO_3)_2$ 和 $Mg(HCO_3)_2$ 而赋存于生物质灰-水体系的液相之中。

(2) 生物质灰-水体系的 CO_2 吸收性能随着初始 CO_2 分压的增加而大幅提升。从空气中吸收 CO_2 时,含水率为 20% 的生物质灰-水体系需要经过 40 d 的时间才能获得约 60.66 g-CO_2/kg-灰的 CO_2 吸收量。在 101 kPa 的中等 CO_2 分压条件下,固液比为 1∶99 的生物质灰-水体系可实现最高为 121.68 g-CO_2/kg-灰的 CO_2 吸收量。而在 1400 kPa 的初始分压下,CO_2 吸收量可达 216.85 g-CO_2/kg-灰。

(3) 在生物质灰-水体系中,生物质灰与水的固液比能对 CO_2 吸收性能产生显著影响。固液比越大,体系 CO_2 吸收性能就越差。同时,选择最佳的生物质灰粒径可获得最优的 CO_2 吸收性能。

(4) 在 25 ℃ 至 55 ℃ 的温度范围内,提高反应温度有助于提升生物质灰-水体系的 CO_2 吸收性能,但反应温度对吸收性能的影响并不显著。

第4章 沼液-生物质灰混合吸收剂的 CO_2 吸收机理

4.1 引　言

由第 2 章和第 3 章的论述可知,沼气工程所产生的沼液及生物质燃烧后产生的生物质灰均具有一定的 CO_2 吸收潜力,在理论上均可作为吸收剂不循环的单程 CO_2 化学吸收工艺中的吸收剂。但两者的 CO_2 吸收性能均较弱,需要对其进行强化。在沼液 CO_2 吸收性能的外源添加剂强化的论述中,可通过向沼液中添加生物质灰进行浸出,提升沼液的 pH 值,从而提高沼液中游离氨的浓度,进而提升沼液的 CO_2 吸收性能。但在此种强化措施中,生物质灰在沼液中浸出后便被分离,只能利用浸出后的沼液进行 CO_2 吸收。此时,生物质灰的 CO_2 吸收潜力并未被完全利用。因此,将生物质灰和沼液这两种绿色吸收剂进行混合,利用混合吸收剂进行 CO_2 吸收,在理论上可结合这两种吸收剂的优势,实现"1+1＞2"的功能。基于此,本章将讨论沼液-生物质灰混合吸收剂的 CO_2 吸收机理,并根据其 CO_2 吸收特性,分析其在沼气提纯制备生物天然气中的可行性与碳减排优势。

4.2 沼液-生物质灰混合吸收剂的 CO_2 吸收机理

4.2.1 材料与方法

4.2.1.1 试验材料

本研究所选用的生物质灰的化学成分如表 3-1 所示,所使用的沼液取自湖北省武汉市江夏区某大型中温厌氧消化沼气工程。此沼气工程以猪粪为消化原料,厌氧发酵的温度约为 35 ℃。试验前,沼液在环境温度(约为 25 ℃)下密封储存,直到不再产生沼气。在 (20±2) ℃ 的温度下测试沼液的基本特征参数,测试结果如表 4-1 所示。使用 pH 计(Mettler Toledo,FE20K,USA)测量沼液的 pH 值,使用全自动化学分析仪(Smartchem 200 Discrete Auto Analyzer,AMS-Westco,Italy)测定沼液中的总氨氮含量,采用酸碱中和滴定法测试沼液 CO_2 负荷,并使用标准方法测量沼液中的总固体含量。沼液-生物质灰混合吸收剂体系(简称混合吸收剂体系)的 CO_2 吸收装置与系统如图 3-3 所示。

表 4-1　沼液的基本特性参数

参　　数	沼液-1(BS-1)	沼液-2(BS-2)
pH 值	8.74±0.01	8.09±0.01

参　数	沼液-1(BS-1)	沼液-2(BS-2)
CO_2 负荷(mol/L)	0.10 ± 0.01	0.03 ± 0.003
氨氮浓度(mg/L)	1568.25 ± 18.98	445.36 ± 5.05
总固体含量(g/L)	4.0	3.0

4.2.1.2　数据处理方法

1) 沼液-生物质灰混合吸收剂的 CO_2 吸收性能

在加压状态下,混合吸收剂体系的 CO_2 吸收性能可由式(3-4)～式(3-6)计算得出。除此之外,本研究还引入了生物质灰的碳酸化效率(CE)来对生物质灰的 CO_2 吸收性能进行单独表征,其定义如下。

$$CE = \frac{m_{BA\text{-}CO_2}}{m_{Th\text{-}CO_2}} \times 100\% \tag{4-1}$$

式中,$m_{BA\text{-}CO_2}$ 为生物质灰的实际 CO_2 吸收量,按 g-CO_2/kg-灰计量;$m_{Th\text{-}CO_2}$ 为生物质灰的理论吸收量,按 g-CO_2/kg-灰计量。

$m_{Th\text{-}CO_2}$ 可以根据化学成分,即 BA 中可用的碱性氧化物,使用 Stenoir 化学计量公式计算。

$$m_{Th\text{-}CO_2} = 0.785(m_{CaO} - 0.7m_{SO_3}) + 1.09m_{MgO} + 0.71m_{Na_2O} + 0.468m_{K_2O} \tag{4-2}$$

式中,m_{CaO}(g-CaO/kg-BA)、m_{SO_3}(g-SO_3/kg-BA)、m_{MgO}(g-MgO/kg-BA)、m_{Na_2O}(g-Na_2O/kg-BA)和 m_{K_2O}(g-K_2O/kg-BA)分别表示原料中 CaO、SO_3、MgO、Na_2O 和 K_2O 的含量。

2) 沼液-生物质灰混合吸收剂应用于沼气提纯时的 CO_2 净负排放量

采用全生命周期评估进行 CO_2 净负排放的估算。全生命周期评估包括系统边界界定、清单分析、影响评价和结果解释等步骤。由于生物质灰的 CO_2 吸收过程可能发生在自然状态和生物质能源工厂中,涉及的边界具有不确定性,且过程较复杂,因此在此仅考虑沼气产量为 10 000 Nm^3/d 的沼气工程。本研究主要考虑了在利用沼液-生物质灰混合吸收剂体系进行沼气提纯过程中的能源投入、生物质灰转运投入和沼液-生物质灰混合吸收剂体系的实际 CO_2 吸收量等因素,忽略了过程设备的建设和产品最终使用过程中可能导致的温室气体的排放。根据文献估算,可将沼液-生物质灰混合吸收剂体系在 1000 kPa 的加压条件下的 CO_2 吸收过程的能耗假设为 213.89 kW·h/t-CO_2。不同来源的电能在生命周期内的温室气体排放量如表 4-2 所示。采用柴油货车对生物质灰进行运输,运输过程所产生的碳排放量为 0.157 kg-CO_{2E}/(t-灰·km)。

表 4-2　不同电能的温室气体排放量

电 能 来 源	温室气体排放量[kg-CO_{2E}/(kW·h)]
煤炭	0.96
天然气	0.44
生物质能	0.14
核能	0.066
太阳能光伏	0.032

电能来源	温室气体排放量$[kg\text{-}CO_{2E}/(kW \cdot h)]$
水能	0.01
风能	0.009

当综合考虑混合吸收剂的 CO_2 吸收性能、生物质灰运输及过程能耗所导致的 CO_2 排放量时,提纯 10 000 Nm^3 所能实现的实际 CO_2 净负排放量 Q_{NCE}(单位为 kg)可用下列公式进行计算。

$$Q_{NCE} = Q_{CO_2} - c_i Q_{CO_2} E \times 10^{-3} - T_{CO_2} L m_{BA} \tag{4-3}$$

式中,Q_{CO_2} 为生产生物天然气(CH_4 的含量 $\geqslant 95$ vol. %)时所需要吸收的 CO_2 总量,约为 7262 kg/d;c_i 为不同电能来源单位电耗所产生的碳排放量,单位为 $kg\text{-}CO_{2E}/(kW \cdot h)$;$E$ 为沼气提纯过程中,处理每单位质量 CO_2 所消耗的电能,为 213.89 $kW \cdot h/t\text{-}CO_2$;T_{CO_2} 为生物质灰运输中的碳排放量,为 0.157 $kg\text{-}CO_{2E}/(t\text{-}灰 \cdot km)$;$L$ 为运输距离,单位为 km;m_{BA} 为沼气提纯工艺所需要的生物质灰量,单位为 t。

3)经济性分析

生物质灰与沼液混合的吸收剂不仅可以有效实现 CO_2 的吸收,还可以实现沼液的脱除。因此,该吸收剂在沼气提纯和沼液处理方面具有巨大潜力。

沼液脱除率 DR 的计算公式如下。

$$DR = \frac{\beta m_{BA}}{m_{BS}} \times 100\% \tag{4-4}$$

式中,m_{BS} 为沼气工程中产生的沼液总量,单位为 t;m_{BA} 为沼气提纯工艺所需要的生物质灰量,单位 t;β 为静置除去上清液后剩余浆液中沼液与干灰的质量比,本研究的试验结果表明,$\beta = 1$。

在沼气提纯过程中,生物质灰与沼液作为唯一的原料,没有进行循环回用。除了消耗大量的生物质灰外,几乎不消耗能量或其他资源。生物质灰是免费供应的,但需要考虑运输到达沼气提纯现场的运输费用。因此,运输成本是沼气提纯过程中的首要成本。对于一辆典型的载重为 28 t 的卡车,其运输费用 C_t(单位为元)随着运输距离 L 的增加而增加,可根据文献数据拟合成的公式进行计算。

$$C_t = m_{BA}(0.026L + 0.995)L \tag{4-5}$$

沼气提纯成本主要与运输成本、生物质灰 CO_2 吸收性能以及能耗成本有关。因此,使用生物质灰和沼液混合浆液进行沼气提纯的总成本的计算公式如下。

$$C = k D_{CO_2} \left(\frac{10^3 C_t}{(h+1) m_{BA} m_{CO_2}} + E_i P_E \right) \tag{4-6}$$

式中,C 为沼气的单位提纯成本,单位为元/Nm^3;D_{CO_2} 是每立方沼气的 CO_2 质量,单位为 t;m_{CO_2} 表示浆液的碳酸化能力,按 $kg\text{-}CO_2/t\text{-}浆液$ 计量;P_E 为工业领域的单位电价,单位为元/$(kW \cdot h)$;k 为沼气中 CH_4 浓度达到 95 vol. %时的 CO_2 脱除率,此处约为 92.41%;h 为混合吸收体系的液固比。

4.2.2 沼液-生物质灰混合吸收剂的典型 CO_2 吸收性能

不同初始氨氮浓度的沼液与生物质灰组成混合吸收剂时,混合吸收剂的典型 CO_2 吸收性能如图 4-1 所示。本研究对沼液-生物质灰混合吸收剂体系与生物质灰-水混合吸收剂体系进行了对比研究。由图 4-1 可知,无论何种体系,CO_2 吸收量均随着液固比的增大而大幅下降,但生物质灰的碳酸化效率却呈现出相反的趋势。当液固比为 4:1 时,BA+BS-1 混合吸收剂体系的 CO_2 吸收量最大,可达到 (19.89 ± 0.19) g-CO_2/kg-浆液。而当液固比为 99:1 时,BA+BS-1 混合吸收剂体系的 CO_2 吸收性能虽然仍然最优,但却呈现出急剧下降的趋势。另外,液固比为 99:1 时的生物质灰碳酸化效率最高。随着液固比的增加,混合吸收剂体系中的液相含量也跟着增加,生物质灰中碱性组分(主要为 Ca^{2+})更容易浸出,更有利于 CO_2 吸收反应,因而生物质灰的碳酸化效率提高。但由于混合吸收剂的总质量恒定,液固比越大,生物质灰的量就越小,因而浸出的碱性组分的量就越小,从而导致总 CO_2 吸收量越小,单位质量混合吸收剂浆液的 CO_2 吸收性能也就越弱。

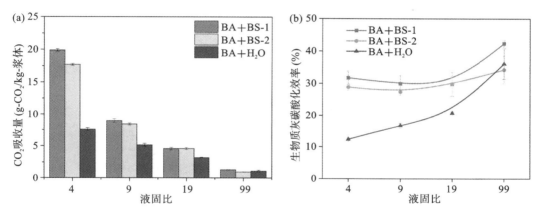

图 4-1　液固比对沼液-生物质灰及生物质灰-水混合吸收剂体系的 CO_2 吸收性能和生物质灰碳酸化效率的影响
(生物质灰的粒径范围为 0.150~0.250 mm)

由图 4-1 还可知,在常温下,无论采用何种沼液,在任何液固比条件下,沼液-生物质灰混合吸收剂体系的 CO_2 吸收性能均高于生物质灰-水混合吸收剂体系。特别是当液固比为 4:1 时,BA+BS-1 混合吸收剂体系的 CO_2 吸收性能比生物质灰-水混合吸收剂的高 160%。显然,使用 BS-1 比使用 BS-2 获得了更强的 CO_2 吸收性能。这可能是由液相中总氨氮浓度差异所导致的。沼液中的游离氨、铵态氮或其他成分可能会促进碱金属离子的浸出,促使更多的 CO_2 与金属离子发生化学反应,从而促进 CO_2 的吸收。在相同条件下,沼液的氨氮含量越高,沼液中的游离氨含量也就越高,有助于沼液自身对 CO_2 的吸收。但生物质灰在沼液中的 CO_2 反应机理有待于进一步讨论。

4.2.3　沼液-生物质灰混合吸收剂的 CO_2 吸收机理

在将生物质灰与沼液进行混合时,生物质灰中的碱土金属氧化物和碱金属氧化物会在沼液中浸出,向沼液提供 Ca^{2+}、Mg^{2+}、K^+、Na^+ 等离子,并提升沼液的 pH 值。从沼液中浸出的 Ca^{2+}、Mg^{2+} 等离子首先会固定沼液中原有以碳酸氢根为主要形式存在的 CO_2,从而降低 CO_2 负荷。沼液 pH 值的提升会提高沼液中游离氨浓度,即沼液自身的 CO_2 吸收性能会得到强化。另外,浸出的 Ca^{2+}、Mg^{2+} 等离子及生物质灰自身均会参与 CO_2 吸收,因而沼液-生物质灰

混合吸收剂的 CO_2 吸收性能将会高于单一沼液体系及生物质灰-水混合吸收剂体系的 CO_2 吸收性能。显然,生物质灰在沼液中的浸出性能直接影响混合吸收剂的 CO_2 吸收机理。

本研究在常温常压和液固比为 9∶1 的条件下,利用表 3-1 所示的粒径梯度为 LJ-Ⅲ 的生物质灰,集热式恒温磁力搅拌器以 300 rpm 的搅拌速度使生物质灰在沼液(或水)中浸出 90 min,并实时监测体系 pH 值的变化,并在第 2 min、5 min、10 min、20 min、30 min、40 min、60 min 和 90 min 的时间节点进行均匀取样,以测定混合吸收剂液相中的 Ca^{2+}、Mg^{2+}、K^+、Na^+ 等离子的浓度,TAN 含量,液相 CO_2 负荷以及烘干后固体的 CO_2 吸收量。最后,以 30 mL/min 的气体流速向浸出完成后的混合吸收剂中通入 CO_2,并重复上述操作。最后通过生物质灰-沼液和生物质灰-水混合吸收剂各项参数的对比,探究生物质灰在沼液中的浸出特性及 CO_2 吸收反应机理。

4.2.3.1 生物质灰在沼液中的浸出特性

生物质灰在 BS-1 和 BS-2 沼液中浸出时,沼液体系中碱土金属离子和碱金属离子的浓度如图 4-2 所示。需要注意的是,生物质灰中 Ca^{2+}、K^+ 和 Na^+ 等离子在沼液体系中的溶解可采用第 3 章的式(3-7)至式(3-9)来进行计算,在此不再赘述。

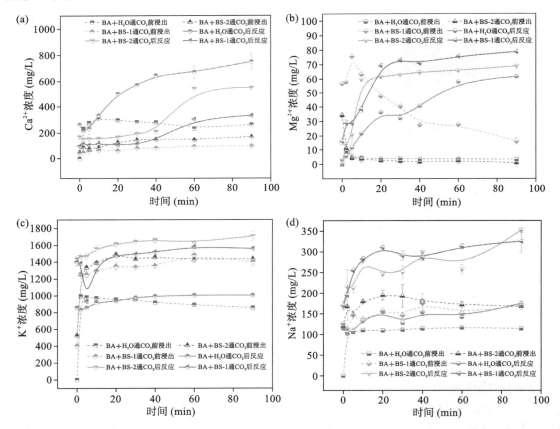

图 4-2 沼液-生物质灰和生物质灰-水混合吸收剂体系在 CO_2 吸收前后的金属离子浓度的变化

由图 4-2(a)可知,在 0 时刻时,BS-1 和 BS-2 沼液体系的 Ca^{2+} 浓度分别为 42.59 mg/L 和

49.01 mg/L,说明沼液自身含有 Ca^{2+}。在沼液自身含有 Ca^{2+} 的前提下,随着浸出时间的延长,沼液体系中的 Ca^{2+} 浓度呈现出缓慢增长的趋势,且其浓度要远低于生物质灰-水混合吸收剂体系中 Ca^{2+} 的浓度。沼液体系中 Ca^{2+} 浓度低的主要原因在于,浸出的 Ca^{2+} 会与沼液自带的 CO_2 发生化学反应,生成 $CaCO_3$ 沉淀,使沼液 CO_2 负荷下降,如表 4-3 所示。相关反应式如下所示。

$$Ca^{2+}_{(aq)}+2OH^-_{(aq)}+(NH_4)_2CO_{3(aq)} \rightleftharpoons CaCO_{3(s)}+2NH_{3(aq)}+2H_2O_{(l)} \tag{4-7}$$

$$Ca^{2+}_{(aq)}+2OH^-_{(aq)}+NH_4HCO_{3(aq)} \rightleftharpoons CaCO_{3(s)}+NH_{3(aq)}+2H_2O_{(l)} \tag{4-8}$$

上述反应生成的 $CaCO_3$ 沉淀会覆盖在生物质灰颗粒表面,这可由表 4-3 中浸出后生物质灰 CO_2 负荷的增加来佐证。$CaCO_3$ 沉淀覆盖在生物质灰颗粒表面会导致生物质灰内核未反应部分难以浸出,限制了 Ca^{2+} 的进一步溶解浸出,从而导致沼液体系中的 Ca^{2+} 浓度远低于在水中浸出后浸出液的 Ca^{2+} 浓度。

表 4-3　生物质灰在沼液和去离子水中浸出前后固液两相的 CO_2 负荷变化

溶液种类	CO_2 负荷(mol/L)		生物质灰 CO_2 负荷(g-CO_2/kg-BA)		
	浸出前	浸出后	浸出前	浸出后	净吸收
去离子水	0	0	53.03	57.43	4.40
BS-1	0.10	0.004	53.03	90.99	37.96
BS-2	0.03	0.00	53.03	64.11	11.08

生物质灰在 BS-1 和 BS-2 这 2 种沼液中浸出后,Mg^{2+} 浓度均较低,如图 4-2(b)所示。可采用第 3 章中的式(3-11)和式(3-12)所示的反应式来解释造成此种现象的原因,在此不再赘述。由图 4-2(c)可知,与其他金属离子相比,沼液体系中的 K^+ 浓度最高,占主导地位。例如,在 BS-1 和 BS-2 沼液体系中,生物质灰浸出后,K^+ 浓度分别可达到 1401.21 mg/L 和 1438.53 mg/L。当提出沼液自带的 K^+ 后,实际从生物质灰中浸出的 K^+ 浓度分别为 997.05 mg/L 和 911.19 mg/L,且 K^+ 在浸出的初始阶段就能快速浸出而达到峰值。同样,生物质灰中 Na^+ 的浸出也呈现出类似的规律,如图 4-2(d)所示。生物质灰中 K^+、Na^+ 在沼液体系中快速浸出的主要原因是生物质灰中可溶性钾盐和钠盐可迅速溶解。

4.2.3.2　沼液-生物质灰混合吸收剂的 CO_2 吸收性能

在生物质灰浸出结束后,进行混合吸收剂的 CO_2 吸收,BA+BS-1、BA+BS-2 和 BA+H_2O 这 3 种混合吸收剂的 CO_2 吸收量随反应时间的变化规律如图 4-3 所示。由图可知,沼液-生物质灰混合吸收剂具有较好的 CO_2 吸收性能,例如 BA+BS-1 混合吸收剂的 CO_2 吸收量大约可达到 12 g-CO_2/kg-浆液。另外,沼液的初始氨氮浓度也会对沼液-生物质灰混合吸收剂的 CO_2 吸收性能产生显著影响。例如,BA+BS-1 混合吸收剂的 CO_2 吸收能力要高于 BA+BS-2 混合吸收剂,主要原因在于生物质灰在沼液中浸出后,沼液自带的 CO_2 被脱除,沼液 CO_2 吸收性能得到恢复。沼液的氨氮浓度越高,其自有 CO_2 负荷就越高,因而生物质灰浸出后沼液的 CO_2 再吸收性能也就越强。由此可见,在沼液-生物质灰混合吸收剂体系的 CO_2 吸收中,除了生物质灰中以 Ca^{2+} 和 Mg^{2+} 为主的金属离子与 CO_2 反应生成碳酸盐沉淀外,沼液中游离氨也参与了 CO_2 的吸收反应。另外,由图 4-2(a)可知,生物质灰-水混合吸收剂体系

中的 Ca^{2+} 浓度要远高于沼液-生物质灰混合吸收剂体系中的 Ca^{2+} 浓度,但其 CO_2 吸收性能却低于沼液-生物质灰混合吸收剂体系的 CO_2 吸收性能,如图 4-3 所示。由此可见,沼液对 CO_2 的吸收直接促进了混合吸收剂 CO_2 吸收性能的提升。可采用生物质灰 CO_2 吸收与沼液 CO_2 吸收来描述沼液-生物质灰混合吸收剂的 CO_2 吸收机理,可用第 3 章的反应式(3-16)至反应式(3-19)来表示生物质灰 CO_2 吸收机理,而沼液对 CO_2 的吸收主要为游离氨与 CO_2 间的化学反应。所涉及的反应式详见第 2 章的式(2-9)至式(2-16)。

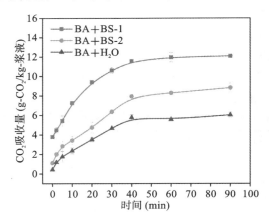

图 4-3   浸出结束后 3 种混合吸收剂体系的 CO_2 吸收性能

图 4-3 还显示了,无论选用何种混合吸收剂,其在 40 min 左右时间内均可达到 CO_2 吸收饱和,但随着反应时间的延长,CO_2 吸收性能呈现出略微增加的趋势。其主要原因在于,在反应后期,形成的碳酸盐沉淀会与 CO_2 反应生成可溶性碳酸氢盐,从而较小地提高了 CO_2 吸收性能。

4.3   沼液-生物质灰混合吸收剂的 CO_2 吸收特性强化

由 4.2 节的论述可知,在常温常压下,沼液-生物质灰混合吸收剂具有较好的 CO_2 吸收性能,但其 CO_2 吸收性能依然较低,需要进行强化。在本节中,在通入纯 CO_2 的条件下,从初始 CO_2 压力、反应温度和沼液与生物质灰的液固比等操作参数角度探索了混合吸收剂的 CO_2 吸收性能的强化措施。

4.3.1   初始 CO_2 分压的影响

在初始 CO_2 分压影响的研究中,利用高压反应釜内的系统压降来评估初始 CO_2 分压对混合吸收剂体系的 CO_2 吸收性能的影响。对每个试验组均进行 10 h 转速为 600 rpm 的机械搅拌,使混合吸收剂与 CO_2 充分反应。沼液-生物质灰混合吸收剂体系在不同初始 CO_2 分压下的系统压降如图 4-4 所示。需要注意的是,系统压降越大就意味着系统中更多的 CO_2 被混合吸收剂所吸收,混合吸收剂的 CO_2 吸收性能就越强。

由图 4-4 可知,在 25 ℃的反应温度及沼液与生物质灰的液固比为 9∶1 的条件下,无论何种初始 CO_2 分压,CO_2 吸收反应系统的压降均呈现出先快速上升后缓慢上升的趋势。例如,

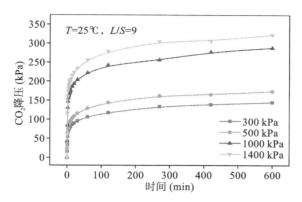

图 4-4 不同初始 CO_2 分压下沼液-生物质灰混合吸收剂体系的 CO_2 压降

系统压降在反应的前 20 min 内快速增加,迅速达到总压降的 60% 左右,同时在 100 min 时达到了系统总压降的 80% 左右。这表明沼液-生物质灰混合吸收剂对 CO_2 的吸收反应主要发生在前 20 min 内。其主要原因在于,当生物质灰在沼液内浸出完毕后,沼液体系中的 Ca^{2+}、Mg^{2+} 及游离氨会迅速与 CO_2 发生化学反应而被消耗掉,因而系统压降迅速增加。与此同时,沼液体系内的 Ca^{2+}、Mg^{2+} 的消耗与体系 pH 值的下降会促进生物质灰内部 Ca^{2+}、Mg^{2+} 等金属离子的浸出,从而导致系统压降随着反应时间继续上升。但由于反应生成的碳酸盐沉淀会部分附着在生物质灰颗粒表面,对生物质灰内部 Ca^{2+}、Mg^{2+} 等金属离子的浸出形成阻碍,因而导致系统压降只能呈现出缓慢增加的趋势。图 4-4 还显示,系统压降随着初始 CO_2 分压的增大而大幅增大,例如,当初始 CO_2 分压为 300 kPa 时,混合吸收剂吸收 CO_2 后的系统压降为 145 kPa,而将分压提升到 1400 kPa 时,系统压降陡增至 322.7 kPa。产生该种现象的主要原因在于,根据亨利定律,气相 CO_2 分压越大,沼液中溶解的 CO_2 浓度就越高,有利于促进 CO_2 与体系中游离氨和 Ca^{2+}、Mg^{2+} 等金属离子的反应,从而导致系统压降更大。这说明在采用沼液-生物质灰混合吸收剂进行 CO_2 吸收时,对气体进行增压有助于提高混合吸收剂的 CO_2 吸收性能。

通过系统压降可计算出混合吸收剂的 CO_2 吸收性能及对应的生物质灰碳酸化效率,如图 4-5 所示。由图可知,初始 CO_2 分压越高,混合吸收剂的 CO_2 吸收性能就越佳。例如,当初始 CO_2 压力从 300 kPa 上升至 1400 kPa 时,混合吸收剂的 CO_2 吸收量从 6.54 g-CO_2/kg-浆液增加至 22.32 g-CO_2/kg-浆液,增幅约为 241.28%。生物质灰的碳酸化效率随初始 CO_2 分压的上升而快速增加,这意味着对生物质灰 CO_2 吸收潜能的利用率增加。

4.3.2 液固比的影响

在初始 CO_2 分压为 500 kPa,反应温度为 25 ℃ 和反应时间为 10 h 的条件下,沼液-生物质灰混合吸收剂的液固比对系统压降和混合吸收剂 CO_2 吸收性能及生物质灰碳酸化效率的影响如图 4-6 和图 4-7 所示。

由图 4-6 可知,不论在何种液固比下,反应装置的系统压降的变化趋势相同,均呈现出先快速上升后趋于平缓的趋势。其原因已在 4.3.1 章节介绍,在此不再赘述。随着液固比的下降,系统压降大幅提高,意味着系统内更多的 CO_2 被混合吸收剂吸收,混合吸收剂的 CO_2 吸收性能得到了大幅改善,如图 4-7 所示。例如,当混合吸收剂的液固比从 99∶1 下降到 4∶1

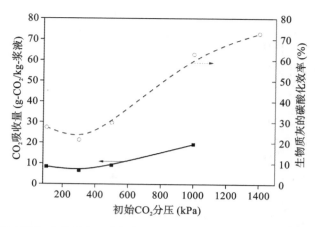

图 4-5 CO₂ 分压对沼液-生物质灰混合吸收剂的 CO₂ 吸收性能及生物质灰碳酸化效率的影响

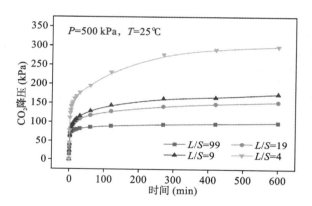

图 4-6 液固比对沼液-生物质灰混合吸收剂体系的系统压降的影响

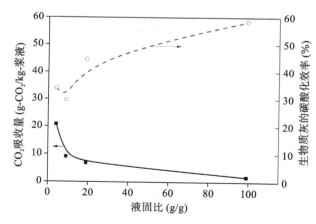

图 4-7 液固比对沼液-生物质灰混合吸收剂的 CO₂ 吸收性能和生物质灰碳酸化效率的影响

时,沼液-生物质灰混合吸收剂体系因 CO_2 吸收所导致的最终系统压降从 98.58 kPa 增加到 297.81 kPa,此时,混合吸收剂体系的 CO_2 吸收性能从 1.79 g-CO_2/kg-浆液快速提升到 20.81 g-CO_2/kg-浆液。该现象可用反应器中生物质灰量的变化来解释。在混合吸收剂总质量不变的前提下,液固比越小就意味着生物质灰的量越多,此时可参与 CO_2 吸收反应的 Ca^{2+}、Mg^{2+} 等金属离子浓度就越高,有助于提升混合吸收剂的 CO_2 吸收性能。同时,较高的生物质灰量对混合吸收剂浆液的 pH 值的缓冲作用更强,有利于提高 CO_2 溶解速率,从而强化 CO_2 吸收性能。

尽管较低的液固比有助于提升混合吸收剂的 CO_2 吸收性能,但却不利于生物质灰 CO_2 吸收潜能的释放,如图 4-7 所示。在高液固比条件下,沼液量更大,酸碱缓冲性更强,有利于增加含 Ca、Mg 元素的碱性组分的浸出速率,导致单位质量生物质灰的 CO_2 吸收性能更强,即生物质灰碳酸化效率更高。随着沼液-生物质灰混合吸收剂液固比的变化,混合吸收剂的 CO_2 吸收性能与生物质灰的碳酸化效率呈现出相反的变化规律。这说明,在实际运行中,应选择合适的液固比,以获得较高的 CO_2 吸收性能和生物质灰的碳酸化效率。

4.3.3　反应温度的影响

在初始 CO_2 分压为 500 kPa,液固比为 9∶1 及反应时间为 10 h 的条件下,反应温度对沼液-生物质灰混合吸收剂的 CO_2 吸收性能和生物质灰碳酸化效率的影响如图 4-8 所示。由图可知,反应温度对混合吸收剂 CO_2 吸收性能的影响并不显著,例如,当温度从 25 ℃升高到 55 ℃时,混合吸收剂的 CO_2 吸收性能仅从 9.11 g-CO_2/kg-浆液小幅增加到 9.41 g-CO_2/kg-浆液,增幅约为 3.29%。反应温度对生物质灰基吸收剂 CO_2 吸收性能影响的原因已在第 3 章中予以详细解释说明,在此不再赘述。

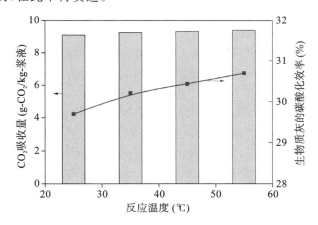

图 4-8　反应温度对沼液-生物质灰混合吸收剂的 CO_2 吸收性能和生物质灰碳酸化效率的影响

4.4　沼液-生物质灰混合吸收剂的 CO_2 和 H_2S 联合脱除性能

由 4.3 节可知,沼液-生物质灰混合吸收剂具有良好的 CO_2 吸收性能,同时可以通过调整参数来对 CO_2 吸收性能进行优化。因此,该混合吸收剂可用于沼气提纯。但在实际的工程中,沼气中不仅含有 CO_2,还含有 H_2S,而两者在沼气提纯中会对吸收剂形成竞争反应关系,因而有必要研究混合吸收剂对沼气中 CO_2 和 H_2S 的联合脱除性能。沼液-生物质灰混合吸收剂对模拟沼气中 CO_2 和 H_2S 的联合脱除性能如图 4-9 所示。

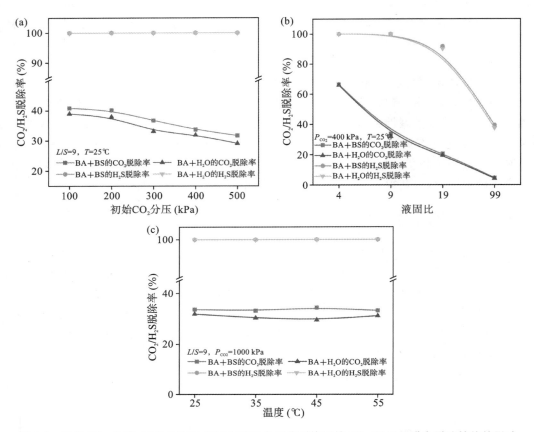

图 4-9 初始 CO₂ 分压、液固比和反应温度对混合吸收剂体系的 CO₂ 和 H₂S 联合脱除性能的影响

由图 4-9(a)可知,在液固比和反应温度一定时,无论在何种初始 CO_2 分压下,沼液-生物质灰混合吸收剂及生物质灰-水混合吸收剂均能实现沼气中 H_2S 的全部脱除。H_2S 在沼液和水中会发生式(4-9)和式(4-10)所示的电离反应。由于生物质灰中各种碱性组分的浸出,混合吸收剂体系的 pH 值不断升高,表现出较强的碱性,而 H_2S 又是一种酸性气体,因此,容易与混合吸收剂中的碱性组分发生酸碱反应。在碱性条件下,H_2S 水解后主要以离子形式(主要是 S^{2-} 离子)存在,S^{2-} 离子在碱性介质中与生物质灰中浸出的多种金属阳离子发生反应可生成相应的金属硫化物,如硫化铁、硫化铅、硫化锌等(主要为硫化铁)。由于金属硫化物的溶解度一般很低,因此,金属硫化物极易以沉淀的形式存在,将 H_2S 以稳定的形式固定于生物质灰中,从而实现了 H_2S 的脱除。

$$H_2S_{(aq)} + H_2O_{(l)} \rightleftharpoons HS^-_{(aq)} + H_3O^+_{(aq)} \tag{4-9}$$

$$HS^-_{(aq)} + H_2O_{(l)} \rightleftharpoons S^{2-}_{(aq)} + H_3O^+_{(aq)} \tag{4-10}$$

图 4-9(a)还显示,随着初始 CO_2 分压的上升,吸收剂对 CO_2 脱除率呈现下降的趋势。例如,初始分压为 100 kPa 时,沼液-生物质灰混合吸收剂体系的 CO_2 脱除率为 40.08%,而初始分压为 500 kPa 时,体系的 CO_2 脱除率为 31.67%。同时,沼液-生物质灰混合吸收剂体系的 CO_2 吸收性能要略微高于生物质灰-水混合吸收剂体系的 CO_2 吸收性能。随着初始 CO_2 分

压的增加,混合吸收剂所吸收的 CO_2 量也增加,但其增幅要小于 CO_2 分压的增幅,从而导致混合吸收剂对 CO_2 的脱除效率下降。

如图 4-9(b)所示,当初始 CO_2 分压和反应温度一定时,液固比越低,混合吸收剂的 CO_2 脱除效率就越高。这可用液固比对混合吸收剂 CO_2 吸收性能的影响来进行解释。同时,随着液固比的增加,混合吸收剂对 H_2S 的脱除率呈现出下降的趋势。例如,当液固比从 4∶1 上升到 99∶1 时,混合吸收剂的 H_2S 脱除率从 100% 降低到了约 39.41%。

反应温度对混合吸收剂 CO_2 脱除率的影响并不显著,如图 4-9(c)所示。同样,无论在何种反应温度下,混合吸收剂均可实现 H_2S 的全部脱除。

需要注意的是,本研究所用的不锈钢高压反应釜的内部容积为 300 mL,混合吸收剂浆液的总质量应保持为 50 g 不变。显然,在液固比恒定的条件下,混合吸收剂对 CO_2 吸收性能(即吸收量)固定,此时,如果提高高压反应釜中混合吸收剂的总质量,即可吸收更多的 CO_2,因而在沼气量不变的情况下可以获得更高的 CO_2 脱除率。例如,在液固比为 4∶1,沼气初始 CO_2 分压为 400 kPa 的条件下,采用沼液-生物质灰混合吸收剂仅能实现 66.38% 的 CO_2 脱除率,即仅能将沼气中的 CH_4 含量从 60% 提升至 77%。若保持液固比、初始 CO_2 分压和反应器容积不变,将混合吸收剂总量增加至 65 g(即 52 g 沼液和 13 g 生物质灰),那么在理论上可将 CO_2 脱除率提升到 92.41%。此时沼气中的 CH_4 含量可达到 95.18 vol.%,达到了生物天然气的标准。

4.5　沼液-生物质灰混合吸收剂的 CO_2 吸收经济性与环境效益分析

由前文描述可知,利用生物质灰与沼液耦合制备沼液-生物质灰混合吸收剂进行 CO_2 吸收时,在理论上不仅能生产生物天然气还能将混合体系吸收的 CO_2 转移到生物质灰和沼液之中,并通过生物质灰和沼液的农业利用,将 CO_2 储存在植物-土壤-土壤微生物的生态系统中,从而实现生物天然气生产中的负碳排放。值得注意的是,用沼液-生物质灰混合吸收剂进行沼气提纯时,不涉及消耗性化学品的使用,因而具有节约沼气提纯成本的潜力。但是,在沼气提纯过程中涉及生物质灰运输以及能源消耗过程,这些过程将会增加沼气提纯过程中的 CO_2 排放,增加提纯成本。因此,需要从系统层面对沼液-生物质灰混合吸收剂的沼气提纯过程进行 CO_2 排放量计算和技术经济性分析。

4.5.1　系统构建

本研究构建了一种全新的沼气提纯系统。该系统采用沼液-生物质灰混合吸收剂进行沼气提纯,并同步实现沼液减量与富碳吸收剂的农业利用,该系统流程图如图 4-10 所示。在该系统中,畜禽粪便、农作物秸秆或餐厨垃圾等有机废弃物在厌氧发酵反应器中进行厌氧发酵,产生沼气、沼液和沼渣。将生物质灰与沼液进行混合,制备特定液固比的沼液-生物质灰混合吸收剂,并在高压反应装置中将其用于沼气提纯。然后,将沼气进行压缩,使沼气中 CO_2 分压上升至 400 kPa 左右,并将其送入高压反应装置,利用混合吸收剂脱除沼气中的 CO_2 和 H_2S 气体,最终获得生物天然气。生物天然气经过后续的干燥和压缩操作后,可供应天然气管网或直接利用。而沼气提纯过程中产生的富 CO_2 吸收剂浆体则被运送到附近的农场,实现生物质灰和沼液的农业利用,并将其携带的 CO_2 储存于植物-土壤-土壤微生物的生态系统之中,实现农业系统的碳汇强化。显然,该系统中所涉及的沼气提纯技术属于吸收剂不循环的单程 CO_2 吸收技术,只是用高压反应装置替代了传统的填料塔。另外,在该系统中,大部分沼液被生物质灰吸附后存在于混合浆液中,只剩下少量的液相沼液,实现了沼液的减量。

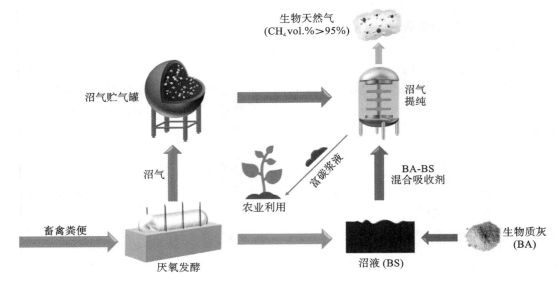

图 4-10　基于沼液-生物质灰混合吸收剂的沼气提纯系统流程图

4.5.2　基于沼液-生物质灰混合吸收剂的沼气提纯系统的技术经济性分析

本部分以沼气产量为 10 000 Nm^3/d 的大型沼气工程为例,对本研究所提出的新型沼气提纯系统的成本进行了技术经济分析。根据前述的研究结果,在本系统运行时,生物质灰和沼液混合吸收剂的液固比为 4:1;在高压提纯装置中 CO_2 分压为 400 kPa,即沼气总压约为 1000 kPa;间歇式提纯装置中的固液气的比例为 13:52:235。基于前期研究的结果,混合吸收剂的 CO_2 吸收量为 23.72 g-CO_2/kg-浆液且实现了 H_2S 的全部脱除,提纯后沼气中的 CH_4 浓度达到了 95%。

本研究仅考虑了利用沼液-生物质灰混合吸收剂进行沼气提纯过程中的能源投入费用和生物质灰转运成本,不考虑相关设备的建设和维护成本、人工成本以及产品最终使用过程中可能导致的费用。在沼气压力为 1000 kPa 的条件下,处理单位质量 CO_2 所消耗的电能约 213.89 kW·h,电能成本以 0.5 元/(kW·h)来进行估算。在此情形下,沼气提纯的成本如图 4-11 所示。在本系统中,由于沼液-生物质灰混合吸收剂体系的 CO_2 吸收性能一定,因而沼气提纯成本主要与生物质灰的转运距离相关。生物质灰转运距离越长,生物质灰的运输成本就越高,因而沼气提纯成本就越高。值得注意的是,当对生物质灰进行就地利用时(即转运距离可以忽略不计时),沼气的提纯成本仅为 0.078 元/Nm^3;当生物质灰的转运距离增加到 46 km 时,沼气提纯成本则大幅增加到 0.7 元/Nm^3;而当生物质灰的转运距离增加到 100 km

左右时,沼气提纯成本将大幅增加到 2.3 元/Nm^3。显然,本系统更加适合于生物天然气工程周边有生物质电厂的应用场景。

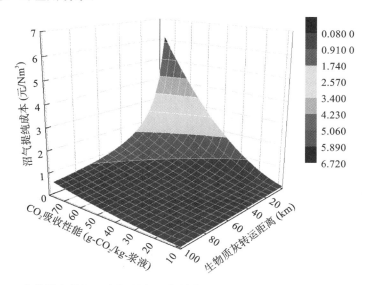

图 4-11　生物质灰转运距离及混合吸收剂的 CO_2 吸收性能对沼气提纯成本的影响

需要注意的是,不同的生物质灰与沼液类型所组成的混合吸收剂对 CO_2 的吸收性能不尽相同。这意味着,在采用沼液-生物质灰混合吸收剂时,在相同的 CO_2 脱除率的要求下,对生物质灰的需求量不同,会导致生物质灰的转运成本不同,从而造成沼气提纯成本的差别。显然,混合吸收剂的 CO_2 吸收性能直接影响沼气的提纯成本。当综合考虑混合吸收剂的 CO_2 吸收性能与生物质灰的转运距离时,沼气的提纯成本如图 4-11 所示。在相同的液固比及初始 CO_2 分压下,混合吸收剂的 CO_2 吸收性能越强,沼气提纯成本就越低。例如,在生物质灰转运距离为 20 km 时,当混合吸收剂的 CO_2 吸收性能从 23.72 g-CO_2/kg-浆液降低到 8 g-CO_2/kg-浆液时,沼气的提纯成本则从 0.274 元/Nm^3 增加到 0.665 元/Nm^3。而当混合吸收剂的 CO_2 吸收量增加至 80 g-CO_2/kg-浆液时,沼气的提纯成本可下降至 0.136 元/Nm^3。在较短的生物质灰转运距离下,混合吸收剂 CO_2 吸收性能对沼气提纯成本的影响并不大,但随着生物质灰转运距离的增加,提升混合吸收剂 CO_2 吸收性能的优势将逐渐明显。例如,当转运距离增加至 100 km 且混合吸收剂 CO_2 吸收量为 8 g-CO_2/kg-浆液时,沼气的提纯成本高达 6.72 元/Nm^3,而当混合吸收剂 CO_2 吸收量增加至 80 g-CO_2/kg-浆液时,沼气提纯成本仅为 0.742 元/Nm^3。这说明,混合吸收剂的 CO_2 吸收性能越优,沼气的提纯成本对生物质灰转运距离的敏感性就越弱,系统的应用空间就越大。

上述结论说明,基于沼液-生物质灰混合吸收剂的沼气提纯系统具有可行性,且在合适的混合吸收剂 CO_2 吸收性能下,具有降低沼气提纯成本的优势。因此,在后续研究中应更加注重合适的生物质灰的筛选及生物质灰与沼液的匹配,从而获得更高的 CO_2 吸收性能。同时,还需要考虑初期设备投资、设备维护、人工成本以及产品最终使用过程中可能导致的费用,从而获得更加精确的沼气提纯成本。

4.5.3 基于沼液-生物质灰混合吸收剂的沼气提纯系统的 CO_2 净负排放量

对于以沼液-生物质灰混合吸收剂体系进行沼气提纯的系统而言,在进行系统 CO_2 排放评估时,该系统可能存在的 CO_2 排放源如下。①沼气工程产生的沼液或其他废水。对于沼气工程而言,系统中所使用的沼液可直接获得,因此可忽略沼液所带来的 CO_2 排放。②生物质发电厂产生的生物质灰。由于不能就地获得混合吸收剂中的生物质灰,必须从就近的生物质发电厂转运,故生物质灰所带来的 CO_2 排放主要由实际运输过程中的运输工具产生。根据文献报道,生物质灰运输过程中的等效 CO_2 排放量约为 0.157 kg-CO_{2E}/(t-灰·km)。③沼气中的 CO_2。以产气量为 10 000 Nm³/d 的沼气工程为例,假设沼气中 CO_2 含量为 40%,这意味着沼气工程的日产 CO_2 总量约为 7859 kg。若要使提纯后的沼气中 CH_4 含量达到 95%,则每日需要脱除的 CO_2 质量约 7262 kg。④外界供应给本系统的电能与热能。当采用本书所设置的系统参数进行沼气提纯时,处理单位质量 CO_2 所消耗的电能约为 213.89 kW·h,因而提纯 10 000 Nm³ 沼气所需要的电能约为 1553 kW·h。对于不同的电能来源,其生产过程中产生的 CO_2 排放不同,也会影响系统中的 CO_2 排放量。此外,根据前述的研究结果,在利用沼液-生物质灰混合吸收剂进行沼气提纯时,反应温度对 CO_2 吸收性能的影响并不大,因而可在常温下进行试验,即本系统无须外界供热,因此由热耗所造成的 CO_2 排放可忽略不计。本系统未考虑过程设备的建设和产品最终使用过程中可能导致的 CO_2 排放。以提纯 10 000 Nm³/d 沼气所产生的 CO_2 净负排放量 Q_{NCE}(单位为 kg)为主要指标,对本系统的主要过程进行了碳负排放评估,评估结果如图 4-12 所示。

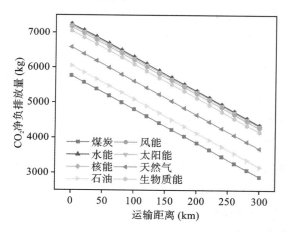

图 4-12　不同生物质灰运输距离及电能情形下的系统 CO_2 净负排放量

由图 4-12 可知,用沼液-生物质灰混合吸收剂进行沼气提纯时,理论上能实现系统的 CO_2 净负排放,且系统 CO_2 净负排放量与生物质灰的转运距离和系统所使用的电能来源息息相关。随着生物质灰转运距离的增加,在运输过程中所产生的 CO_2 排放增多,因而导致系统的 CO_2 净负排放量呈现出直线下降的趋势。显然,在利用沼液-生物质灰混合吸收剂进行沼气提纯时,应尽量选择就近生物质发电厂所产生的生物质灰,或选择短距离来源的生物质灰,从

而获得更高的系统 CO_2 净负排放。另外,沼气提纯过程中所消耗的电能来源也对系统 CO_2 净负排放量产生影响。采用煤炭、石油和天然气等传统化石能源时,系统 CO_2 净负排放量要低于采用风能、太阳能、水能、生物质能等可再生能源时的 CO_2 净负排放量。因此,在利用本系统进行沼气提纯时,应优先考虑将沼气工程与可再生能源耦合,这样不仅可以获得更高的系统 CO_2 净负排放量,还能有效利用风能和太阳能等可再生能源。本章只是根据前期研究结果对系统的 CO_2 净负排放量进行了初步估算,只是为了证明系统具有 CO_2 净负排放的潜能。后期,当本系统达到实际工业化生产能力时,还需要对其进行更加全面的评估,从而获得最优的环境效益。

4.6　本章小结

(1) 常温常压下,生物质灰与沼液混合配制成沼液-生物质灰混合吸收剂时,生物质灰中的碱土金属氧化物和碱金属氧化物会浸出到沼液中,提升沼液 pH 值,恢复沼液的 CO_2 吸收性能。在沼液中的游离氨基以及从生物质灰中进入沼液中的 Ca^{2+}、Mg^{2+} 等离子的共同作用下,沼液-生物质灰混合吸收剂能实现对 CO_2 的吸收。在常温常压下,当液固比为 4∶1 时,混合吸收剂的 CO_2 吸收量可达到约 19.89 g-CO_2/kg-浆液,但此时生物质灰的碳酸化效率仅为 31.74%。

(2) 加压有助于提升沼液-生物质灰混合吸收剂的 CO_2 吸收性能。气体中初始 CO_2 分压越高,沼液与生物质灰的液固比越低,混合吸收剂的 CO_2 吸收性能就越强。而反应温度对混合吸收剂 CO_2 吸收性能的影响并不显著。

(3) 采用沼液-生物质灰混合吸收剂可实现沼气中 CO_2 和 H_2S 的协同脱除。在合适的液固比和气相压力下,混合吸收剂可实现 100% 的 H_2S 脱除。在沼气压力为 1000 kPa,沼液与生物质灰的液固比为 4∶1 时,混合吸收剂的 CO_2 吸收量可达到 23.72 g-CO_2/kg-浆液,沼气 CO_2 脱除率可达到 66.82%。而在操作参数与反应条件不变的情况下,通过增加混合吸收剂的总质量,理论上可脱除大部分的 CO_2,从而可以将沼气提纯到生物天然气级别。

(4) 本研究构建了基于沼液-生物质灰混合吸收剂的沼气提纯的新系统。该系统可以实现沼气提纯成本的大幅下降。在该系统中,沼气提纯成本与生物质灰的转运距离和能源投入费用息息相关。生物质灰转运距离越大,沼气提纯成本就越高。混合吸收剂的 CO_2 吸收性能越好,沼气提纯成本就越低。混合吸收剂的 CO_2 吸收能力越强,沼气提纯对生物质灰转运距离的敏感性就越弱。因此,从经济角度考虑,基于沼液-生物质灰混合吸收剂的沼气提纯新系统更适合于生物天然气工程周边有生物质灰供应源的情景,或者通过筛选具有更高 CO_2 吸收性能的混合吸收剂,削弱沼气提纯成本对生物质灰转运距离的敏感性。

(5) 基于沼液-生物质灰混合吸收剂的沼气提纯的新系统可实现 CO_2 净负排放,且 CO_2 净负排放量与生物质灰的转运距离成反比。生物质灰转运距离越大,CO_2 净负排放量就越小。同时,采用化石能源给系统供能时,系统的 CO_2 净负排放量要小于采用清洁能源的情况。因此,在未来可将本系统与清洁能源进行耦合,从而获得更大的 CO_2 净负排放量。

第 5 章　以沼液为载体时 CO_2 在植物生态系统中的迁移转化机理

5.1　引　言

由第 2 章的论述可知,可通过合适的方式来恢复并强化沼液的 CO_2 吸收性能,使其具备满足吸收剂不循环的单程 CO_2 化学吸收工艺对吸收剂的基本需求。但并未解决负载 CO_2 之后的沼液如何大规模应用,并通过应用将 CO_2 进行利用和储存这一关键问题。通过富 CO_2 沼液的农业利用,将 CO_2 固定于植物和土壤之中,是一种有效解决该问题的途径。

地球生态系统是全球实现碳循环的主要途径,能够影响地球生态圈中的每一环节的碳储量。得益于地球生态系统的广袤,以植物固碳为代表的生物固碳具有良好的固碳潜力。据估计,地球上的自养生物对 CO_2 的固定能力达到 3800 亿吨/年。因此,CO_2 的生物固定是目前最有潜力且最合适于 CO_2 大规模减排与利用的途径之一。农田、草地、森林、灌木、湖泊以及竹林等生态圈是比较常见的地球生态系统,其所具有的碳汇能力对降低大气中的 CO_2 浓度具有举足轻重的作用。这些生态圈所共有的高等植物对 CO_2 的固定是自然界中最常见的碳固定形式。其中,森林和灌木生态圈表现出了强大的植被层 CO_2 转化能力,农田生态圈也表现出了极具潜力的土壤层碳汇积累的能力。因而提升高等植物的 CO_2 固定能力对陆地碳汇的提升具有巨大促进作用。

高等植物一般通过光合作用实现气相源 CO_2 的固定与利用,但在以沼液源绿色吸收剂为 CO_2 吸收剂的单程 CO_2 化学吸收工艺中,CO_2 并不以气态形式存在,而是负载于沼液之中,因而不能通过传统的 CO_2 气肥增施的方式实现 CO_2 的利用,需要对其利用方式进行创新。有研究表明,在石灰质土壤中,HCO_3^- 可以被动地进入植物根部,然后通过木质部导管将其长距离运输到叶片;HCO_3^- 在叶片中被碳酸酐酶脱水转化后,产生的 CO_2 可以与大气中的 CO_2 一起被植物光合同化。使用 ^{11}C 或 ^{14}C 同位素作为 HCO_3^- 标记的早期研究也表明,植物根系可吸收 HCO_3^- 并将其运输到枝条之中。根据沼液对 CO_2 的吸收机理,CO_2 主要与沼液中的游离氨发生化学反应并形成碳酸氢盐。因此,可以考虑将富 CO_2 沼液作为根肥,通过根施的方式将其中的 HCO_3^- 引入土壤中,进而实现人工行为的植物根际无机碳吸收。

然而,含有高浓度碳酸盐/碳酸氢盐的土壤会限制钙化作物的性能和产量,尤其是在铁效率低的作物中表现非常明显,如某些品种的柑橘、桃、梨或遭受萎黄病的大豆。高浓度碳酸盐/碳酸氢盐对土壤引起的高 pH 值能降低植物对必需养分(尤其是铁、锌和磷)的利用,石灰质土壤溶液中高浓度的 HCO_3^- 会抑制敏感植物的根系生长。鉴于 HCO_3^- 在植物代谢中的多重影响,如果要为农业生态系统的栽培土壤引入 HCO_3^-,就必须降低 HCO_3^- 对作物产生的植物生理毒性。因此,在将 HCO_3^- 引入栽培土壤中时,需要找到一种能满足植物生长需求的 CO_2 载体。该载体应具有 CO_2 吸收性能、廉价易得、低植物生理毒性和 pH 缓冲性等特性,沼液刚好满足这些特性。沼液具有较低的植物生理毒性,且沼液中含有丰富的有利于植物生长的养分,包括矿质元素、有机质、腐殖酸、生物活性因子等。沼液成分的复杂性使其拥有较强的 pH 缓冲性。理论上沼液也满足 CO_2 转运载体的要求。

本章主要探讨了富 CO_2 沼液为根肥,将其引入栽培土壤中实现番茄生长及促进 CO_2 固定的可行性。本研究通过分析富 CO_2 沼液用于番茄栽培时对番茄的生理毒性及对番茄果实的营养品质的改善,并根据测定的数据计算番茄对引入土壤的外源 CO_2 的固定量,研究了将 HCO_3^- 引入番茄栽培土壤中对番茄碳固定能力的影响以及外源 HCO_3^- 对番茄果实营养品质的影响。同时,将以 ^{13}C 标记的 $H^{13}CO_3^-$ 作为示踪剂引入番茄的种植环境中,研究了将富 CO_2 沼液引入栽培土壤中的无机碳固定过程。通过对番茄样本进行 NMR 分析,对番茄生态系统进行 ^{13}C 丰度分析,研究了番茄生态系统对引入栽培环境中的外源 HCO_3^- 的固定途径及固定量。通过对栽培土壤微生物进行 16S rRNA 高通量测序及 ^{13}C-PLFA 分析,研究了土壤微生物对引入栽培土壤中的外源 HCO_3^- 的利用能力。

5.2　材料与方法

5.2.1　试验材料

5.2.1.1　沼液

本研究所采用的沼液来自湖北省鄂州市华容区某沼气工程。该沼气工程以猪粪为主要厌氧发酵原料,并配合少量的鸡粪和生活污水,在 35 ℃下进行中温发酵。将沼液取回后放置在 (25 ± 5) ℃的室温下密封保存,直到不再产生沼气。然后用 $300~\mu m$ 孔径的过滤袋过滤,除去悬浮的固体,取其上清液以测试其主要参数。测试结果如表 5-1 所示。

表 5-1　沼液上清液的主要参数

参　数	原　沼　液
总氮浓度(mg/L)	937.5 ± 36.02
氨氮浓度(mg/L)	320.9 ± 3.41
P(mg/L)	36.0 ± 7.78
K(mg/L)	770.8 ± 99.33
Ca(mg/L)	90.8 ± 2.09
Mg(mg/L)	36.1 ± 9.03
Fe(mg/L)	4.9 ± 0.31
Zn(mg/L)	1.7 ± 0.13
总无机碳含量(mmol/L)	14.1 ± 2.01
pH 值	7.94 ± 0.08

向原沼液中添加 1 mol/L 的硫酸溶液,直至沼液中的总无机碳含量(TIC)接近于 0,然后再加入 NaOH 粉末,将沼液 pH 值调节至 6.5 左右,此时获得的沼液即为研究所用的无碳沼液。

在经典鼓泡反应器中置入原沼液,通入 CO_2 至沼液吸收饱和,并在 CO_2 吸收过程中监测沼液的 pH 值。当 pH 值降到 6.5 左右时,CO_2 吸收停止。此时得到的沼液即为富 CO_2 沼液。

向原沼液中添加 1 mol/L 的硫酸溶液,直至沼液中的总无机碳含量接近于 0,然后再加入 NaOH 粉末,将沼液 pH 值调节至 6.0 左右。再根据试验的需求添加相应量的 $NaH^{13}CO_3$ 粉末(来自武汉纽瑞德特种气体有限公司),从而获得 ^{13}C 标记的富 CO_2 沼液。在研究中,$NaH^{13}CO_3$ 添加量按照 1.53 g/kg-土来进行计算。

尽管常见的碳酸氢盐有碳酸氢钠、碳酸氢钾、碳酸氢钙以及碳酸氢铵等,但由于钾、钙、铵等均为植物生长所需要的元素,对植物的生长有促进作用,这会对试验结果产生影响,所以难以确定研究中对植物生长的促进作用是否来源于碳酸氢根离子。因此,本研究选用碳酸氢钠($NaHCO_3$)作为添加物。

5.2.1.2 番茄

试验所用的番茄种子由华中农业大学园艺植物生物学教育部重点实验室番茄课题组提供,代码为 TS67,发芽率≥99.89%。

5.2.1.3 栽培土壤

在试验过程中为了避免由于土壤成分的差异对试验结果造成影响,本研究所用的栽培土壤是由黄黏土与黄沙按照质量比 1:1 混合配比而成的。其中,黄黏土来自河北岩创矿产品有限公司,黄沙来自南京轩浩装饰工程有限公司生产的细河沙。该栽培土壤的物化参数如表 5-2 所示。

表 5-2 研究所用土壤的物化参数

参　　数	数　　值
NH_4^+-N(mg/kg)	13.7±2.10
NO_3^--N(mg/kg)	12.0±2.76
速效磷(mg/kg)	14.1±3.01
速效钾(mg/kg)	18.2±1.76
有机质(g/kg)	16.9±4.19
pH 值	6.6±0.21
电导率 EC(μS/cm)	375.4±19.78

5.2.2 试验设计

本研究采用的番茄为种植品种。称取 7.5 kg 的栽培土壤装入栽培盆中。番茄栽培时,采用未标记的富 CO_2 沼液和 ^{13}C 标记的富 CO_2 沼液进行试验,并采用化肥、无碳沼液和清水处理进行对照。试验中,化肥、无碳沼液、富 CO_2 沼液以及 ^{13}C 标记的富 CO_2 沼液的施用量按 1 kg 栽培土施用 0.15 g 纯氮的标准来计算。

将三叶龄的番茄移栽到装好土的栽培盆中,每个试验组种植 15 盆。按照 50%基肥、30%

保花肥和 20% 保果肥的方式进行施肥,并每隔 3~5 d 浇一次水。在番茄的第一胎花苞形成前,测定番茄植株的 ^{13}C 丰度等相关指标。在番茄第一胎果成熟后,测定番茄植株和果实的农艺及生理性状等相关指标,并对土壤微生物取样做 16S rRNA 高通量测序。在试验开始和结束时对土壤的物化指标和 ^{13}C 丰度等进行取样检测。

5.2.3　指标测试方法

5.2.3.1　沼液的主要参数

采用 DDS-307A 型电导率仪(来自上海仪电科学仪器股份有限公司)测试沼液的电导率(EC),通过 SmartChem200 全自动化学分析仪(来自意大利 AMS-Westco 公司)测试总氮(TN)、氨氮及总磷(TP)含量。在用微波消解仪(CEM MARS6-Classic,USA)中的 H_2SO_4-H_2O_2 对沼液进行消解后,通过电感耦合等离子体质谱仪(Agilent 7700X ICP-MS)测试其他金属元素的含量。在检测中,对样品随机取样并进行测试分析。

5.2.3.2　栽培土壤的物化参数

使用 Thunder Magnetic pH 计(PHS-2F)测量栽培土壤(土壤与去离子水的质量比为 1∶2.5)的 pH 值。用 2 mol/L 的 KCl 萃取土壤中的氨态氮和硝酸盐,然后使用 AA3 连续流动分析仪(Auto-Analyzer 3,SEAL,Germany)对其进行测量。采用 pH 值为 8.5 的 0.5 mol/L 的 $NaHCO_3$ 溶液提取土壤中的有效磷(AP),用 pH 值为 7 的 1 mol/L 的 CH_3COONH_4 溶液提取土壤有效钾(AK),然后用电感耦合等离子体发射光谱(Agilent 5800 ICP-OES,USA)测定其含量。采用比重计法测定栽培土壤的黏土含量。

5.2.3.3　番茄的农艺性状

采用精度为 0.01 g 的电子天平测量番茄生长量,称量前用自来水冲洗根系上的杂物,并在吸干水分后对其进行称量。用番茄果实的重量来表征番茄的经济产量($m_{经济产量}$),用番茄的经济产量与整株番茄的生物量($m_{番茄}$)的比值来表征番茄的收获指数。

5.2.3.4　番茄组织中的矿质元素含量

将清理干净的番茄置于烘箱中,在 105 ℃ 的温度下杀青 15~20 min,随后降低烘箱温度至 80 ℃,继续脱水烘干 12 h。将烘干的番茄组织用粉碎机粉碎,过 60 目的筛网筛选后,取 0.1 g 样品置于微波消解仪(CEM MARS6-Classic)中用 H_2SO_4-H_2O_2 在 220 ℃ 下对样品消解 1 h,然后用电感耦合等离子体发射光谱(Agilent 5800 ICP-OES)测量样品中的 P、K、Ca、Mg、Fe、Cr、Cd、Pb、As 和 Ni 等元素的含量。对于番茄植株的干物质中的 NH_4^+-N、TN 及 TP 含量,可通过 SmartChem200 全自动化学分析仪(AMS-Westco)来测定样品消解液而获得。

5.2.3.5　番茄组织中的总碳(TC)和总有机碳(TOC)含量

将完全清洁的番茄植株放在 105 ℃ 的烘箱中进行 15~20 min 的干燥,使植株中的酶失活,然后在 80 ℃ 下进行 12 h 的干燥处理。样品脱水烘干后,用 Vario Max C/N 仪器和燃烧法测定 TC 和 TOC 的含量。

5.2.3.6　番茄组织中的可溶性糖含量

采用典型苯酚法测定可溶性糖含量。将 0.5 g 左右的新鲜番茄叶剪碎放入 25 mL 的试管中,并向试管内加入 10 mL 蒸馏水。样品在 100 ℃ 的热水浴中持续加热 1 h 后,过滤到 25 mL 的容量瓶中进行定容。将 0.5 mL 提取物、0.5 mL 由 1 g 蒽酮和 50 mL 乙酸乙酯组成的混合试剂,5 mL 质量分数为 98% 的 H_2SO_4 以及 1.5 mL 蒸馏水充分混合后,得到了 7.5 mL 的待测混合物。将待测混合物放在 100 ℃ 的温度下加热 1 min 后,以蔗糖溶液作为标准样,用 SP-752 型紫外-可见分光光度计在 630 nm 处读取混合物的吸光度,并根据标准曲线计算出番茄的可溶性糖含量。

5.2.3.7　番茄根系长势

用自来水将番茄根系完整地从土壤中洗出后,用去离子水洗去根系上附着的杂质,然后将根系铺平晾干,并采用 LA-S 植物根系分析仪/根系分析系统(来自杭州万深检测科技有限公司)对根系进行扫描,从而获得番茄根系长势情况。

5.2.3.8　番茄的根系活力

常用脱氢酶活性来表征根系活力,通常可采用氯化三苯基四氮唑(TTC)法对其进行定性和定量评估。在弱酸性条件下,以 TTC 为底物,番茄根系中脱氢酶能够还原 TTC 而生成红色且不溶于水的三苯基甲腙(TTF)。用 SP-752 型紫外-可见分光光度计在 485 nm 的波长下检测红色溶液的吸光度,并根据标准曲线计算出番茄根系的 TTC 还原量。

5.2.3.9　番茄叶片的光合色素含量

在去除中脉后,将新鲜番茄叶片样品清洗、擦干并切成片,然后取 0.2 g 碎片样品置于研钵中,在加入少许石英砂、碳酸钙粉和 2～3 mL 95% 的乙醇并进行充分研磨后,加入 10 mL 无水乙醇继续研磨直至叶片组织变白,将研磨后的样品静置 3～5 min 后过滤至 25 mL 容量瓶中,最后加入 95% 乙醇进行定容,重复以上操作 3 次。取定容后的研磨液并对其进行离心后,用 SP-752 型紫外-可见分光光度计分别在 665 nm、649 nm 和 470 nm 的波长下测定乙醇提取液中叶绿素 a、叶绿素 b 和类胡萝卜素的吸光度,并根据测试结果计算出番茄叶片的光合色素含量。

5.2.3.10　番茄组织的 ^{13}C-NMR 分析

1)样品的制备

将番茄组织用液氮冷冻研磨后加入干净且干燥的样品管中,离心后取少量上清液放入试管中,加入 0.5 mL 氘代溶液,摇匀,使样品充分溶解,然后使用量高器确定样品的放置高度。

2)NMR 波谱仪的调整

打开 NMR 波谱仪空气压缩机和空气净化器,然后将装有样品管的转子放在仪器的探头上方,待核磁管平稳进入探头后,在 F1 下面选择 ^{13}C 谱,在 F2 下面选择 ^{1}H 谱。在采样窗口先调 ^{13}C "turning" 和 "matching",然后再调 ^{1}H 的 "turning" 和 "matching"。

3) ^{13}C 谱的测量

选择参数后,用布鲁克核磁共振(NMR)波谱仪进行 ^{13}C 谱的测量。

5.2.3.11　番茄果实中的糖、酸含量

使用 ATAGO(日本爱拓 PaL-BX/ACID F5)糖酸度计分别测定番茄果实中的糖、酸含量,并根据测试结果计算糖酸比。将番茄汁滴在测试区域,对于果实中的糖度,可用糖酸度计直接测量;用蒸馏水对测量样品按重量比例为 1∶50(即 1 mL 果汁用 50 mL 蒸馏水)进行稀释,搅拌均匀后,用糖酸度计测量其酸度。

5.2.3.12　番茄果实的口感评价

60 名无色盲和色弱、无味觉和嗅觉减退或丧失症状、经常或偶尔生食番茄的志愿者对本研究的番茄进行品尝,并对供试番茄品种的整体风味按照喜好度进行打分。本研究为每个志愿者提供了 3 份样品,志愿者需要在 3 min 内完成感官评价,中途有 2 min 的休息时间以缓解感官疲劳,其间可用水漱口以消除相互之间的影响。为了使评价结果更易观察,对评价结果赋值后进行加和,作为番茄感官评价的结果,打分及赋值规则如表 5-3 所示。

表 5-3　番茄果实口感评价的打分及赋值规则

口 感 评 价	打　　分	赋　　值
非常不喜欢	1	-2
很不喜欢	2	-2
不喜欢	3	-1
不太喜欢	4	-1
一般	5	0
有点喜欢	6	1
喜欢	7	1
很喜欢	8	2
非常喜欢	9	2

5.2.3.13　番茄果实的维生素含量

1) 样品提取

用球磨仪研碎样品,精确称取样品 500 mg,然后加入 500 μL 80% 的甲醇提取液,将配制好的样品在冰上超声提取 15 min,然后在 12 000 r/min 的转速下离心 10 min,并取其上清液。重复提取步骤 3 次。提取的上清液可供测试使用。

2) 色谱参数

本研究所采用的色谱系统是美国 Waters 的 AcQuity UPLC 超高效液相系统。根据化合物的性质,采用 Waters HSS T3(50×2.1 mm,1.8 μm)液相色谱柱,进样量为 2 μL,柱温为 40 ℃。流动相 A 为 0.1%乙酸-乙腈溶液,流动相 B 为 0.1%乙酸-水溶液。

3）质谱参数

本研究所采用的质谱系统是美国 Thermo 公司的 QExactive 高分辨质谱检测系统,配有电喷雾(ESI)离子源和 Xcalibur 工作站。采用 ESI 在正离子同时扫描下,以单离子检测(SIM)模式进行样品分析。优化的质谱分析条件:鞘气流速 40 arb(1 arb≈0.3 L/min),辅助气流速 10 arb,离子喷雾电压＋3000 V,温度 350 ℃,离子传输管温度 320 ℃。

4）样品测定结果

$$样品中各组分含量＝C×V/M \tag{5-1}$$

式中,C 为仪器读取浓度,单位为 ng/mL;V 为样品提取液体积,单位为 mL;M 为样品称取总量,单位为 mg。

5.2.3.14　16S rRNA 高通量测序

1）土壤微生物 DNA 的提取与检测

使用加拿大 Norgen Biotek 的 Norgen 土壤 DNA 分离试剂盒完成番茄栽培土壤样本中的微生物 DNA 的提取,并通过 0.8% 的琼脂糖凝胶电泳检测 DNA 的质量,采用 SP-752 型紫外-可见分光光度计对 DNA 进行定量分析。

2）目标片段 PCR 扩增

在土壤中的碳固定微生物的功能性引物序列 cbbLR1F:AAGGAYGACGAGAACATC 和 cbbLR1intR:TGCAGSATCATGTCRTT 的基础上,添加样本特异性 Barcode 序列,对 rRNA 特定基因片段进行 PCR 扩增。采用 NEB 公司的 Q5 高保真 DNA 聚合酶进行 PCR 扩增。严格控制扩增的循环数,使循环数尽可能低的同时,保证同一批样本的扩增条件一致。

3）产品纯化

通过 2% 琼脂糖凝胶电泳对 PCR 扩增产物进行检测,并对目标片段进行切胶回收。采用 AXYGEN 公司的凝胶回收试剂盒进行回收。

4）文库制备与上机

采用 Illumina 公司的 TruSeq Nano DNA LT Library Prep Kit 制备测序文库,上机进行高通量测序。

5）信息分析流程

信息分析流程如下。

①首先对测序得到的原始数据进行拼接、过滤,得到有效数据。然后基于有效数据进行 OTUs 聚类和物种分类分析。最后对于每个 OTUs 的代表序列做物种注释,得到对应的物种信息和基于物种的丰度分布。

②根据 OTUs 聚类结果得到样品内物种的丰度和均匀度信息。

③选用 t-测验对分组样品的物种组成和群落结果进行差异显著性分析。

5.2.3.15　微生物中的 ^{13}C-PLFA 含量

磷脂脂肪酸(PLFA)的提取步骤通常包括脂质提取、脂质分离和脂质甲基化分等 3 步。首先通过 Bligh-Dyer 浸提液、氯仿-甲醇-柠檬酸缓冲溶液萃取浸提土壤微生物的脂肪酸,然后通过硅胶柱纯化及甲基化作用得到脂肪酸甲酯(FAMEs),最后用气相色谱-燃烧-同位素质谱仪(GC-C-IRMS)进行 FAMEs 分析及 δ^{13}c 值的测定。

5.2.4　数据处理方法

5.2.4.1　光合固碳的测定与计算

利用美国 Li-cor 公司生产的 Li-6800 便携式光合系统分析仪测定光合作用参数。测定过程在栽培室进行,测试时按照仪器使用说明书进行操作。测定净光合速率等气体交换参数时采用红蓝光源叶室,测定条件为 CO_2 浓度 400 $\mu mol/mol$、叶室温度 20 ℃、光强 1000 lx 和光照时间 30 min。净光合速率(P_N)、蒸腾速率(E)、气孔导度(g_s)、胞间 CO_2 浓度(C_i)等均由仪器自动给出。

水分利用效率和气孔限制可通过下式进行计算。

$$水分利用效率\ WUE = P_N/E \tag{5-2}$$
$$气孔限制\ L_s = (1 - C_i/C_a) \times 100\% \tag{5-3}$$

采用气相色谱-燃烧-稳定同位素比值质谱法测定 ^{13}C 含量。将样品用液氮研磨均匀,称量研磨后的粉末 1 g,加入 2 mL 80% 甲醇水溶液,浸泡 10 min 后搅拌 10 min,然后进行抽滤获得滤液,再向残渣中加入 2 mL 80% 甲醇水溶液,重复上述操作 2 次。合并 2 次的滤液,减压蒸馏,然后分别用 1 mL 二氯甲烷萃取 2 次,并用蒸馏水洗 2~3 次,除去水溶性杂质,将其用无水硫酸钠脱水后旋转蒸发蒸干,加入 1 mL 无水乙醇进行溶解后,过 0.22 μm 滤器备用。在顶空进样瓶的瓶盖上插一根不锈钢毛细管,在室温下进行 2 min 的超声处理。气相色谱-燃烧-稳定同位素比率质谱仪(GC-C-IRMS)的气相色谱的进样口温度为 100 ℃,高纯氦载气流速为 1.2 mL/min,分流比为 30∶1,柱温恒温为 100 ℃,燃烧炉温度为 1000 ℃。当稳定同位素比值质谱仪(IRMS)的系统条件满足测定要求后,从顶空瓶中取 4 μL 气体直接经气相色谱进样口注入,CO_2 经 GC-IRMS 的水渗透膜分离纯化,用 IRMS 对样品进行测定,测定结果的平均值作为该样品的 $\delta^{13}C_{PDB}$。对每个样品重复测量 3 次。

样品的 $\delta^{13}C_{PDB}$ 可按下列公式进行计算。

$$\delta^{13}C_{PDB} = \frac{R_{sample} - R_{PDB}}{R_{PDB}} \times 1000 \tag{5-4}$$

式中,$\delta^{13}C_{PDB}$ 为样品相对于 PDB 的稳定碳同位素比值,‰;R_{sample} 为样品 ^{13}C 与 ^{12}C 的绝对丰度比值;R_{PDB} 为 PDB^{13}C 与 ^{12}C 的绝对丰度比值,$R_{PDB} = (11\ 237.2 \pm 90) \times 10^{-6}$。

5.2.4.2　番茄固碳量计算

1)番茄组织中的 ^{13}C 份额计算

进入各部分的 ^{13}C 量的计算公式如下。

$$^{13}C_i = C_i \times (\delta_i - \delta_{自然}) \times 10 \tag{5-5}$$

式中,C_i 为该组分的碳总量;δ_i 为该组分的 ^{13}C 丰度。

^{13}C 在各组分中的分配比例的计算公式如下。

$$P^{13}C_i = {}^{13}C_i/{}^{13}C_{施入量} \times 100 \tag{5-6}$$

2)番茄利用的碳酸氢盐占总无机碳份额计算

依据二端元模型 $\delta_T = \delta_A - f_B\delta_A + f_B\delta_B$,可计算出被考察植物利用的碳酸氢根离子占无机碳源比例份额。此处,δ_T 为被考察植物叶片的 $\delta^{13}C$ 值,δ_A 为基本上不利用碳酸氢根离子作为无机碳源、碳酸酐酶活力极低的植物叶片的 $\delta^{13}C$ 值，δ_B 为极少利用二氧化碳作为碳源且以碳酸氢根离子为主要无机碳源的微藻的 $\delta^{13}C$ 值，f_B 为植物利用的碳酸氢根离子占无机碳源比例份额。将上面被考察的植物叶片的 $\delta^{13}C$ 值作为 δ_T，参照组的叶片的 $\delta^{13}C$ 值为 δ_A（$-31.56‰$），小球藻的 $\delta^{13}C$ 值为 δ_B（$-22.74‰$）。将这些值代入二端元模型 $\delta_T = \delta_A - f_B\delta_A + f_B\delta_B$ 中，便计算出被考察植物利用的碳酸氢根离子占无机碳源比例份额 f_B。

3）植物利用无机碳能力

依据公式 $BIUR = f_B P_N/(1-f_B)$，可计算出被考察植物利用碳酸氢根离子的能力。其中：BIUR 为被考察植物利用碳酸氢根离子的能力；P_N 为被考察植物第二片完全展开叶的净光合速率，为正常条件下的光合作用值；f_B 同样为被考察植物利用的碳酸氢根离子占无机碳源比例份额。

5.2.5 数据的统计分析

本研究的所有试验至少重复 3 次，误差条代表标准偏差。用 SPSS 方差分析（ANOVA）检验其统计学意义。

5.3 富 CO_2 沼液施用时 CO_2 在植物中的固定可行性

5.3.1 富 CO_2 沼液施用对番茄的生理毒性

本研究选择了番茄的外观长势、光合能力、所受生理胁迫状况以及元素摄取能力等指标，研究了施用富 CO_2 沼液（CBS）种植番茄时对番茄的生理毒性。

5.3.1.1 番茄的外观长势

富 CO_2 沼液用于番茄种植（简称 CBS 种植）时，番茄的长势及产量如图 5-1 所示。由图 5-1(a)可知，CBS 种植能够提升番茄的产量。与施用化肥（CF）相比，番茄的经济产量和收获指数分别提升了 45.8% 和 1.6%，差异显著，如图 5-1(a)和图 5-1(b)所示。与施用无 CO_2 沼液（BS）相比，CBS 种植的番茄的经济产量提升了 8.0%，差异显著，而收获指数稍微下降，但两者间的差异不显著。这些结果表明，得益于沼液中含有的优质养分，CBS 种植可以促进番茄的发育，如图 5-1(c)所示。CBS 种植促使番茄形成了更庞大的根系，进一步促进了番茄根系对沼液中养分的吸收，因此番茄的经济产量得到提升。而相比于无 CO_2 沼液种植，在沼液中引入 HCO_3^- 以用于番茄种植时，并未对番茄的生长产生抑制作用，反而有提升番茄整体生物量的潜质。如图 5-1(c)所示，CBS 种植的番茄相较于 BS 种植的番茄，其根系和植株长势均有所改善，但具体的增强效果还需要进一步探究。

在研究中，为了研究番茄对 HCO_3^- 的固定途径和固定量，采用添加了 ^{13}C 标记的 $NaH^{13}CO_3$ 后的沼液（13CBS）种植番茄。13CBS 不会对番茄产生生理胁迫，否则用 13CBS 种植的结果会与 CBS 种植的实际情况不一致，从而导致研究结果不可靠。如图 5-1 所示，在番茄的经济产量方面，13CBS 种植与 CBS 种植之间的差异不显著，番茄的长势和根系发育差异也不显著，因此，2 种处理方式基本相似。所以，从外观长势来说，采用 13CBS 种植的番茄和采用

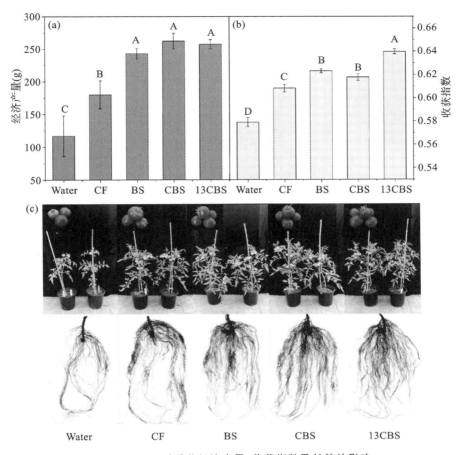

图 5-1　CBS 对番茄经济产量、收获指数及长势的影响

(Water 为清水处理,CF 为化肥处理,BS 为无 CO_2 沼液处理,CBS 为富 CO_2 沼液处理,

13CBS 为 ^{13}C 标记富 CO_2 沼液处理。$P<0.01$)

CBS 种植的番茄处于同一水平,其结果可用于补充说明 CBS 处理时引入的外源无机碳被番茄固定的途径和份额。

5.3.1.2　番茄的光合能力

在番茄光合同化能力的评价中,叶绿素含量代表了番茄对光能转化及转运的能力。如图 5-2 所示,与 CF 种植相比,采用 CBS 种植的番茄在净光合速率、水分利用率、蒸腾速率以及气孔导度等指标上并无显著差异,但采用 CBS 种植的番茄却保持了较高的叶绿素含量,其中叶绿素 a 含量与叶绿素 b 含量之间的比值比采用 CF 种植时的提升了 5.2%,且差异显著,表明 CBS 种植的番茄的光合能力在本质上得到了提升。CBS 种植的番茄与无 CO_2 沼液 BS 种植相比,光合速率提升了 20.9%,且差异显著,但其他光合同化指标与 BS 种植的差异不显著,两者处于同一水平。进一步分析番茄的叶绿素高含量后发现,采用 BS 种植时,番茄的叶绿素 a 含量和叶绿素 b 含量比 CBS 种植时的分别提高了 11.5% 和 24.3%,且差异显著,但叶绿素 a/叶绿素 b 值差异不显著,仍与 CBS 种植的番茄处于同一水平。这些结果表明,在种植番茄

的沼液中引入 HCO_3^- 并未限制番茄的光合同化能力,反而有提升光合能量转换能力的趋势。

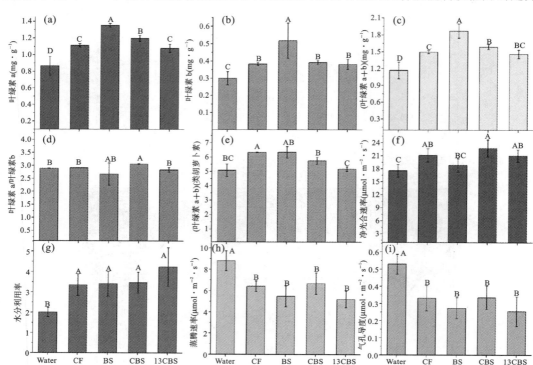

图 5-2　富 CO_2 沼液种植番茄对番茄光合能力的影响

(Water 为清水种植,CF 为化肥种植,BS 为无 CO_2 沼液种植,CBS 为富 CO_2 沼液种植,13CBS 为 ^{13}C 标记富 CO_2 沼液种植。$P<0.01$)

尽管 13CBS 种植的番茄的光合参数略逊于 CBS 种植,但其与 CF 种植之间的差异并不显著,两者处于同一水平。这主要是因为在添加了 $NaH^{13}CO_3$ 的沼液种植番茄过程中,Na^+ 会对番茄产生一定的胁迫。但 13CBS 种植的番茄的光合指标与 CF 种植的保持一致,说明 13CBS 种植的番茄能保持正常的光合能力。因此,由添加 $NaH^{13}CO_3$ 引入栽培环境中的 Na^+ 对番茄产生的不利影响可忽略。

5.3.1.3　番茄的生理胁迫状况及对营养元素的摄取能力

有研究发现,当 CO_2 在作物的栽培环境中含量过高时,会造成作物的 N、P 及 Fe 元素的摄取及合成化合物的过程受阻。但由图 5-3 和图 5-4 可知,与 CF 种植相比,CBS 种植的番茄的根系活力提升了 61.3%,且对 N 元素的摄取能力提升了 149.6%,两者的差异显著。在植株含水率、P 元素摄取及对 Fe 元素摄取方面,CBS 种植与 CF 种植保持一致,差异不明显。由此可知,采用 CBS 种植番茄时,番茄对矿质元素的摄取能力不但达到了 CF 种植的标准,而且在根系活力及氮元素摄取等指标上明显提升,同时对 P 及 Fe 元素的摄取未产生抑制作用。因此,沼液非常适合作为 CO_2 的转运载体。这得益于富 CO_2 沼液负载的 CO_2 降低了沼液的 pH 值,降低 pH 值后的富 CO_2 沼液对于维持番茄根际 pH 值的稳定的缓冲性明显。富 CO_2 沼液的这些优势保障了番茄根际环境的适宜根际 pH 值,使得番茄根际中的各类矿质元素都处于可吸收状态,因此,对番茄对 N、P、K、Ca、Mg 和 Fe 等矿质元素的摄取均未产生明显的抑制作用。与无碳沼液 BS 种植的番茄相比,CBS 种植的番茄在元素摄取能力上依然保持着优势,番茄的根系活力提升了 76.1%,对 N 及 P 元素的摄取量分别提升了 68.9% 和 29.6%,且两者间差异显著,但两者对 Fe 元素的摄取量差异不显著。这些结果表明,在沼液中引入 HCO_3^- ,并未对番茄的元素摄取能力产生抑制作用,反而促进了番茄根系对矿质元素的吸收。HCO_3^- 除了为番茄根际提供适宜的 pH 环境外,HCO_3^- 在被番茄的根系吸收后,能够被番茄根系合成为有机酸、葡萄糖等根际分泌物而直接参与根系的元素吸收过程。这对 pH 值敏感性元素(如 P、Fe 等元素)的吸收有着促进作用。

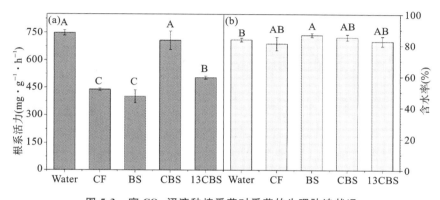

图 5-3　富 CO_2 沼液种植番茄对番茄的生理胁迫状况

(Water 为清水种植,CF 为化肥种植,BS 为无 CO_2 沼液种植,CBS 为富 CO_2 沼液种植,
13CBS 为 ^{13}C 标记富 CO_2 沼液种植。$P<0.01$)

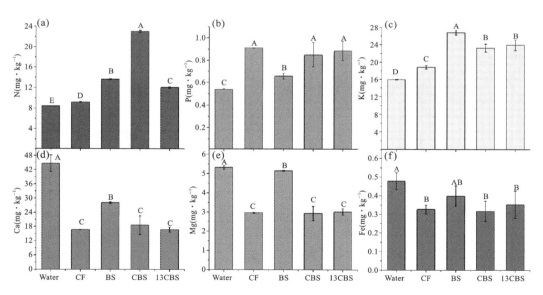

图 5-4　富 CO_2 沼液种植番茄对番茄元素摄取能力的影响

(Water 为清水种植,CF 为化肥种植,BS 为无 CO_2 沼液种植,CBS 为富 CO_2 沼液种植,
13CBS 为 ^{13}C 标记富 CO_2 沼液种植。$P<0.01$)

与 CBS 种植相比,13CBS 种植的番茄除根系活力及 N 元素吸收能力有所下降外,其他各项指标的差异不显著。但与 CF 种植相比,13CBS 种植的番茄的根系活力及 N 元素吸收量分别提升了 15.1% 和 30.5%,两者差异显著。这说明在元素吸收方面,相较于 CBS 种植,13CBS 种植的番茄并未受到明显的生理胁迫。

尽管向沼液引入了 HCO_3^-,但这种处理并未增加沼液对番茄的生理毒性。相较于无 CO_2 沼液种植的番茄,CBS 种植在一定程度上促进了番茄的生长及对营养的摄取能力。因此,利用沼液将 CO_2 转运到番茄生态系统中,不会对番茄产生任何生理胁迫,反而非常利于番茄的生长,其促进作用将在本章的 5.5 节进一步探究。另外,用 13CBS 种植的番茄能够保持与 CBS 种植相当的水平,因而可采用 13CBS 种植来模拟 CBS 种植以探究番茄对引入栽培土壤中的 HCO_3^- 的固定机理。

5.3.2 富 CO_2 沼液施用对番茄营养品质的影响

5.3.2.1 番茄果实的食用品质

将 CO_2 引入沼液后种植番茄时,番茄果实的色泽(胡萝卜素)和口感指标等食用品质参数如图 5-5 所示。与 CF 种植相比,CBS 种植的番茄果实中的胡萝卜素含量及可溶性糖含量分别提升 17.3% 和 86.5%,且两者间差异显著,如图 5-5(a)和图 5-5(c)所示;糖酸比提高了 12.5%,但差异并不显著,如图 5-5(b)所示。尽管糖酸比的提升效果差异不显著,但从口感评

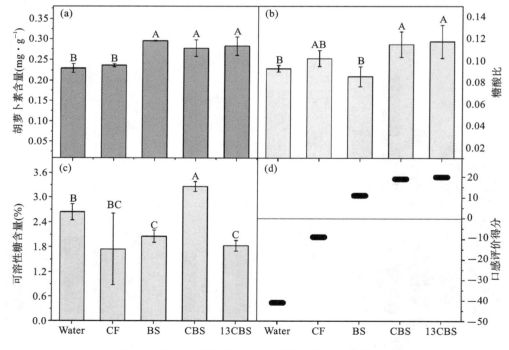

图 5-5 富 CO_2 沼液种植番茄对果实食用品质的影响

(Water 为清水种植,CF 为化肥种植,BS 为无 CO_2 沼液种植,CBS 为富 CO_2 沼液种植,
13CBS 为 ^{13}C 标记富 CO_2 沼液种植。$P<0.01$)

价的得分中可知,番茄果实的口感有所提升,如图 5-5(d)所示。这些结果表明,相较于常规种植技术(CF 种植),CBS 种植的番茄果实中糖分含量升高,且有机酸含量也有所提高。同时,与无 CO_2 沼液 BS 种植相比,CBS 种植的番茄果实中的糖酸比及可溶性糖含量分别提升了34.6%和58.5%,且差异显著,但胡萝卜素含量差异不显著。这些结果表明,番茄果实中胡萝卜素含量的提升可能是沼液带来的改变,而果实中糖与酸含量的改变得益于沼液中引入了 HCO_3^-,进一步说明,番茄根系吸收了土壤中的 HCO_3^-,将其转化为糖及有机酸等物质并存储在番茄果实中,改善了番茄果实的食用品质。

5.3.2.2　番茄果实的维生素含量

CBS 种植番茄时,番茄果实中碳基及氮基维生素含量的影响如图 5-6 和图 5-7 所示。有研究表明,随着大气中 CO_2 浓度的不断升高,在现有农业管理措施下,作物中的碳基维生素含量将会提高,而氮基维生素含量将会大幅降低,这将无益于人类的健康。如图 5-6 所示,CBS 种植的番茄果实中的氮基维生素——B 族维生素总量与 CF 种植相比差异并不显著,但维生素 B1、B5、B6 和 B8 等的含量分别提高了 8.2%、72.1%、15.4%和 54.1%,差异显著,而维生素 B2、B4 和 B7 的含量无显著差异。需要注意的是,维生素 B3 含量下降了 21.0%,差异显著。与 BS 种植相比,CBS 种植的番茄果实中的 B 族维生素总量提高且差异显著,其中,维生素 B1、B4、B5、B6 和 B8 的含量分别提高了 26.8%、63.7%、159.7%、10.7%和 66.5%,差异显著,但维生素 B2、B3 和 B7 的含量无显著差异。这些结果表明,HCO_3^- 的引入确实能够维

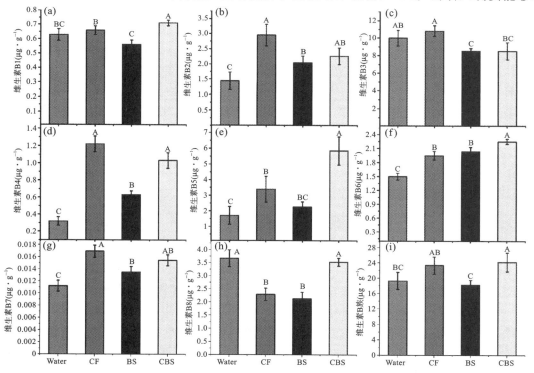

图 5-6　富 CO_2 沼液种植番茄对番茄果实中 B 族维生素含量的影响

(Water 为清水种植,CF 为化肥种植,BS 为无 CO_2 沼液种植,CBS 为富 CO_2 沼液种植。$P<0.01$)

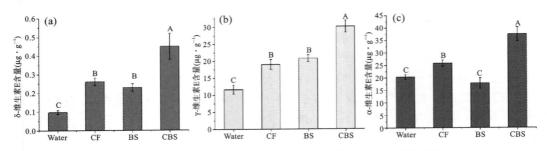

图 5-7 富 CO₂ 沼液种植番茄对番茄果实中维生素 E 含量的影响

(Water 为清水种植,CF 为化肥种植,BS 为无 CO₂ 沼液种植,CBS 为富 CO₂ 沼液种植,$P<0.01$)

持番茄果实中氮族维生素含量的稳定,与无 HCO_3^- 额外添加的 BS 种植相比,氮基维生素含量更是得到明显的提升,这得益于富 CO₂ 沼液引入土壤碳库中的 HCO_3^- 能够结合沼液中的铵根离子,防止了土壤中游离氨的逸散与淋溶,为番茄根际环境提供了丰富的氮源,保障了番茄生长对氮素的需求。但需要注意的是,与 CF 种植相比,CBS 种植的果实中维生素 B3 含量有所下降,这是由于合成维生素 B3 的物质中除了氨态氮外,还有部分硝态氮(NO_3^-)。土壤无机碳库中 HCO_3^- 的积累可能会导致番茄根系中吸收的 NO_3^- 净流出。但 BS 种植中的维生素 B3 含量与 CBS 种植差异不显著。这表明维生素 B3 含量的降低或许与沼液中 NO_3^- 含量低有关。

番茄果实中的碳基维生素——维生素 E 的含量如图 5-7 所示。与 CF 种植相比,采用 CBS 种植番茄时的番茄果实的维生素 E 复合物的含量明显增加,其中,α-维生素 E、γ-维生素 E 和 δ-维生素 E 的含量分别提高了 45.3%、58.7% 和 72.4%,且差异显著。与 BS 种植相比,CBS 种植时的番茄果实的维生素 E 复合物的含量仍旧显著增加。其中,α-维生素 E、γ-维生素 E 和 δ-维生素 E 的含量分别显著提高了 111.0%、45.3% 和 96.4%。这些结果与有关文献的报道结果一致,表明番茄生长过程中有丰富的碳源被番茄机体固定,但文献报道中的碳源是大气 CO₂,而本章中的主要碳源来自 CBS 种植引入栽培土壤中的 HCO_3^-。由此可以推断,HCO_3^- 拥有和气相 CO₂ 相似的功能。同时也进一步表明,本章引入番茄栽培土壤中的 HCO_3^- 参与了番茄的碳固定过程,并且合成的有机物被番茄转运并储存到了番茄的果实中。

5.3.2.3 番茄果实的重金属含量

尽管有众多研究表明,沼液可以作为一种优质的有机肥,且无重金属风险,但并未有公开的国家标准或行业标准说明在将沼液用于作物种植时对作物无任何风险。因此,在使用沼液过程中,还需要注意其带来的潜在的食品安全风险。沼液中含有多种重金属,且发酵原料不同,重金属含量也有所差异。本章对利用沼液种植的番茄果实中的主要重金属含量进行了测定。测定结果如表 5-4 所示。尽管与 CF 种植相比,CBS 种植的果实中的部分重金属含量稍有上升,但其含量远低于《食品安全国家标准 食品中污染物限量》(GB 2762—2022)的要求。因此,以重金属含量合标或发酵原料无重金属污染的沼液作为 CO₂ 的转运载体,不仅能增加土壤无机碳含量,而且其种植的番茄果实无重金属积累的风险。

表 5-4 番茄果实中的主要重金属含量

项 目	Cd(μg/kg)	Cr(μg/kg)	As(μg/kg)	Pb(μg/kg)	Ni(μg/kg)
Water	0.93±0.53	2.6±0.42	12.03±1.52	19.9±3.61	5.6±0.14
CF	1.1±0.07	3.25±0.85	8.2±0.64	17.98±6.19	4.73±0.39
BS	0.95±0.07	3.08±0.11	9.1±1.56	20.3±1.63	9±3.18
CBS	0.88±0.11	3.18±0.46	12.18±3.85	15.60±0.64	3.58±0.11
13CBS	0.8±0.14	11.75±1.13	10.03±2.16	10.20±1.06	8.13±2.51

（注：Water 为清水处理，CF 为化肥处理，BS 为无 CO_2 沼液处理，CBS 为富 CO_2 沼液处理，13CBS 为[13]C 标记富 CO_2 沼液处理。）

5.4 富 CO_2 沼液施用对土壤微生物群落的影响

5.4.1 富 CO_2 沼液施用对土壤微生物物种丰富度的影响

富 CO_2 沼液种植番茄时，对栽培土壤中微生物 α 多样性指数的影响如图 5-8 所示。一般情况下，微生物的 α 多样性指数主要从 Chao1 丰富度估计指数（简称 Chao1 指数）、Shannon 多样性指数（简称 Shannon 指数）和 Simpson 多样性指数（简称 Simpson 指数）3 个方面来进行评价。其中，Chao1 丰富度估计指数通过计算微生物群落中只检测到 1 次和 2 次的 OTU（操作分类单元）数，估计该微生物群落中实际存在的物种数。Chao1 丰富度估计指数越大，表明所对应的微生物群落包含的物种丰富度越高。与 Chao1 指数的评价不同，Shannon 多样性指数综合考虑了微生物群落的物种丰富度和群落均匀度。Shannon 多样性指数值越大，表明所对应的微生物群落的物种多样性越高。与 Shannon 多样性指数类似，Simpson 多样性指数越大，则表明对应的微生物群落的物种多样性越高。与化肥种植相比，施用 CBS 的土壤中微生物的 Chao1 指数得到显著增大，表明 CBS 种植时土壤微生物物种的丰富度要远高于 CF 种植的情况。CBS 种植的土壤中微生物的 Shannon 指数也同样显著大幅增大，这表明土壤微生物物种的丰富度及独有 OTUs 的多样性更高。同时，CBS 种植的土壤中微生物的 Simpson 指数与 CF 种植的相当，差异不显著，表明在群落均匀度和优势 OTUs 的多样性方面与 CF 种植的相当。由图 5-8 还可知，CBS 种植时，土壤中微生物的物种丰富度及独有 OTUs 数要显著高于 BS 种植的情况，但微生物的群落均匀度和优势 OTUs 的多样性与 BS 种植的情况相当。

CBS 种植番茄对土壤微生物群落样本的物种丰富度的影响如图 5-9 所示。微生物群落样本的丰度等级曲线可以直观地反映微生物群落中的高丰度 OTUs 和独有 OTUs 的数量，如图 5-9（a）所示。由图 5-9（a）可知，CBS 种植番茄时栽培土壤中微生物样本中的 OTUs 数最多，即 CBS 种植中微生物样本的丰富度最高，而 BS 种植的栽培土壤中的微生物样本的物种丰富度要低于 CBS 种植，但高于 CF 种植的情况。如图 5-9（a）所示，图中每条折线的平缓程

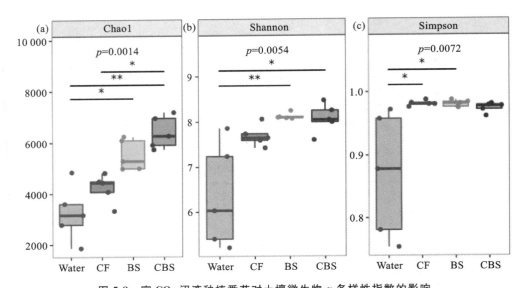

图 5-8　富 CO₂ 沼液种植番茄对土壤微生物 α 多样性指数的影响

（Water 为清水种植，CF 为化肥种植，BS 为无 CO₂ 沼液种植，CBS 为富 CO₂ 沼液种植）

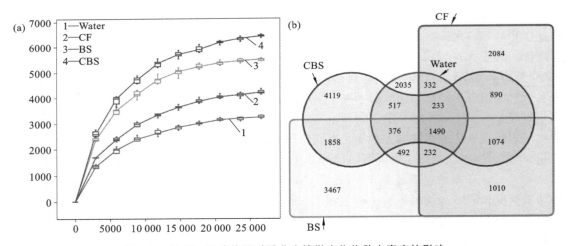

图 5-9　富 CO₂ 沼液施用对番茄土壤微生物物种丰富度的影响

（Water 为清水种植，CF 为化肥种植，BS 为无 CO₂ 沼液种植，CBS 为富 CO₂ 沼液种植）

度反映了微生物群落组成的均匀度。显然，4 条折线的上升趋势基本一致，这说明各种植方式间的微生物群落的各 OTUs 间的丰度差异较小，群落组成的均匀度很高。图 5-9(b) 是各种植方式间微生物样本的共有和独有 OTUs 所占比例的 Venn 图。由图可知，CBS 种植时，番茄生态系统中土壤微生物所拥有的独有样本 OTUs 数量为 4119，在物种丰富度方面远高于 CF 种植的情况（OTUs 数量为 2084）以及 BS 种植的情况（OTUs 数量为 3467）。

由图 5-8 和图 5-9 可知,在番茄种植过程中施用富 CO_2 沼液能够提升土壤微生物的样本丰富度。这主要是因为,沼液中本身含有一些优质的微生物菌群,其被引入土壤后可以直接提升土壤的微生物丰富度。除上述原因外,沼液中所富含的有机物为微生物生长提供了充足的养分,也有助于土壤微生物的大量繁殖,间接提高了土壤微生物的丰富度。而 CBS 种植与 BS 种植间的差异进一步表明,施用富 CO_2 沼液而引入土壤无机碳库的 HCO_3^- 也为提升栽培土壤中微生物群落的丰富度做出了贡献,即 HCO_3^- 引入栽培土壤时调动了土壤中固碳微生物的活性,促进了固碳微生物的迅速繁殖,进而为固定 HCO_3^- 奠定了功能性基础。因此,将 HCO_3^- 引入栽培土壤能提高栽培土壤中微生物的丰富度。总而言之,种植番茄过程中施用富 CO_2 沼液,能够提高土壤微生物的物种丰富度及群落均匀度,进而有利于增强土壤的固碳性能。

5.4.2　富 CO_2 沼液施用对土壤微生物群落多样性的影响

CBS 种植番茄对土壤微生物群落聚类的影响如图 5-10 所示。由图 5-10(a)可知,对栽培土壤微生物群落的测序数据做 PCoA 分析时,能根据各微生物样本在新坐标系中的距离远近来还原各样本间的实际差异。对微生物群落测序数据做 NMDS 分析,其结果如图 5-10(b)所示。通过对微生物样本距离矩阵降维分解,即可呈现微生物样本的自然分布。图 5-10 中的每个点代表一个微生物样本,不同颜色的点属于不同试验处理的样本。分析图 5-10 中信息可知,CBS 种植的栽培土壤中,微生物样本点两两之间的距离最近,表明 CBS 种植番茄时栽培土壤中微生物群落结构相似度最高,群落结构的差异性最小。而 BS 种植时,微生物群落结构的差异性最大,但其微生物群落结构的置信范围和 CF 种植与 CBS 种植时分别有交叉。这些结果表明,沼液能够改善栽培土壤中微生物群落的结构分布,但这种改善仅仅只占很小一部分(即 BS 种植与 CBS 种植的交叉区域),大部分栽培土壤中的微生物还是趋向于结构差异多样化(即 BS 种植与 CF 种植的交叉区域)。经富 CO_2 沼液而引入土壤无机碳库的外源性 HCO_3^- 对土壤微生物群落结构的改善起到了积极作用,使得富 CO_2 沼液种植时土壤中微生物的群落结构差异性相对减小,有助于固碳功能微生物(自养微生物)的聚集,更有利于微生物对土壤无机碳库中 HCO_3^- 的固定。另外,自养微生物的增多还能降低对土壤养分的消耗,进而降低土壤有机质的分解。

层次聚类分析是以等级树状图的形式呈现各处理微生物样本间的相似程度的,可通过聚类等级树的分枝长度来权衡微生物样本聚类效果的好坏。等级树中微生物样本间的分枝长度越短,表明微生物样本的相似度越高。在对土壤微生物进行层次聚类分析时发现,CBS 种植的土壤样本的微生物群落结构与 CF 种植的和 BS 种植的之间存在明显的差异。这表明,将 CBS 施用到栽培土壤中的确改变了土壤微生物的群落结构相似性。除将清水作为空白对照组外,每种种植中的菌群种类基本一致,但微生物的数量发生了变化,而 CBS 种植的土壤样本的微生物群落结构相似度更好。这表明 HCO_3^- 能促进微生物菌属向具有固碳功能的优势菌群聚集,有助于微生物(自养型)群落功能化,进而能够固定更多的 HCO_3^-,丰富栽培土壤的有机碳库。

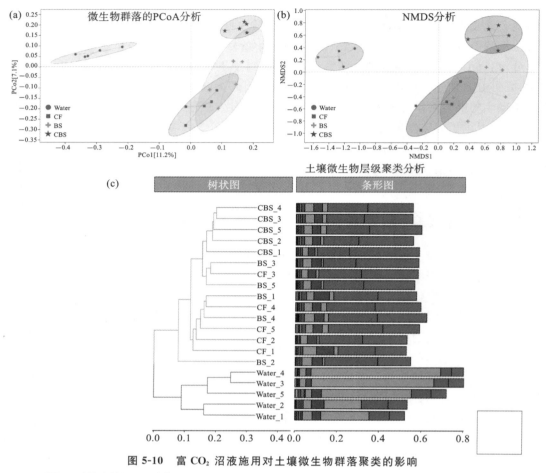

图 5-10 富 CO_2 沼液施用对土壤微生物群落聚类的影响

（Water 为清水处理，CF 为化肥处理，BS 为无 CO_2 沼液处理，CBS 为富 CO_2 沼液处理；彩图见二维码）

5.4.3 富 CO_2 沼液施用对土壤中微生物物种组成与物种差异的影响

栽培土壤中微生物样本的物种组成热图如图 5-11 所示。图中的绿色区块代表在对应微生物样本中丰度较高的属，棕色区块代表微生物样本中丰度较低的属。CBS 种植时番茄的栽培土壤中含量较高的微生物物种主要为红假单胞菌属、诺卡氏菌属、红细菌属、亚硝酸盐氧化细菌、固氮细菌和拜耶林克氏菌属等。其中：红假单胞菌属从属于紫色非硫细菌，其最佳生长方式是利用各种初级碳源和电子供体进行光照厌氧生长，也可进行光自养生长；诺卡氏菌属又名原放线菌属，能同化各种碳水化合物，有的能利用碳氢化合物、纤维素等；红细菌属是光合细菌下的紫色非硫细菌；固氮细菌是一种能进行生物固氮的原核生物；拜耶林克氏菌属对森林土壤中的甲醇转化具有重要作用。对这些优势菌属进行归类发现，其主要集中在自养微生物、光合微生物和固氮微生物这 3 类。由此可推断，CBS 的施用改善了土壤微生物物种间的数量分布，增加了土壤中固碳微生物的丰度，有助于土壤中的无机碳向有机碳转化。

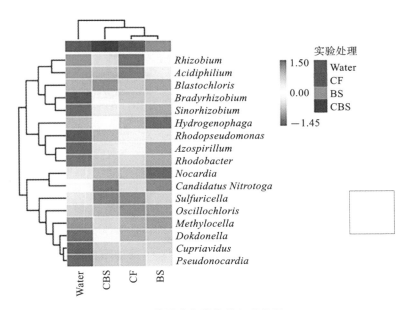

图 5-11 土壤微生物的物种组成热图
(Water 为清水种植,CF 为化肥种植,BS 为无 CO_2 沼液种植,CBS 为富 CO_2 沼液种植;彩图见二维码)

5.5 以沼液为载体时 CO_2 在番茄中的固定途径

本章前述部分的分析表明,CO_2 经沼液引入番茄栽培的土壤中后,能被番茄吸收,并参与合成糖类、维生素等有机物。为了进一步探究番茄对 HCO_3^- 的吸收利用途径,在此采用[13]C 标记的 $NaH^{13}CO_3$ 模拟富 CO_2 沼液(13CBS)中的 HCO_3^- 用于番茄种植。由图 5-12 可知,在番茄的各个组织中均检测到了[13]C 的存在,这说明番茄吸收并利用了经由沼液引入土壤碳库的外源 HCO_3^-。对 13CBS 种植后的番茄进行[13]C 核磁共振分析的结果如图 5-12(a)所示,对比[13]C-NMR 的化学位移对应的官能团可以得出,被番茄吸收的[13]C 主要参与合成了脂肪环或脂肪链、氨基酸、碳水化合物或六碳糖,少量参与合成了烯烃类物质及羧基或羰基或酰胺基等。由此可见,在富 CO_2 沼液提供的适宜根际环境中,番茄能充分吸收土壤碳库中的外源性 HCO_3^-,并将其转化为各种有机物供番茄生长。

基于[13]C-NMR 图的结果,并结合图 5-12(b)的分析可知,在番茄的根系中,吸收的 HCO_3^- 用于合成如草酸和葡萄糖等(碳水化合物、六碳糖、羧基等)根际分泌物,此部分的 HCO_3^- 占番茄总吸收量的 10.3%。除了在根系中得到利用外,HCO_3^- 还被转运到了番茄的茎叶中。HCO_3^- 有可能在茎叶中参与了番茄的光合作用,被合成为碳水化合物。其中,在茎中被合成利用的 HCO_3^- 占番茄总吸收量的 29.9%,在叶中被合成利用的 HCO_3^- 占番茄总吸收量的 12.6%。尽管叶片才是番茄的主要光合场所,但番茄茎中利用的[13]C 含量却高于叶片。这主要是由于番茄的茎中也含有叶绿素,且茎部气孔较少,甚至没有气孔,这使得番茄的茎部很难获得来自大气的 CO_2。因此,在传统途径中,茎部并不是光合作用的主要场所。但当根部吸收的 HCO_3^- 通过番茄的茎部输送到叶片时,这些 HCO_3^- 将首先参与番茄茎部的表皮光合作

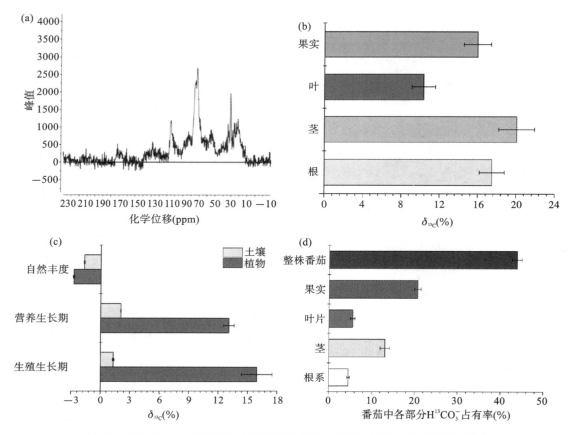

图 5-12　经由富 CO₂ 沼液引入土壤碳库的 HCO_3^- 在番茄植株中的迁移固定途径

用,只有当其光合能力饱和后,HCO_3^- 才会被运输到叶片。因此,茎部的表皮才是 HCO_3^- 参与光合的主要场所。需要注意的是,茎部的叶绿素含量有限,同时其含量也受生长时期的影响,而且茎部也不是番茄的主要储能部位,因此,理论上不可能有如此丰富的 ^{13}C 被储存在茎部。而在本研究中,在茎部检测到丰富的 ^{13}C 或许是因为 $H^{13}CO_3^-$ 直接参与了番茄茎部的结构物质的合成,例如,被根系吸收的 $H^{13}CO_3^-$ 也可能参与合成了番茄的木质素(脂肪环等官能团),作为番茄的主要支撑结构。由图 5-12(c)可知,番茄生殖生长期对 $H^{13}CO_3^-$ 的吸收量要高于营养生长期。这是由于番茄生殖生长期需要为番茄果实同化更多的有机物,进而为繁育后代做准备。番茄植株会将根系吸收的 $H^{13}CO_3^-$ 合成为有机物并输送到果实中贮藏,因此,番茄在生殖生长过程中对 HCO_3^- 的利用会增加。这部分利用的 HCO_3^- 的量占番茄总吸收量的 47.2%。

综上所述,番茄可以从土壤中吸收 HCO_3^-,所吸收的 HCO_3^- 参与了番茄机体的有机物合成,合成的有机物被转运到番茄的各个部位,成为番茄的结构物质或储能物质。

有研究发现,随着大气中 CO_2 浓度的上升,土壤中的氮损失也会加剧,进而造成作物的氮素缺乏,从而影响氮基有机物的合成。本部分的研究发现,在对土壤施用 CBS 后,番茄对氮基维生素的合成总量并未下降,而且部分氮基维生素的合成量有明显增加。为了探究施入土壤中的 CBS 对土壤氮迁移的影响,对 CBS 种植番茄时的栽培土壤进行了淋溶处理,测试结果如图 5-13 所示。与 CF 种植相比,在淋溶第 1 天,CBS 种植番茄时的栽培土壤中的氮元素损失量可降低 96.3%,而 5 d 累计可将土壤中的氮元素损失量降低 97.4%。同时,BS 种植时,土壤氮损失量要远低于 CF 种植的氮损失量,但也依然高于 CBS 种植的氮损失量。这些结果表明,CBS 种植可以维持施入土壤中的氮元素不流失。有研究表明,铵态氮更易与 HCO_3^- 结合,而沼液中的氮素组成主要以氨氮为主。因此,通过施用 CBS 而引入栽培土壤的 HCO_3^- 能够结合栽培土壤中被 CBS 引入的铵态氮,并与铵态氮稳定吸附到土壤的结合位点上,这不但防止了土壤氮的损失,还可将引入土壤的 HCO_3^- 进行固定。由此可见,由 CBS 种植而引入番茄栽培土壤中的 CO_2,除了被番茄及微生物固定外,还有一部分会与土壤中的矿质成分如铵态氮结合,形成不易流失的结合态。

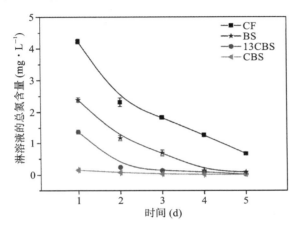

图 5-13 富 CO_2 沼液施用对土壤总氮含量的影响

(CF 为化肥种植,BS 为无 CO_2 沼液种植,CBS 为富 CO_2 沼液种植,
13CBS 为^{13}C 标记富 CO_2 沼液种植)

5.6 以沼液为载体时 CO_2 在植物生态系统中的固定潜力

5.6.1 番茄对土壤源 CO_2 的固定量

番茄对栽培土壤源 HCO_3^- 的吸收与固定如图 5-14 所示。由图 5-14 可知,与 CF 种植相比,CBS 种植的番茄对土壤中 HCO_3^- 的利用量占番茄总无机碳利用量的比例(f_B)提高了 31.7%,差异显著,同时,对碳酸氢根离子的利用速率(BIUR)和番茄的全无机碳利用速率(WCUR)分别显著提高了 67.8% 和 27.4%。与 BS 种植相比,CBS 种植的番茄的 f_B 值、BIUR 值及 WCUR 值分别提升了 20.6%、64.7% 和 36.6%,差异显著。由图 5-2 可知,在各种种植模式下,番茄对大气中 CO_2 光合同化速率差异并不显著,说明其光合速率处于同一水平。但需要注意的是,番茄种植中施用 CBS 时,番茄对土壤源 HCO_3^- 的吸收量要高于 CF 种植与 BS 种植,这表明 CBS 种植中的番茄对 HCO_3^- 的利用速率得到显著提高,进而大幅提高了番茄的总无机碳同化速率。因此,对番茄根施 CBS 来增加土壤无机碳含量的方式能够实现番茄对 CO_2 固定量的增加。

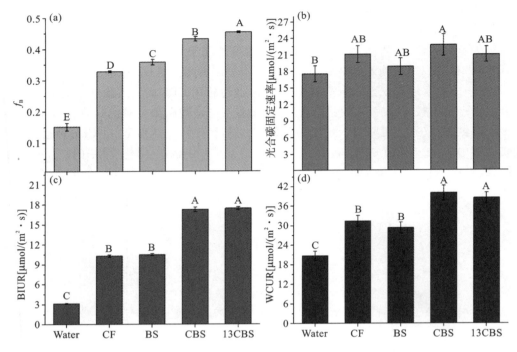

图 5-14　番茄对栽培土壤源 HCO_3^- 的吸收与固定

(f_B 为番茄利用 HCO_3^- 的量占总无机碳利用量的份额,BIUR 为番茄利用 HCO_3^- 的速率,
WCUR 为番茄的全碳固定速率,Water 为清水处理,CF 为化肥处理,BS 为无 CO_2 沼液处理,
CBS 为富 CO_2 沼液处理,13CBS 为 [13]C 标记富 CO_2 沼液处理,$P < 0.01$)

相比于 CF 种植的番茄,CBS 种植时每株番茄平均可多固定(36.4 ± 12.62) g 的固碳量,固碳量显著提升了 53.8%。相比于 BS 种植,CBS 种植的每株番茄平均可多固定(33.5 ± 10.19) g 的固碳量,固碳量显著提升了 47.4%。与番茄的生物量相比,计算固碳量中多固定的碳并不能直接体现在番茄的生物量之中,这是由于番茄没法将吸收的 HCO_3^- 完全转化成为生物量。而在物质同化过程中,番茄可以通过根际碳沉积等途径把机体利用 HCO_3^- 合成的有机物分泌到土壤中成为土壤有机碳库。因此,这里计算的固碳量还包括番茄向土壤分泌的有机碳。

5.6.2　土壤源 CO_2 在土壤微生物中的固定量

除了番茄对 HCO_3^- 的固定利用外,土壤微生物也会利用 HCO_3^- 合成自身的结构物质——磷脂脂肪酸(PLFA)。利用 13CBS 种植时,番茄栽培土壤中的微生物对土壤中 HCO_3^- 的固定情况如图 5-15 所示。对微生物样本进行 ^{13}C-PLFA 分析,即可确定土壤中各类别微生物对外源 HCO_3^- 的固定量。由图 5-15 可知,C16∶0 和 C18∶0 表示革兰氏阳性菌对外源 $H^{13}CO_3^-$ 的固定量,共占微生物总 [13]C 固定量的 19.6%;C19∶0、C16∶1 以及 C18∶1 表示革兰氏阴性菌对外源 $H^{13}CO_3^-$ 的固定量,共占微生物总 [13]C 固定量的 28.1%;C18∶2 表示真菌对外源 $H^{13}CO_3^-$ 的固定量,占微生物总 [13]C 固定量的 7.1%。C19∶0 表示厌氧微生物对外源 $H^{13}CO_3^-$ 的固定量,约占微生物总 [13]C 固定量的 12.2%;C16∶1 和 C18∶1 表示好氧微生物对

外源 $H^{13}CO_3^-$ 的固定量,占微生物总 ^{13}C 固定量的 12.5%。C18:1 表示自养型微生物对外源 $H^{13}CO_3^-$ 的固定量,占微生物总 ^{13}C 固定量的 7.5%。进一步细化分析微生物种类后发现,本部分研究中的革兰氏阴性菌为主要的 HCO_3^- 固定菌群。相对而言,革兰氏阳性菌和真菌的固定量要小一些,其中真菌占比最小。这表明大部分能够进行 HCO_3^- 固定的微生物主要集中在革兰氏阴性菌群,且对真菌的 HCO_3^- 固定有主导作用。厌氧微生物和好氧微生物对土壤中 HCO_3^- 的固定能力相当。这表明微生物利用土壤中的无机碳合成其结构物质磷脂脂肪酸时,对环境的含氧量没有特别要求,进而说明在土壤中任何位置的微生物随时都可以进行碳固定。尽管微生物机体对引入土壤的 ^{13}C 的固碳量份额非常小,仅有 (0.77 ± 0.004) mg-^{13}C/kg-土,但是微生物的繁殖速度极快,PLFA 在微生物死亡后依然能够长期存在于土壤中,成为稳定的土壤有机碳,因此微生物的碳固定途径不容忽视。

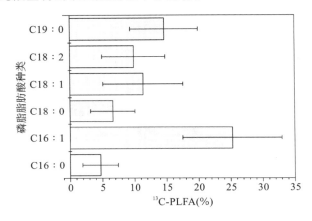

图 5-15 栽培土壤中的各类微生物对土壤中 HCO_3^- 的固定量

5.6.3 土壤源 CO_2 在番茄生态系统中的固定量

根系分泌物是植物将有机质返回到土壤的重要组成部分(约占全碳同化产物的 20%)。它们是植物、土壤、微生物的重要连接器,在养分循环、能量流动和有机物周转中发挥着重要作用。将 13CBS 施入番茄根际土壤中,能为番茄-土壤-微生物系统提供丰富的养分和无机碳源。在番茄根系分泌物的引导下,番茄生态系统能充分利用 13CBS 中的 $H^{13}CO_3^-$。如图 5-16 所示,利用 ^{13}C 标记的 HCO_3^- 施用到番茄的栽培土壤后,番茄中检测到的 $H^{13}CO_3^-$ 占施入土壤的 $H^{13}CO_3^-$ 总量的 43.8%。这说明番茄吸收并利用了土壤中的外源性 HCO_3^-,除了将其用于合成自身的结构物质外,还让其参与到番茄的正常机体代谢中。由于通过 CBS 种植番茄并没有降低番茄的净光合速率,因而番茄从栽培土壤中所同化的额外的 HCO_3^- 增强了番茄的碳汇,即增加了番茄的总有机碳含量和生物量。此外,在微生物中也检测出了 ^{13}C,该部分的含量占栽培土壤中 $H^{13}CO_3^-$ 添加总量的 0.5%。这表明 HCO_3^- 可被微生物通过机体代谢途径合成其细胞结构物质 PLFA,如图 5-15 所示。当 HCO_3^- 通过 CBS 种植而被引入番茄的栽培土壤中,土壤中的微生物群落组成因为 HCO_3^- 含量的升高而转变为相对丰度更高的固碳微生物。这有利于微生物对土壤中 HCO_3^- 的固定。被微生物固定的 $H^{13}CO_3^-$ 能通过微生物的残体汇入土壤碳汇,间接增加了栽培土壤中的有机碳含量。土壤有机物中也检测到了

$H^{13}CO_3^-$，占添加到栽培土壤中的 $H^{13}CO_3^-$ 总量的 38.9%，这说明 HCO_3^- 被微生物或番茄吸收并合成有机物后，以有机物的形式再次分泌到土壤中形成土壤的有机碳。微生物合成和植物根系分泌是土壤有机碳汇增强的主要途径。微生物和番茄对 HCO_3^- 的利用有助于直接增强土壤碳汇能力。在土壤无机组分中也检测到约5.5%的 $H^{13}CO_3^-$，这表明该部分 $H^{13}CO_3^-$ 在研究结束时仍未被番茄生态系统利用。残留在土壤中的无机部分的 HCO_3^- 可以与土壤中的 NH_4^+-N 结合，被土壤胶体吸附或通过晶格固定，或与 OH^- 反应后与土壤中的 Ca、Mg 等金属离子形成沉淀。因此，土壤中未被利用的 HCO_3^- 能作为不易溶的物质存在于土壤中，间接增强了土壤碳汇能力。另外，本部分的研究结果显示，约有11.7%的添加到土壤中的 $H^{13}CO_3^-$ 未被检测到，在排除测试误差的可能后，土壤无机碳中的这部分 $H^{13}CO_3^-$ 可能与土壤中的 H^+ 结合，以 CO_2 形式返回到大气中。

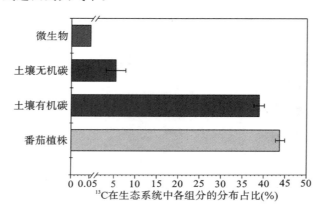

图 5-16　番茄生态系统各组分固定的 $H^{13}CO_3^-$ 量

5.6.4　以沼液为载体时 CO_2 在番茄生态系统中的固碳潜力评估

众多研究表明，HCO_3^- 会对植物的生长产生胁迫，但是当沼液作为 CO_2 的转运介质而为土壤引入外源性 HCO_3^- 时，并未产生传统观点中认为的生理胁迫，而且以 HCO_3^- 形式存在的外源 CO_2 还会被植物和微生物吸收利用。其中，引入的88.3%的 HCO_3^- 被番茄生态系统固定，44.4%的 HCO_3^- 进入土壤碳库。基于以上研究结论，依据联合国粮食及农业组织2019年的统计数据，对采用 CBS 种植方案时的固碳潜力进行了评估，评估结果如表5-5所示。

表 5-5　全球主要农业大国的番茄种植区采用 CBS 种植方案时的碳减排潜力

区　　域	番茄收获面积(ha)*	生态系统固 HCO_3^- 量(g-CO_2/m²·土/生长周期)	生态系统额外的 CO_2 固定量(kt/年)	土壤碳汇额外增加量(kt/年)	农业用地的 CO_2 排放量(kt/年)*	人均 GDP (美元)*
全球	5 009 027.0	150.1	7519.1	1031.1	4 215 561.8	10 787.3
非洲	1 573 812.0	150.1	2362.4	324.0	1 223 094.2	1809.1
美洲	370 712.0	150.1	556.5	76.3	1 519 535.8	26 651.5

续表

区　域	番茄收获面积(ha)*	生态系统固 HCO_3^- 量(g-CO_2/m^2-土/生长周期)	生态系统额外的 CO_2 固定量(kt/年)	土壤碳汇额外增加量(kt/年)	农业用地的 CO_2 排放量(kt/年)*	人均 GDP（美元）*
加拿大	5936.0	150.1	8.9	1.2	152 262.9	43 427.8
美国	110 440.0	150.1	165.8	22.7	147 827.1	62 690.8
亚洲	2 640 806.0	150.1	3964.1	543.6	980 679.00	6872.2
中国	1 109 508.0	150.1	1665.5	228.4	116 544.7	10 335.6
日本	11 400.0	150.1	17.1	2.3	15 887.2	40 242.1
欧洲	419 041.0	150.1	629.0	86.3	443 000.9	28 188.3
法国	5950.0	150.1	8.9	1.2	16 317.6	40 927.5
德国	380.00	150.1	0.6	0.1	35 083.1	46 678.5
英国	189.0	150.1	0.3	0.1	26 841.3	40 331.5
大洋洲	4656.0	150.1	7.0	1.0	49 252.0	38 529.7
新西兰	360.0	150.1	0.5	0.1	4500.7	41 930.1
澳大利亚	3917.0	150.1	5.9	0.8	9694.3	55 774.2

* 数据来源于 FAOSTAT(https://www.fao.org/faostat/en/#data)

　　结果表明,如果对中国的所有番茄种植区域采用 CBS 种植方案,即在番茄生长的每个周期中,向番茄根际土壤中施用 170 g-CO_2/m^2-土的额外 HCO_3^-,那么当年能够多减排 1665.5 kt 的碳,可使中国的农业用地的碳排放量减少 14.3‰,每年为中国的土壤碳库多增加 228.4 kt 的碳。如果对全球的番茄产地全部使用 CBS 种植方案,那么当年能够减排 7519.1 kt 的碳。这相当于澳大利亚全国农业用地年碳排放量的 78%,可以使全球农业用地的碳排放量减少 1.78‰,使全球土壤碳库每年多增加 1031.1 kt 的碳,这意味着每公顷土壤可以额外获得 0.21 t 碳。由此可见,本研究所提出的种植策略可达到"千分之四全球土壤增碳计划"中所提出的土壤碳汇提升目标(即每公顷农田增加 0.2~0.5 t 土壤碳汇),可为农业生态系统提高固碳量提供数据支撑和理论依据,也可为高等植物有效利用土壤源 CO_2 的可行性提供新的数据和理论支撑。

　　当全球主要农业生产大国的番茄种植区均采用 CBS 种植方案时,其碳减排潜力如表 5-5 所示。当番茄种植采用相同的方案时,人均 GDP 相对较低的地区的主要农业国家由于番茄种植面积较大,因而其农业用地的 CO_2 排放具有较大的减排潜力。相比之下,发达地区的主要农业国家尽管拥有现代农业,但通过这些战略实现的农业用地 CO_2 减排潜力相对较小,且低于世界水平。这意味着相对贫穷的地区或国家可以通过大幅增加农业碳汇来实现碳减排目标。

5.7 本章小结

（1）利用沼液将 CO_2 以 HCO_3^- 的形式引入番茄的栽培土壤之中，外源 HCO_3^- 的存在不仅没有对番茄造成类似一些研究所述的生理胁迫，还促进了番茄的生长，提升了番茄的营养品质。与化肥施用种植时相比，番茄的经济产量和对 N 元素吸收量分别提高了 45.8% 和 30.5%，果实中的胡萝卜素含量、可溶性糖含量和糖酸比分别提高了 17.3%、86.5% 和 12.5%，番茄果实中维生素 B1、B5、B6 和 B8 等的含量分别提高了 8.2%、72.1%、15.4% 和 54.1%，α-维生素 E、γ-维生素 E 和 δ-维生素 E 含量分别提高了 45.3%、58.7% 和 72.4%。施用富 CO_2 沼液时，番茄果实中的重金属含量远低于 GB 2762—2022 的标准。番茄的光合能力、植株含水率、P 及 Fe 元素吸收量等都维持在正常水平，即与化肥施用保持一致。

（2）富 CO_2 沼液用于番茄种植能提高土壤微生物的物种丰富度及群落均匀度。与化肥种植相比，施用富 CO_2 沼液的土壤中微生物的 Chao1 指数值及 Shannon 指数值大幅提高，土壤微生物中独有样本 OTUs 丰度远高于化肥施用种植的情况。富 CO_2 沼液用于番茄种植还能改善土壤微生物物种间的分布，增加优势固碳微生物（自养型微生物等）的丰度。

（3）在沼液中引入 ^{13}C 标记的 $H^{13}CO_3^-$，并进行番茄栽培时，得到的研究结果如下。①番茄能吸收并利用施入土壤中的 $H^{13}CO_3^-$，其中 43.8% 的 $H^{13}CO_3^-$ 被合成为番茄自身的结构物质，并参与番茄的正常机体代谢。其中，在番茄的根系中，吸收的 $H^{13}CO_3^-$ 被合成了如草酸和葡萄糖等根际分泌物，此部分的 $H^{13}CO_3^-$ 占番茄总吸收量的 10.3%。$H^{13}CO_3^-$ 还被转运到了茎叶中，在茎叶中参与了番茄的光合作用，合成了碳水化合物，在茎及叶中所利用的 $H^{13}CO_3^-$ 分别占番茄总吸收量的 29.9% 和 12.6%。被番茄吸收的 $H^{13}CO_3^-$ 还可能被用于合成茎中的木质素，从而作为番茄的主要支撑结构。由于需要为番茄果实同化更多有机物，番茄生殖生长期对 $H^{13}CO_3^-$ 的吸收量高于营养生长期，番茄植株会将番茄总的 $H^{13}CO_3^-$ 吸收量的 47.2% 合成为有机物，并将有机物输送到果实中贮藏。②0.5‰ 的 $H^{13}CO_3^-$ 被土壤微生物合成为细胞结构物质 PLFA。尽管这部分 $H^{13}CO_3^-$ 含量非常小，但微生物能迅速繁殖，死亡的微生物残体是土壤有机碳的重要来源之一。③38.9% 的 $H^{13}CO_3^-$ 会被微生物或番茄吸收并合成有机物后，以残体或分泌物的形式形成土壤的有机碳。④5.5% 的 $H^{13}CO_3^-$ 形成了不易溶性物质存在于土壤中，间接增加了土壤碳汇。⑤最多有 11.7% 的 $H^{13}CO_3^-$ 重新返回大气而未被利用。

（4）将富 CO_2 沼液用于番茄种植，番茄会利用由其而引入栽培土壤中的 HCO_3^-。相比于化肥种植，富 CO_2 沼液种植时，平均每株番茄可多固定 (36.4 ± 12.62) g 的碳。相比于无 CO_2 沼液种植，富 CO_2 沼液种植时，平均每株番茄可多固定 (33.5 ± 10.19) g 的碳。如果对全球的番茄产地全部使用本研究中所提出的种植方案，每年能够减排 7519.1 kt 的碳，这使全球农业用地的碳排放量减少了 1.78‰；同时每年可使全球土壤碳库多增加 1031.1 kt 的碳，这意味着每公顷土壤可以额外获得 0.21 t 碳。因此，本书所提出的种植方案可实现"千分之四全球土壤增碳计划"目标。

第6章　以生物质灰为载体时 CO_2 在植物生态系统中的迁移转化机理

6.1　引　言

由第3章的论述可知,生物质灰具有 CO_2 吸收能力,且其 CO_2 吸收能力要高于沼液,在理论上也可满足吸收剂不循环的单程 CO_2 吸收工艺对吸收剂的基本需求。但负载 CO_2 之后的生物质灰如何大规模应用并将 CO_2 进行利用和储存的问题并未得到解决。生物质灰的农业利用,将 CO_2 固定于植物和土壤之中,是一种有效的固碳途径。

生物质灰(BA)是秸秆、木材等燃烧后的副产物,富含大量的碱金属氧化物,其溶于水后的溶液 pH 值能够达到13,具有很强的碱性。同时,有研究表明,生物质灰具有的吸水性好、孔隙度大和营养元素丰富等优良特性,不仅能够促进作物的生长,减少病害的发生,而且还在土壤改良方面起着重要的作用。在栽培土壤中施用生物质灰后,作物根系土层的微生物活性明显提高,这促进了土壤的腐殖化进程,为作物的生长发育创造了良好的环境。将生物质灰用于土壤中,能够实现生物质灰中的矿质养分的循环利用,避免土壤酸化,提高作物产量。显然,生物质灰非常适宜作为 CO_2 的传递载体将 CO_2 传递到土壤碳库,丰富土壤碳库的碳储量。

现有观点认为,将碳酸化后的生物质灰深埋于土壤中,可以实现生物质灰对 CO_2 的长期封存,即将生物质灰所捕获的 CO_2 全部储存于生物质灰-土壤生态系统中。这意味着在生物质灰的利用中不会出现 CO_2 损失。然而,如果将生物质灰用于农业生产,在实际生产中将生物质灰还田种植作物,那么生物质灰通常只存在于农田耕层的浅土层。在考虑田间管理措施和植物根际物质对生物质灰中的碳酸盐稳定性的影响时,生物质灰捕获的 CO_2 可能会有一部分逃逸到大气中,直接导致生物质灰-土壤生态系统的实际 CO_2 封存能力低于实际生物质灰的 CO_2 封存量。如果不弄清楚农业生产中的生物质灰的实际碳封存量,可能会限制生物质灰作为载体转运 CO_2 到栽培土壤中的应用前景,还可能会减弱生物质灰还田实现碳中和的重要程度。

为了探究将生物质灰还田用于农业生产后,生物质灰-土壤生态系统中的实际碳封存量,本章以生物质灰作为栽培土壤添加物用于番茄栽培,研究了不同施肥管理策略对生物质灰-土壤-番茄生态系统(即番茄生态系统)的实际 CO_2 固定能力的影响,借此希望找到一种适宜的田间施肥管理策略,以充分利用并最大限度地封存生物质灰吸收的 CO_2。最后,在不同田间管理措施下,计算了番茄生态系统的实际 CO_2 封存能力。

6.2 材料与方法

6.2.1 试验材料

6.2.1.1 沼液

本研究所用的沼液来自湖北省鄂州市某 500 m³ 沼气工程。该沼气工程以猪粪为主要厌氧发酵原料,配合添加少量鸡粪和生活污水,在 35 ℃下进行中温发酵。沼液取回后,首先在(25±5)℃的室温下密封保存,直至不再产生沼气。然后用 300 μm 孔径的过滤袋过滤该沼液,除去悬浮的固体,取样上清液,测试其主要参数。测试结果如表 6-1 所示。

表 6-1　沼液上清液的主要参数

参　　数	参　数　值
TN(mg/L)	901.1±7.02
NH_4^+-N(mg/L)	497.1±7.09
P(mg/L)	30.5±7.78
K(mg/L)	700.6±99.33
Ca(mg/L)	75.2±22.09
Mg(mg/L)	34.0±19.66
Fe(mg/L)	4.7±0.3
Zn(mg/L)	1.6±0.13
TIC(mmol/L)	15.1±1.11
pH 值	7.98±0.15

在经典鼓泡反应器中,向原沼液通入纯 CO_2 气体,并不断搅拌,使 CO_2 与沼液充分接触并发生反应。同时测试沼液的 pH 值,当 pH 值降到 6.5 左右时,CO_2 吸收停止,此时制备的沼液即为富 CO_2 沼液。

6.2.1.2 番茄

本研究所用的番茄种苗购买于武汉维尔福生物科技股份有限公司,用于移栽的番茄为五叶龄幼苗。所用番茄品种为华番 13 号樱桃番茄。

6.2.1.3 生物质灰

本研究所用的生物质灰来自武汉市某工业园区供热项目的生物质锅炉,主要的生物质原材料为马尾松。该生物质灰的主要物化参数如表 6-2 所示。

表 6-2　生物质灰的主要物化参数

参　　数	参　数　值
P(mg/g)	9.1 ± 0.02
K(mg/g)	19.7 ± 0.8
Ca(mg/g)	11.9 ± 0.6
Mg(mg/g)	3.3 ± 0.46
Fe(mg/g)	53.2 ± 6.97
Zn(mg/g)	0.5 ± 0.01
Cd($\mu g/g$)	5.0 ± 0.19
Cr($\mu g/g$)	110.2 ± 1.99
As($\mu g/g$)	34.7 ± 4.56
Pb($\mu g/g$)	77.8 ± 3.12
Ni($\mu g/g$)	42.5 ± 2.89

6.2.1.4　栽培土壤

为避免土壤成分的差异对研究结果造成的影响,本研究所用土壤为由黄黏土和黄沙按照质量比 1∶1 混合配制而成的模型土壤,其物化参数如表 6-3 所示。其中,标准黄黏土由河北岩创矿产品有限公司生产,黄沙采用南京轩浩装饰工程有限公司生产的细河沙。

表 6-3　所用土壤的物化参数

参　　数	栽培土壤的参数值	合成模型土壤的参数值
NH_4^+-N(mg/kg)	13.7 ± 2.10	15.3 ± 3.01
NO_3^--N(mg/kg)	12.0 ± 2.76	8.2 ± 4.17
速效磷(mg/kg)	14.1 ± 3.01	92.4 ± 6.36
速效钾(mg/kg)	18.2 ± 1.76	494.1 ± 14.89
有机质(g/kg)	16.9 ± 4.19	20.0 ± 2.76
pH 值	6.6 ± 0.21	10.0 ± 0.25
EC($\mu S/cm$)	375.4 ± 19.78	—

研究中,由于在土壤中添加的生物质灰的量很少,因此将生物质灰与栽培土壤中的现有成分进行分离是一项极其艰巨的任务。为了避免这个问题,本章参考相关文献制备了一种合成模型土壤,用于栽培的合成模型土壤由以下几部分组成。①粒径为 0.5～2 mm 的硅砂(87.5 wt.%,来自南京轩浩装饰工程有限公司),是土壤的主要成分。②质量分数为 10% 的低钙石灰岩(来自南京轩浩装饰工程有限公司),用作土壤的缓冲成分,是 Al、Ca、K、Na 等矿质元素的来源,粒径为 2～4 mm。③质量分数为 2% 的土壤有机质(来自河北祥牛肥业有限公司),是土壤有机化合物的来源,粒径为 70 μm～0.5 mm。④生物质灰(0.5 wt.%),由粒径为 70 μm～0.5 mm 的生物质灰混合组成。

6.2.2 试验设计

6.2.2.1 生物质灰的 CO_2 吸收

根据番茄在生长过程中对土壤需水量的要求,采用含水量为 60% 的生物质灰与土壤有机质(质量比 1∶4)进行混合,用于研究生物质灰在自然环境下对 CO_2 的吸收性能。研究中,将混合物分别装入 3 个培养皿中,并保持 60% 的湿度;每隔 10 d 对生物质灰进行称重,并测量其中生物质灰的 CO_2 负荷量;100 d 后,测试完成。可利用经典酸碱滴定法来测量生物质灰的 CO_2 负荷量。

6.2.2.2 以生物质灰为转运载体时 CO_2 在番茄中固定的栽培试验

为研究生物质灰吸收的 CO_2 在番茄生长过程中的迁移转化,将生物质灰与栽培土壤混合后用于番茄的种植研究。本研究通过参考相关文献制备了一种合成模型土壤,通过对模型土壤的筛分可以轻易地将生物质灰从复杂的土壤组分中分离出来,用于后续研究中研究生物质灰中碳酸盐的重量变化。在使用前,除有机质外,合成模型土壤的所有成分均经过烘箱在 70 ℃ 下的干燥处理,然后研磨并过筛,以获得所需要的特定粒度。用水洗涤低钙石灰岩以除去可溶部分并将其干燥。

将所有成分按比例混合后装入 1 L 自封袋,放置于 750 cm^3(1 kg 的土)的栽培盆中。在自封袋底部,用针刺 15 个孔径小于 0.1 mm 的小孔,确保多余的水可以自由流出且可以拦截细小颗粒。将装满土的栽培盆分成 6 组,每组 10 盆。将五叶龄大的番茄幼苗分别种植到 3 组土壤中,其他 3 组不种植番茄幼苗作为空白对照组。种植番茄的 3 组和不种植番茄的 3 组分别每 14 d 用化肥、水和富 CO_2 沼液处理一次,每 5 d 浇一次水。化肥和富 CO_2 沼液按每千克栽培土施用 0.15 g 纯氮基准来计算其施用量。

另外再种植 3 组番茄,每组 10 盆,栽培土壤中不含生物质灰,作为对照组。为避免土壤肥力对研究结果的影响,栽培土壤为标准土和黄沙按重量比 1∶1 组成的混合物。施肥(化肥、水或富 CO_2 沼液)和浇水的管理策略与上述介绍相同。种植 100 d 后,测定番茄植株的鲜重和干重。

研究结束后,将添加了生物质灰的栽培合成模型土壤在 70 ℃ 的烘箱中干燥,并用 2 mm 和 0.5 mm 筛子精确过筛,测定分离组分的质量。将完全清洁的番茄植株在 105 ℃ 的烘箱中干燥 15~20 min,使酶失活,然后在 80 ℃ 的条件下干燥 12 h,将干燥样品用于后续研究。

6.2.3 指标测试方法

6.2.3.1 沼液的主要参数

详见 5.2.3.1 小节的论述。

6.2.3.2 土壤与生物质灰的物化参数

使用 Thunder Magnetic pH 计(PHS-2F)测量土壤 pH 值(土壤∶去离子水＝1∶2.5)。在土壤氨态氮和硝酸盐的测试中,首先用 2 mol/L KCl 对土壤进行萃取,然后使用 AA3 连续流动分析系统(Auto-Analyzer 3,SEAL)进行测量。用 0.5 mol/L $NaHCO_3$ 溶液(pH＝8.5)提取土壤的有效磷(AP),用 1 mol/L CH_3COONH_4 溶液(pH＝7)提取土壤有效钾(AK),然后用电感耦合等离子体发射光谱(Agilent 5800 ICP-OES)测定含量。采用比重计法测定土壤黏土含量。

将生物质灰取回后,用粉碎机将其粉碎,用 60 目的筛子过筛,取 0.1 g 样品在微波消解仪(CEM MARS6-Classic)中用 $HClO_4$-H_2O_2 在 220 ℃下消解 1 h,然后用电感耦合等离子体发射光谱(Agilent 5800 ICP-OES)来测试其 K、Ca、Mg、Fe、Cr、Cd、Pb、As 和 Ni 等元素的含量。

6.2.3.3　番茄的农艺性状

详见 5.2.3.3 小节的论述。

6.2.3.4　番茄组织中的矿质元素含量

详见 5.2.3.4 小节的论述。

6.2.3.5　番茄组织中的总碳和总有机碳含量

详见 5.2.3.5 小节的论述。

6.2.3.6　番茄组织中的可溶性糖含量

详见 5.2.3.6 小节的论述。

6.2.3.7　番茄叶片的光合色素含量

详见 5.2.3.9 小节的论述。

6.2.4　数据处理方法

6.2.4.1　光合固碳的相关测定与计算

详见 5.2.4.1 小节的论述。

6.2.4.2　番茄固碳量计算

详见 5.2.4.2 小节的论述。

6.2.4.3　番茄生态系统固碳能力

(1)包含一株番茄、生物质灰和土壤的番茄生态系统(Tom-E)对来自土壤中碳的固定能力的计算公式如下。

$$CFT = TotC \times W \times f_B / 44 \qquad (6-1)$$

式中,CFT 为每株番茄对来自土壤中碳的固定能力,单位为 mmol;TotC 为番茄植株的总碳质量分数,％;W 为番茄植株干重,单位为 mg;44 g/mol 是 CO_2 摩尔质量。

(2)番茄对来自生物质灰中碳的固定能力的计算公式如下。

$$CF_{BA} = CFT_{BA} - CFT_{CK} \qquad (6-2)$$

式中,CF_{BA} 为每株番茄对来自生物质灰中碳的固定量,单位为 mmol;CFT_{BA} 为在添加生物质灰时,番茄对土壤中的固碳量,单位为 mmol;CFT_{CK} 为在未添加生物质灰时,番茄从土壤中的固碳量,单位为 mmol。

（3）生物质灰中碳的净损失的计算公式如下。

$$DIC_{loss} = (DIC_{NP} - DIC_{Pt}) \times m_{mix} \tag{6-3}$$

式中,DIC_{loss} 为生物质灰中碳的净损失,单位为 mmol;DIC_{NP} 为不用于番茄栽培时,生物质灰的 CO_2 负荷,单位为 mmol/g;DIC_{Pt} 为番茄栽培处理后生物质灰的 CO_2 负载量,单位为 mmol/g;m_{mix} 是生物质灰和有机物混合物的重量,单位为 g。

（4）番茄生态系统的固碳量的计算公式如下。

$$CF_{Tom} = CFT_{BA} + DIC_{Pt} \times m_{mix} \tag{6-4}$$

式中,CF_{Tom} 为番茄生态系统的固碳量,单位为 mmol。

6.2.4.4　生物质灰还田利用后的负碳排放量

如果利用生物质灰种植的番茄被食用或被进一步处理,使番茄固定的 CO_2 回到大气中,那么试验后残留在生物质灰和土壤中的 CO_2 可以被认为是生物质灰生命周期中番茄生态系统的负碳排放量。本章针对生物质灰埋入田间,考虑了 2 种情况来比较生物质灰的碳负性效果。一种情况是种植番茄,另一种情况是不种植番茄。其负碳排放和生物质灰的最大碳固定量的计算公式如下。

$$种植番茄时的负碳排放 = DIC_{Pt} \times m_{mix} \tag{6-5}$$

$$不种植番茄时的负碳排放 = DIC_{NP} \times m_{mix} \tag{6-6}$$

$$生物质灰的最大碳固定量 = SLCO_{2\text{-}100} \times m_{mix} \tag{6-7}$$

式中,$SLCO_{2\text{-}100}$ 是生物质灰在自然状态下放置 100 d 后的 CO_2 负荷,单位为 mmol/g。

6.2.5　数据的统计分析

数据的统计分析见 5.2.5 节。

6.3　不同施肥管理策略下富 CO_2 生物质灰的农业利用可行性分析

生物质灰中含有丰富的碱土金属氧化物与碱金属氧化物,导致其呈碱性。虽然众多研究表明,生物质灰能用于农业生产,但主要集中在充当土壤改良剂,因而在将生物质灰用于作物种植时,要特别注意生物质灰的碱性对作物所产生的生理胁迫。为了避免生物质灰种植番茄时对番茄产生生理毒性,本节分析生物质灰中主要矿质元素的溶解力(生物质灰的肥效)、番茄的光合能力、番茄对矿质元素的摄取能力以及番茄的养分合成能力,从而对生物质灰用于番茄种植的可行性进行综合评价。

6.3.1　生物质灰栽培时的肥效分析

将生物质灰用于番茄种植时,生物质灰中的矿质元素能通过浸出方式溶解到番茄的栽培土壤中,为番茄的生长提供养分支持。在 3 种施肥管理策略下,含生物质灰土壤种植番茄对生物质灰的物化性质的影响如图 6-1 所示。BA+Water(仅在土壤中添加生物质灰,不进行

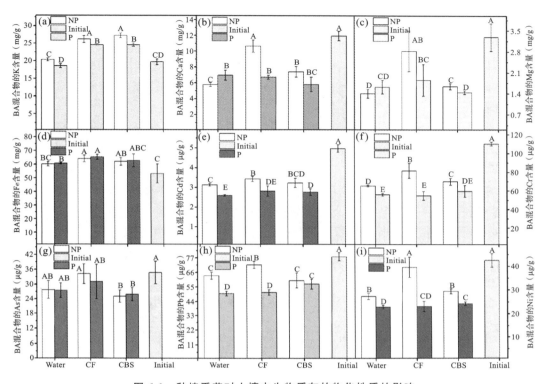

图 6-1　种植番茄对土壤中生物质灰的物化性质的影响

（NP 为不种植番茄情形，Initial 为生物质灰中相关元素的初始值，P 为种植番茄情形；Water 是清水种植，
即在含生物质灰土壤中不进行额外施肥管理；CF 为化肥种植，即在含生物质灰土壤中施用化肥；
CBS 为富 CO_2 沼液种植，即在含生物质灰土壤中施用富 CO_2 沼液；$P<0.01$）

其他额外的施肥管理)、BA＋CF(生物质灰土壤中采用化肥施肥管理)及 BA＋CBS(生物质灰土壤中采用富 CO_2 沼液施肥管理)处理时，与不种植番茄(NP)的土壤中的生物质灰及生物质灰的初始元素含量相比，栽培土壤中的生物质灰的矿质元素含量均发生不同程度的下降。这表明在番茄的种植过程中，番茄的根际分泌物造成了生物质灰中矿质元素的溶解浸出，从而为番茄生长提供更丰富的矿质元素，有利于番茄的生长。但相较于生物质灰中初始的元素含量，无论土壤中是否种植番茄，采用 BA＋CF 及 BA＋CBS 管理策略时，生物质灰中的 K 元素含量反而显著增加。例如在 BA＋CBS 管理策略下，当土壤中种植番茄时，生物质灰中的 K 元素含量增加了 42.6％，不种植番茄时，生物质灰中的 K 元素含量仅增加了 27.5％。这一现象说明施肥过程为土壤引入的 K 离子，被土壤中的生物质灰与有机质混合物以静电吸附等形式吸附固定，有效地降低了土壤 K 元素的淋溶流失。与生物质灰中初始的元素含量相比，在未种植番茄的土壤中采用 BA＋Water 管理策略时，生物质灰中的 Ca^{2+} 和 Mg^{2+} 离子含量分别显著下降了 51.7％和 57.4％，而采用 BA＋CBS 施肥管理策略时，生物质灰中的 Ca^{2+} 和 Mg^{2+} 含量分别显著下降了 38.1％和 50.2％，但采用 BA＋CF 施服管理策略时，生物质灰中的 Ca^{2+} 和 Mg^{2+} 含量变化并不显著。这说明，在酸性土壤条件时(CF 为酸性肥，可降低土壤 pH 值)，Ca^{2+} 与 Mg^{2+} 并无损失，但当土壤 pH 值处于中性时，Ca^{2+} 与 Mg^{2+} 流失严重。这可能是由于在酸性条件下,Ca^{2+}与Mg^{2+}处于溶解态,被土壤中的生物质灰与有机质混合物吸附固定,但当土壤 pH 值趋向中性时,从生物质灰中离解出来的部分Ca^{2+}与Mg^{2+}会与土壤中的其他成分发生反应,从而被固定在土壤的其他组分中,因此造成了生物质灰与有机质混合物组分中Ca^{2+}与Mg^{2+}的大量流失。但是,无论生物质灰中的元素去向何处,生物质灰中的矿质元素确实被番茄根系溶解到了土壤之中,为番茄的生长提供了营养,促进了番茄对养分的摄取及利用。

虽然生物质灰中的重金属元素的初始含量低于有机-无机混合肥施用的国家标准《有机无机复混肥料》(GB/T 18877—2020)中允许的相应值范围,但无论含生物质灰的土壤中是否栽培番茄,试验结束后,生物质灰中的重金属元素含量均低于初始值,如图 6-1 所示。这表明生物质灰中的重金属均会浸出到栽培土壤中,可能会造成番茄在种植过程中对重金属的富集,也可能会使重金属元素转移到土壤的其他组分中。因此,在含生物质灰的土壤中种植番茄时,需要考虑由生物质灰所造成的番茄的重金属富集风险。

6.3.2 生物质灰栽培对番茄光合能力的影响

在含有生物质灰的土壤中种植番茄时,番茄的主要光合指标如图 6-2 所示。

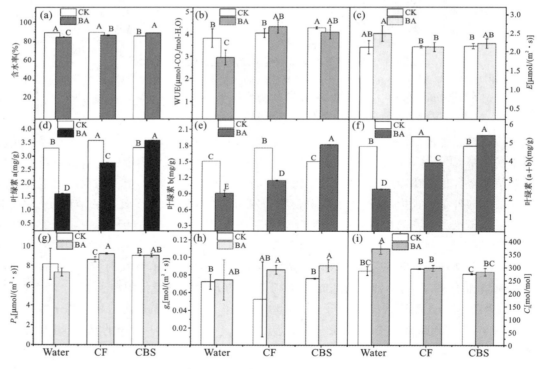

图 6-2 含生物质灰的土壤栽培的番茄的光合指标

(CK 和 BA 表示预先在土壤中不添加和添加生物质灰;Water 为清水处理,CF 为化肥处理,

CBS 为富 CO_2 沼液处理,$P<0.01$)

如果仅将生物质灰施用到土壤中而不进行其他额外的施肥管理(BA＋Water 管理策略)，可以观察到添加到栽培土壤中的生物质灰对番茄的生长产生了生理胁迫。与只浇水且不加生物质灰的对照组相比，BA＋Water 管理下番茄植株的含水量和水分利用率(WUE)分别下降了5.3％和 23.0％，且下降幅度显著。此外，BA＋Water 管理时，番茄植株的整体光合能力和光合色素含量会显著下降。这些现象表明，在添加生物质灰到番茄的栽培土壤中时，如果不进行其他施肥管理，会对番茄产生一定的生理胁迫。当生物质灰施用到番茄的栽培环境中后，追施化肥(CF)能够在一定程度上缓解生物质灰对番茄带来的生理胁迫。这是因为化肥是一种酸性肥料，能够抵消施用生物质灰后所带来的土壤 pH 值的上升。与不添加生物质灰的 CK 情形相比，BA＋CF 管理时番茄的光合速率显著提升了 6.84％，但水分利用率、蒸腾速率、气孔导度及胞间 CO_2 浓度等光合参数的变化并不明显。当将生物质灰施用到番茄的栽培环境中后，追施富 CO_2 沼液(CBS)不但能缓解生物质灰对番茄造成的生理胁迫，还可以在一定程度上促进番茄的光合能力。与只施用 CBS 且不加生物质灰的处理相比，BA＋CBS 管理时的番茄的植株含水率、叶绿素 a 含量和叶绿素 b 含量、叶绿素(a＋b)含量等指标分别提高了8.1％、21.3％、12.1％和 19.1％，提高幅度显著。但水分利用率、蒸腾速率及光合速率等指标并未发生明显的改变。这表明，具有强的 pH 缓冲性能的富 CO_2 沼液能有效缓冲生物质灰施用后所带来的土壤 pH 值上升的趋势，进而可以维持番茄根际环境的稳定。在此种情形下，生物质灰中所含的矿质养分等可以促进番茄的生长，可以提高番茄叶片中光合色素的含量，有利于番茄在光合作用过程中合成和转移更多的光能。因此，在施用了生物质灰的土壤中种植番茄时，需要缓冲生物质灰引起的土壤 pH 值上升的趋势，而 pH 缓冲性能好的富 CO_2 沼液似乎与生物质灰配施能带来最佳的种植效果。

6.3.3　生物质灰栽培对番茄吸收矿质元素能力的影响

在不同的施肥管理策略下，在含有生物质灰的栽培土壤中种植的番茄对矿质养分的摄取能力如图 6-3 所示。

当在栽培土壤中施入生物质灰且只浇水(BA＋Water 管理策略)时，种植后收获的番茄植株的干物质中的 N 元素与 K 元素的含量比及 P 元素与 Mg 元素的含量比均未达到 1。这表明番茄对 N 元素及 Mg 元素的摄取受到了不同程度的限制。而与 BA＋CF 管理的情形相比，BA＋Water 管理时番茄的 P 元素与 Ca 元素的含量比降低了 35.2％，下降明显。这表明番茄对 Ca 元素的吸收受到了不同程度的限制，也证明了在栽培土壤中施加生物质灰时，栽培环境 pH 值的上升确实会限制番茄对矿质养分的摄取能力。其主要原因在于，生物质灰施用于栽培土壤中带来的高 pH 值效应通常会导致栽培土壤硬化，降低土壤中矿质养分的生物有效性，这会抑制番茄与微生物之间的相互作用，从而限制番茄对易沉淀和易挥发的矿质养分的吸收。当施用 CBS 后，番茄的干物质中 N 元素和 K 元素的含量比刚好达到 1，表明番茄对 N 元素和 K 元素的吸收不受抑制。与 BA＋CF 管理相比，BA＋CBS 管理时番茄中 P/Ca 与 Fe 元素的摄取量提高了 14.2％与 238.1％，上升幅度显著。这表明 CBS 与生物质灰配合施用时，番茄对矿质养分的吸收能力没有发生明显的变化。这主要是因为富 CO_2 沼液的 pH 值为6.5，且具有良好的酸碱缓冲性能，能够维持番茄根际环境的稳定，能有效缓解土壤因添加生

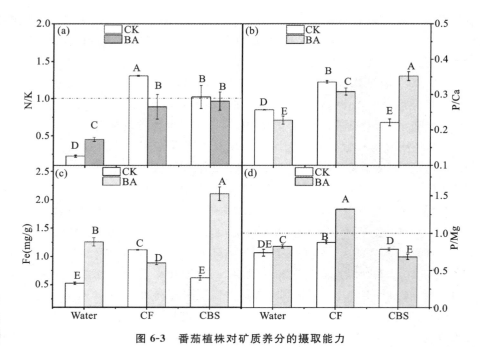

图 6-3　番茄植株对矿质养分的摄取能力

(N/K 为植株干物质中 N 和 K 的比值；P/Ca 为植株干物质中 P 和 Ca 的比值；
P/Mg 植株干物质中 P 和 Mg 的比值；CK 和 BA 表示在土壤中不添加和添加生物质灰；
Water 为清水种植，CF 为化肥种植，CBS 为富 CO_2 沼液种植；$P < 0.01$)

物质灰而产生的 pH 值上升所带来的副作用。BA＋CF 管理时番茄对矿质养分的摄取能力居于 BA＋Water 管理与 BA＋CBS 管理之间。这是因为 CF 是典型的酸性肥料，能缓冲生物质灰施入栽培土壤时所引起的土壤 pH 值上升的趋势，从而防止土壤 pH 值的快速升高。但是施加 CF 是通过强烈的酸性来中和生物质灰中的碱性物质，来稳定番茄栽培环境的 pH 值的，而其 pH 缓冲性能会随着 CF 肥效的推移逐渐消失。以上结论均表示，适宜的施肥管理能减轻施用生物质灰对番茄的矿质养分摄取时所带来的负面影响。

6.3.4　生物质灰栽培对番茄养分合成能力的影响

在含有生物质灰的土壤中种植番茄时，番茄的主要生长状况参数如图 6-4 所示。与不含生物质灰的土壤栽培情形(CK)相比，在含有生物质灰的土壤中施用 CF 或 CBS 可以提高番茄植株的养分含量。这可由番茄植株拥有高的生物量来佐证，如图 6-4(a)所示。与 CK 情形相比，BA＋CF 和 BA＋CBS 管理时番茄的生物量显著增加了 202.4％和 53.9％。另外，与 CK 情形相比，BA＋CBS 管理时番茄的胡萝卜素含量及碳氮比值的变化不明显，如图 6-4(b)和图 6-4(c)所示。这些结果表明，生物质灰中含有高含量的矿物质，尤其是 K 元素和 P 元素，可以促进番茄的次生根和二级侧根的健康发育，从而保证番茄对矿质养分的吸收性能。此外，在合理的施肥管理下，得益于番茄根际环境 pH 值的稳定，生物质灰中主要以 CO_3^{2-} 形式捕获的 CO_2 被转化为 HCO_3^-，增加了栽培土壤中 HCO_3^- 的含量，使得番茄对 HCO_3^- 的吸收利用能力增强，促进了番茄的全碳同化速率。这可由迅速增长的番茄生物量来进行佐证。

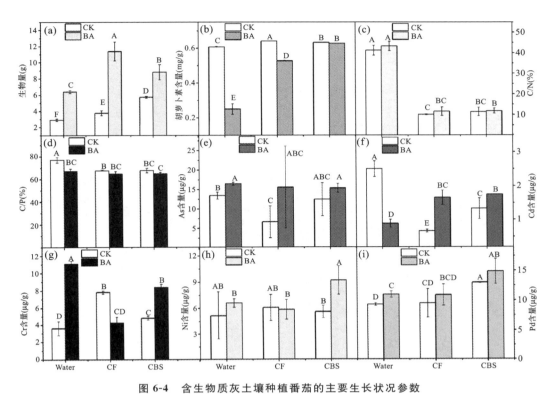

图 6-4　含生物质灰土壤种植番茄的主要生长状况参数

(CK 和 BA 表示土壤中不添加和添加生物质灰；Water 为清水种植，CF 为化肥种植，
CBS 为富 CO₂ 沼液种植；$P<0.01$)

需要注意的是，作物对碳同化速率的增加通常会导致作物中氮基和磷基有机物合成的下降。然而，本章的研究显示，与 CK 情形相比，在生物质灰土壤中种植的番茄植株干物质中的 C/N 的变化并不显著，如图 6-4(c) 所示。这说明，番茄合成的氮基有机物含量并没有发生明显的变化，处于正常水平。番茄植株干物质中的 C/P 有些许下降，此时番茄对 P 元素的吸收量有所增加，但差异却并不显著。这表明番茄合成的磷基有机物含量可保持在正常水平或之上。这可以用番茄固定 CO₂ 和固定 HCO₃⁻ 对番茄营养吸收的不同影响来解释，详见 5.3.2 节的论述。与番茄直接对大气中 CO₂ 的同化相比，番茄对土壤中 HCO₃⁻ 的同化可以促进根系对 NH₄⁺-N 的吸收，从而有助于保持含氮有机质含量的稳定。在 CF 和 CBS 维持土壤 pH 值的前提下，土壤中游离的 HCO₃⁻ 具有良好的 pH 缓冲性能，可以维持土壤中 P 元素处于溶解态时所需要的合适的根际 pH 值，进而稳定番茄机体中磷基有机物合成量。

与不添加生物质灰的 CK 情形相比，添加生物质灰时番茄中的重金属含量有所增加，如图 6-4(e) 至图 6-4(i) 所示。但番茄中的这些重金属含量均低于 GB 2762—2022 等标准中所规定的临界值。

综上所述，尽管生物质灰单独施用于番茄的种植土壤时能对番茄的生长产生生理胁迫，但通过合理的施肥管理策略可以缓解生物质灰对番茄产生的生理胁迫。其中，在施用生物质灰时配施 CBS 比配施 CF 具有更好的缓解效果。此外生物质灰不会造成番茄中重金属含量超标。

6.4 番茄对含生物质灰栽培土壤中的土壤源 CO_2 的固定

6.4.1 番茄对土壤源 CO_2 的固定

番茄对土壤中无机碳的固定能力如图 6-5 所示。

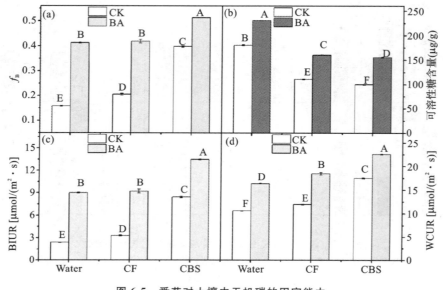

图 6-5 番茄对土壤中无机碳的固定能力

(CK 和 BA 表示在土壤中不添加和添加生物质灰;Water 为清水处理,CF 为化肥处理,
CBS 为富 CO_2 沼液处理;$P<0.01$)

当将生物质灰添加到栽培土壤时,番茄根部会分泌大量的 H^+,为番茄生长提供合适的根际环境(pH 值为 5.5~8.0)。这可以加快生物质灰中所含的 CO_3^{2-} 向 HCO_3^- 的转化。因此,在栽培过程中,有更多的 HCO_3^- 会被番茄根系吸收,并参与番茄植株的碳固定。增加的 HCO_3^- 固定可直接反映在番茄利用土壤无机碳的量占番茄利用的总无机碳源的比例(f_B)中。与不添加生物质灰相比,BA+Water、BA+CF 以及 BA+CBS 管理时,番茄的 f_B 值分别显著提高了 160.9%、103.6% 和 28.9%。在本章中,在无额外 HCO_3^- 补充的情况下,番茄的自然 HCO_3^- 固定速率(BIUR)的计算值为 (2.4 ± 0.01) $\mu mol/(m^2 \cdot s)$,如图 6-5(c)所示。相比之下,BA+Water 管理时番茄的 BIUR 值显著提高了 274.3%,达到 (9.0 ± 0.06) $\mu mol/(m^2 \cdot s)$。值得注意的是,在 BA+CBS 管理中,BIUR 值大幅增加至 (13.5 ± 0.04) $\mu mol/(m^2 \cdot s)$。这主要是由于将富 CO_2 沼液中额外包含的 HCO_3^- 引入番茄的栽培土壤中后,在一定程度上丰富了栽培土壤中的无机碳含量。另外,由图 6-5(d)可知,番茄的可溶性糖含量大幅增加。这也能从侧面证实番茄对 HCO_3^- 的固定能力被大幅提升。因此,在土壤中添加生物质灰可以直接改善番茄的全碳同化能力(WCUR),且与不添加生物质灰的情形相比,BA+Water、BA+CF 以及 BA+CBS 管理时番茄的 WCUR 均显著上升。

6.4.2　番茄种植对富 CO_2 生物质灰中 CO_2 封存量的影响

如图 6-6 所示,当生物质灰有机质混合物埋入含水量为 60% 的土壤中时,生物质灰有机质混合物的 CO_2 负载量(负荷)在 100 d 内可从 (0.29 ± 0.04) mol/kg 大幅增加到 (0.76 ± 0.01) mol/kg,增加的主要原因是大气中的 CO_2 与生物质灰中的碱土金属与碱金属离子之间发生了化学反应。需要注意的是,土壤中的生物质灰所吸收的 CO_2 来自大气,这可以通过生物质灰添加到栽培土壤前后的 ^{13}C 丰度的差异来证实($-18.14\permil$ 到 $-17.94\permil$,约 $0.2\permil$ 的差异)。根据传统概念,如果将生物质灰深埋于田间,生物质灰所携带的 CO_2 将会被全部封存。这意味着将本研究中的生物质灰埋入土壤后将会带来 (0.76 ± 0.01) mol/kg 的 CO_2 长期封存量。

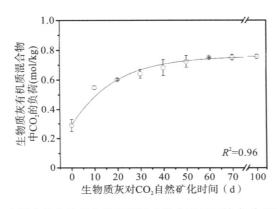

图 6-6　埋入土壤中的生物质灰有机质混合物在自然环境中对 CO_2 的吸收能力

但在实际情况下,当番茄种植在含有生物质灰的土壤中时,生物质灰通常暴露在浅层土壤之中。生物质灰-土壤系统中的实际 CO_2 封存量低于图 6-6 中的试验值,这归因于生物质灰中 CO_2 的逸出,如图 6-7 和图 6-8 所示。当在含有生物质灰的土壤中种植番茄时,与初始状态相比,番茄种植后的土壤中石膏石和硅砂的重量变化均不明显,如图 6-7(a)和图 6-7(b)所示。根据图 6-1 所示的生物质灰中钙、镁离子的流失状况分析可知,这种不明显的重量变化可能是生物质灰中碱金属与碱土金属离子的淋溶再碳酸化造成的,这符合相关专家提出的淋溶再碳酸化理论。

由图 6-7(c)可知,在 BA+CBS、BA+Water 和 BA+CF 种植中,土壤中生物质灰和有机物组分均大量损失,损失量分别达到了 11.7%、29.8% 和 32.0%。这主要是由土壤生物质灰中碳酸盐的大量分解损失而导致的,如图 6-8(a)所示。生物质灰中碳酸盐分解的可能原因如下。①被番茄根吸收。②以碳酸氢盐的形式留在土壤中。③以 CO_2 的形式逃逸到大气中。其中,虽然番茄吸收碳酸盐和逸散排放到大气中的 CO_2 能直接导致土壤中的无机碳含量降低,但是只有后者才会导致生物质灰封存的碳发生损失。与初始种植土壤中的无机碳含量相比,BA+CF 处理中,番茄栽培土壤中无机碳含量降低了 25.3%,而 BA+Water 种植时降低了 64.4%。在 BA+CBS 种植中,土壤无机碳含量反而增加了 15.1%,如图 6-8(a)所示。这主要是因为富 CO_2 沼液中含有的无机碳被引入番茄栽培土壤之中,从而增加了土壤无机碳的含量。但由于沼液的 CO_2 负荷性能非常低,因而由沼液引入栽培土壤中的无机碳的量与生物

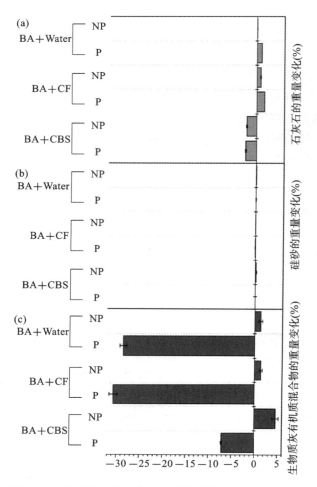

图 6-7 生物质灰合成土壤在试验前后的各组分重量变化
(正值表示增加,负值表示减少,NP 为不种植番茄情形,P 为种植番茄情形,BA+Water 为清水种植,
BA+CF 为化肥种植,BA+CBS 为富 CO_2 沼液种植,BA 为生物质灰)

质灰封存的相比非常小。显然,富 CO_2 沼液的缓冲性能可能会抑制生物质灰中的 HCO_3^- 向 CO_2 转化,从而降低生物质灰中所封存的 CO_2 的逸散损失。

为了确定是不是由于 CO_2 逸出而导致的生物质灰碳损失,将 CO_2 饱和的生物质灰添加到栽培土壤中,观察番茄种植前后土壤中无机碳含量的变化,相关结果如图 6-8(a)和图 6-8(b)所示。在 BA+CBS 种植中,番茄种植后土壤中的无机碳含量仍然有所降低。假设在 BA+CBS 种植时,土壤无机碳含量的降低完全是因为其被番茄根系吸收所造成的,那么在 BA+Water 和 BA+CF 种植时肯定会发生 CO_2 向大气的逸逸,因为其土壤无机碳损失量更高。因此,当采用含生物质灰的土壤种植番茄时,生物质灰所吸收 CO_2 的损失将不可避免,这将直接导致生物质灰-土壤系统的实际 CO_2 封存能力要低于本试验的理论值。当然,采用 CBS 配施等合适的施肥管理策略可以缩小这一差距。

添加生物质灰到番茄栽培土壤中时,在不同的施肥管理策略下,栽培土壤 pH 值的变化

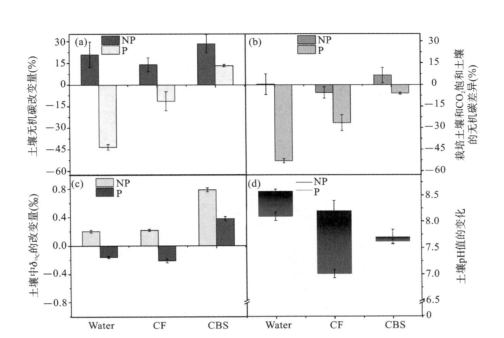

图 6-8　生物质灰有机质混合物中无机碳、¹³C 丰度和 pH 值变化

（正值表示增加，负值表示减少；NP 为不种植番茄情形，P 为种植番茄情形；BA＋Water 为清水种植，
BA＋CF 为化肥种植，BA＋CBS 为富 CO₂ 沼液种植，BA 为生物质灰）

如图 6-8(d)所示。与不种植番茄的情形相比，种植番茄会引起栽培土壤 pH 值的上升，其中 BA＋CF 种植的 pH 值的变化幅度最大，BA＋CBS 种植时土壤 pH 值的变化幅度最小，且在试验误差允许的范围内基本无变化。这些结果说明，尽管 CF 的施用能够带来暂时的土壤 pH 值下降，但当 CF 的酸性或肥效被耗尽时，生物质灰中的碱性物质将会继续提高土壤的 pH 值，但此时的 pH 值上升幅度有限，不会对番茄的生长产生胁迫。因此，对于长期施用化肥的土壤来说，生物质灰能够改良土壤酸化引起的土壤板结等问题。而拥有较强 pH 缓冲性能的富 CO₂ 沼液能够持续维持土壤 pH 环境稳定，有利于保持生物质灰封存 CO₂ 的稳定性。因此，CBS 更适合作为生物质灰的配施肥。

6.5　不同施肥管理策略下植物-生物质灰-土壤系统的实际固碳潜力

本研究总结了包含一株番茄、土壤和生物质灰的番茄生态系统（简写为 Tom-E）的实际 CO₂ 固定能力，其结果如表 6-4 所示。将生物质灰添加到番茄的栽培土壤中时，BA＋Water 种植时，番茄的碳固定能力为 (2.0 ± 1.12) mmol；BA＋CF 种植时，番茄的碳固定能力为 (3.3 ± 0.76) mmol；BA＋CBS 种植时，番茄的碳固定能力为 (2.2 ± 0.24) mmol。根据生物质灰中的净碳损失量与生物质灰被番茄利用的固碳量之间的差异，可以评估在番茄种植过程中从生物质灰逸出到大气中的 CO₂ 量。经过计算发现，BA＋Water、BA＋CF 和 BA＋CBS 种植时，生物质灰逸出到大气中的 CO₂ 量分别为 (10.9 ± 1.71) mmol、(5.2 ± 1.80) mmol 和 (2.4 ± 0.72) mmol。生物质灰中 CO₂ 的逸出率由生物质灰中 CO₂ 逸出量与生物质灰中携带的 CO₂

最大量的摩尔比来定义,其中生物质灰中携带的 CO_2 最大量为(18.9±0.06) mmol。由于番茄栽培和施肥管理的影响,在 BA+Water、BA+CF 和 BA+CBS 种植时,生物质灰中 CO_2 的逃逸率分别高达 57.4%、27.3% 和 12.5%。最后,本研究对番茄生态系统的实际碳固定能力进行了计算,当采用 BA+Water 和 BA+CF 种植时,番茄生态系统的实际碳固定能力分别为(8.8±1.10) mmol 和(13.7±0.74) mmol;而 BA+CBS 种植时,番茄生态系统的实际 CO_2 固定能力超过了生物质灰的最大固碳能力(18.9±0.06) mmol,此时番茄生态系统的实际 CO_2 固定能力为(20.7±0.53) mmol。造成该现象的主要原因在于富 CO_2 沼液中所含的无机碳被引入土壤后增强了番茄的碳固定能力。

表 6-4　番茄生态系统的碳固定量

处　理	番茄对生物质灰中无机碳固定量（mmol）	生物质灰中的净碳损失量（mmol）	番茄生态系统的实际固碳量（mmol）
BA+Water	2.0±1.12	12.9±0.59	8.8±1.10
BA+CF	3.3±0.76	8.5±1.80	13.7±0.74
BA+CBS	2.2±0.24	4.6±0.48	20.7±0.53

从生物质灰全生命周期的角度来看,当生物质灰被回收再利用到番茄的栽培土壤中时,最终保留在生物质灰和土壤中的 CO_2 量即为番茄生态系统的负碳排放量(NCE)。按照传统观点,深埋处理生物质灰时的最大 NCE 值应为(18.9±0.06) mmol,如表 6-5 所示。然而,在不种植番茄的情况下,将生物质灰回用到土壤时,BA+Water、BA+CF 和 BA+CBS 种植时生态系统的 NCE 估算值分别为(19.3±1.38) mmol、(18.1±0.76) mmol 和(21.1±1.05) mmol,如表 6-5 所示。然而,一旦含有生物质灰的土壤用于种植番茄,相应的番茄生态系统的 NCE 值将会大幅降低至(6.3±0.22) mmol、(9.7±0.72)mmol 和(16.4±0.13) mmol,如表 6-5 所示。

表 6-5　不同处理方式对番茄生态系统中生物质灰有机质混合物固碳量的影响

处　理	最大碳固定量（mmol）	未种植番茄的固碳量（mmol）	种植番茄的碳固定量（mmol）
BA+Water	18.9±0.06	19.3±1.38	6.3±0.22
BA+CF	18.9±0.06	18.1±0.76	9.7±0.72
BA+CBS	18.9±0.06	21.1±1.05	16.4±0.13

6.6　本章小结

(1) 在利用生物质灰的同时配施化肥或富 CO_2 沼液,不仅能降低生物质灰对番茄的生理毒性,还可以提高番茄的品质。然而,在含生物质灰的土壤中种植番茄时,田间管理措施会导致 CO_2 从碳酸化生物质灰中逸出,这可能会削弱含番茄、土壤和生物质灰的番茄生态系统的 CO_2 固定性能。仅进行浇水处理时,生物质灰所携带的 CO_2 中约有 57.4% 会返回大气而损失(即 CO_2 损失);而进行常规施肥(CF)处理,能将 CO_2 损失降至 27.3%。需要注意的是,将具有良好 pH 缓冲性能的富 CO$_2$ 沼液施用于包含生物质灰的土壤时,可改善番茄对 HCO$_3^-$ 的固定环境,从而可将 CO$_2$ 损失降低至 12.5%。

(2) 将碳酸化生物质灰用于番茄种植时,在富 CO$_2$ 沼液提供的适宜的根际环境下,可将更多的可溶性无机碳引入土壤之中,从而使番茄的无机碳同化率提高至 $(13.5\pm0.04)\mu$mol/ $(m^2 \cdot s)$,增幅约为 462.5%。因此,在将生物质灰用于番茄种植时配施 CBS 这一策略能提高番茄生态系统的 CO$_2$ 固定能力,可将 CO$_2$ 固定能力提高至 (20.7 ± 0.53)mmol,这比生物质灰的最大的 CO$_2$ 封存能力还高 9.5%。

(3) 当仅从生物质灰的全生命周期角度考虑生物质灰-土壤中残留的 CO$_2$ 量时,在含有生物质灰的土壤中配施富 CO$_2$ 沼液种植番茄的情况下,可以实现 (16.4 ± 0.13)mmol 的碳固定量。

第7章 以沼液-生物质灰混合物为载体时 CO_2 在植物-土壤-微生物中的固定与转化

7.1 引　言

由第 5 章的论述可知,沼液是一种非常适合将 CO_2 传递到土壤无机碳库的载体。将富 CO_2 沼液用于番茄种植,不仅能促进番茄的生长,还能促进番茄对引入栽培环境中的土壤源 CO_2 的吸收和固定,强化番茄-土壤-微生物生态系统的碳汇能力。由第 2 章的论述可知,原沼液的 CO_2 吸收性能有限,无法向番茄根际土壤中提供大量的 HCO_3^-。虽然通过沼液 CO_2 解吸可以强化沼液的 CO_2 吸收性能,但其 CO_2 吸收本质依然是沼液中游离氨与 CO_2 间的化学反应,因而沼液的 CO_2 携带量无法得到大幅提高。通过沼液浓缩-吸收剂添加-沼液稀释等外源化学吸收剂增量添加机制可实现沼液 CO_2 吸收性能的大幅提升,但由于外源化学吸收剂自身的生理毒性,吸收剂添加量依然会受到限制,无法使沼液负荷更多的 CO_2。由第 6 章的论述可知:碱性生物质灰具有较好的 CO_2 吸收性能,且在一定的使用条件下能促进番茄的生长,并不会对番茄产生生理胁迫;同时,在含生物质灰的土壤中追施富 CO_2 沼液还可抵消生物质灰对番茄的生理胁迫,并降低生物质灰中 CO_2 的逸散,促进番茄的生长。同时,第 4 章论述也表明,由生物质灰和沼液组成的混合吸收剂具有更好的 CO_2 吸收性能,且吸收 CO_2 后的生物质灰和沼液混合物的 pH 值符合番茄生长所需要的根际 pH 值范围。因此,将沼液和生物质灰耦合用于番茄种植,理论上不但能为番茄生长提供大量的根际无机碳,还能降低生物质灰对番茄带来的生理胁迫。

基于此,本章对以沼液-生物质灰混合物为载体时 CO_2 在农业生态系统中的利用可行性进行论述,并考虑以下 3 种利用情境。

(1)情境一:当生物质灰与沼液的重量比(即固液比)为 5∶10 时,生物质灰和沼液混合吸收剂液相部分的 CO_2 吸收性能最优。此时,沼液-生物质灰混合吸收剂的液相部分吸收 CO_2 后得到的富 CO_2 沼液被称为生物质灰浸出后强化沼液(简称强化沼液,BA-CBS)。在本方案中,以强化沼液 BA-CBS 为转运载体用于番茄的种植,同时还与富 CO_2 沼液 CBS 进行对比。通过分析强化沼液对番茄的生理毒性、番茄对强化沼液中引入的外源性 HCO_3^- 的吸收与固定、强化沼液对栽培土壤中微生物的影响,探究了以生物质灰强化沼液为转运载体的 CO_2 在番茄中的固定,以便能为沼液在碳减排技术中的大规模应用提供数据支持。此种利用情境下,番茄的种植施用方案简称为 BA-CBS。

(2)情境二:当生物质灰与沼液的重量比为 3∶10 时,生物质灰和沼液混合吸收剂的总 CO_2 吸收性能最优。此时,将混合吸收剂进行固液分离后获得的生物质灰浆体作为番茄种植的基肥。同时,在番茄的追肥中追施混合吸收剂固液分离中分离出的液相。此种利用情境下,番茄的种植施用方案简称为 BS-CBA。

(3) 情境三:按照生物质灰与沼液重量比为 3∶10 的比例来配制沼液-生物质灰混合吸收剂,并进行 CO_2 吸收,直接采用富 CO_2 沼液-生物质灰混合吸收剂种植番茄。此种利用情境下,番茄的种植施用方案简称为 CBSBA。

通过分析情境二和情境三中番茄的生理毒性、番茄对引入栽培土壤中无机碳的固定能力以及这两种利用方案对土壤微生物群落的影响,研究情境二和情境三用于番茄种植时的利与弊,为利用生物质灰将大量 CO_2 传递到栽培土壤中筛选出适合的方案。

7.2　材料与方法

7.2.1　试验材料

7.2.1.1　沼液

详见 6.2.1.1 小节的论述。

7.2.1.2　番茄

详见 5.2.1.2 小节的论述。

7.2.1.3　生物质灰

本研究所用生物质灰来自武汉某供热项目的生物质锅炉,主要的生物质原材料为马尾松。该生物质灰的主要物化参数如表 7-1 所示。

表 7-1　生物质灰的主要矿质元素含量

参　　数	参　数　值
P(mg/g)	7.3±0.07
K(mg/g)	38.6±0.63
Ca(mg/g)	44.8±6.9
Mg(mg/g)	8.4±3.91
Fe(mg/g)	24.4±3.02
Zn(mg/g)	0.4±0.01
Cd(μg/g)	8.6±0.92
Cr(μg/g)	147.8±40.12
As(μg/g)	58.7±1.22
Pb(μg/g)	63.2±1.44
Ni(μg/g)	69.8±3.98

7.2.1.4　生物质灰与富 CO_2 沼液混合物

在情境一中,将生物质灰与沼液混合配制成固液重量比为 5∶10 的生物质灰和沼液的混合物,混合搅拌一段时间后进行固液分离,对分离所得的液相进行纯CO_2吸收,直至液相体系pH值降至约6.5时停止,即可获得富CO_2强化沼液(BA-CBS)。

在情境二和情境三中,将生物质灰与沼液混合配制成固液重量比为3:10的生物质灰和沼液的混合物,然后向混合物中通入CO_2气体,并不停地搅拌,每隔15 min测试1次混合物的pH值,直至pH值降低到7以下时,再继续通1 h的CO_2以确保CO_2完全过量,并记录混合物的pH值与EC值。CO_2吸收完成后,对混合物进行如下处理。①BS-CBA利用情境:通过离心分离的方式对固液进行分离,上层液相为生物质灰强化后的沼液,下层浆体为生物质灰浆。②CBSBA利用情境:不进行固液分离,即为生物质灰和沼液的混合物。

7.2.1.5 栽培土壤

详见5.2.1.3小节的论述。

7.2.2 试验设计

采用番茄为种植品种,称取7.5 kg栽培土壤(黄黏土和黄沙的质量比为1:1混合)装入栽培盆中。

(1) 以强化沼液(BA-CBS)为转运载体时,番茄栽培试验采用化肥、富CO_2沼液和清水处理为对照试验组,生物质灰强化的过滤沼液处理为试验处理。试验中,所用的化肥、富CO_2沼液以及生物质灰强化沼液按每千克栽培土施用0.15 g纯氮的基准来计算其施用量。

(2) 耦合以生物质灰和沼液混合物为转运载体时,番茄栽培试验采用清水和化肥处理为对照试验组,将CO_2吸收性能最好时生物质灰与沼液混合物的浆体作为番茄种植的基肥,并以在番茄的追肥中追施CO_2吸收性能最好的强化沼液作为试验处理(即情境二,BS-CBA),直接以CO_2吸收性能最好时沼液和生物质灰的混合物用于番茄种植作为试验处理(即情境三,CBSBA)。本章中所用的化肥、富CO_2沼液、BS-CBA和CBSBA的施用量按照每千克栽培土施用0.3 g纯钾的基准来计算。

准备好上述试验后,将三叶龄的番茄移栽到装好土的栽培盆中,每个组种植15盆,肥料按照50%基肥、30%保花肥和20%保果肥进行施用,每隔3~5 d浇一次水。在番茄第一胎花苞形成前,测定番茄植株的^{13}C丰度等相关指标。在番茄第一胎果成熟后,测定番茄植株和果实的农艺及生理性状等相关指标,并对土壤微生物取样做16s rRNA高通量测序。土壤的物化指标和^{13}C丰度等在试验开始和结束时分别取样检测。

7.2.3 测试方法

7.2.3.1 沼液的主要参数

详见5.2.3.1小节的论述。

7.2.3.2 土壤与生物质灰的物化参数

详见6.2.3.2小节的论述。

7.2.3.3 番茄的农艺性状

详见5.2.3.3小节的论述。

7.2.3.4　番茄组织中的矿质元素含量

详见 5.2.3.4 小节的论述。

7.2.3.5　番茄组织中的总碳(TC)和总有机碳(TOC)含量

详见 5.2.3.5 小节的论述。

7.2.3.6　番茄组织中的可溶性糖含量

详见 5.2.3.6 小节的论述。

7.2.3.7　番茄的根系活力

详见 5.2.3.8 小节的论述。

7.2.3.8　番茄叶片的光合色素含量

详见 5.2.3.9 小节的论述。

7.2.3.9　番茄果实的维生素含量

详见 5.2.3.13 小节的论述。

7.2.3.10　栽培土壤微生物 16S rRNA 高通量测序

详见 5.2.3.14 小节的论述。

7.2.4　数据处理方法

详见 5.2.4 小节的论述。

7.2.5　数据的统计分析

详见 5.2.5 小节的论述。

7.3　富 CO_2 生物质灰与富 CO_2 沼液种植番茄的可行性

7.3.1　强化沼液用于番茄种植的可行性

由第 5 章的论述可知,将富 CO_2 沼液(CBS)施用到番茄的栽培土壤中,对番茄拥有极低的生理毒性,能促进番茄的生长发育,并提升果实品质。相比于 CBS,通过生物质灰提升 CO_2 负荷量的强化沼液(BA-CBS)的物化参数会发生明显改变。BA-CBS 的 CO_2 吸收性能得到提升,能负荷更多的无机碳。此外,BA-CBS 中还会溶解一部分来自生物质灰的矿质元素,使部分矿质元素含量明显增加。但强化沼液还未有农业种植的先例,且 BA-CBS 对番茄的生理毒性完全未知。因此,在研究番茄对 BA-CBS 中引入的无机碳的固定之前,应先明确 BA-CBS 用于番茄种植时对番茄的植物生理毒性。基于此,在 BA-CBS 用于种植番茄时,利用 BA-CBS 对番茄的产量、光合能力、矿质元素摄取能力以及栽培土壤的 pH 值和 EC 值的影响来综合评价其对番茄的植物生理毒性。

7.3.1.1　强化沼液种植番茄对番茄产量的影响

BA-CBS 用于番茄种植时，对番茄产量的影响如图 7-1 所示。与 CBS 种植的番茄相比，BA-CBS 种植的番茄的经济产量提高了 4.7%，两者间的差异并不显著。与 CF 种植的番茄相比，BA-CBS 种植的番茄的经济产量提升了 14.3%，两者间差异显著。BA-CBS 种植的番茄的收获指数与经济产量拥有同样的变化趋势，相较于 CBS 种植轻微提升了 1.5%，相较于 CF 种植则显著提升了 20.1%。显然，采用 BA-CBS 种植番茄时，尽管番茄的产量指标比 CBS 种植有了一定的提高，但两者仍然处于同一水平，差距并不显著。因而基于 CBS 对番茄生长的促进机理推测，BA-CBS 中负荷的丰富的无机碳能被番茄吸收后用于番茄的基础代谢过程，因而促进了番茄对 BA-CBS 引入栽培土壤的外源无机碳的固定。同时，相比于番茄对大气中 CO_2 的光合固定，番茄利用土壤源无机碳转化后获得的初级产能能够被更多地转化为经济产物，即番茄将由 BA-CBS 引入土壤碳库的外源无机碳所合成的有机物更多地储存在了番茄果实中。该机理可用于解释 BA-CBS 种植的番茄的果实产量要显著高于 CF 种植的现象。需要注意的是，BA-CBS 尽管负荷了更多的无机碳，但其番茄的产量与无生物质灰强化的 CBS 相当。因此，BA-CBS 能否促进番茄对无机碳的固定还有待进一步分析。

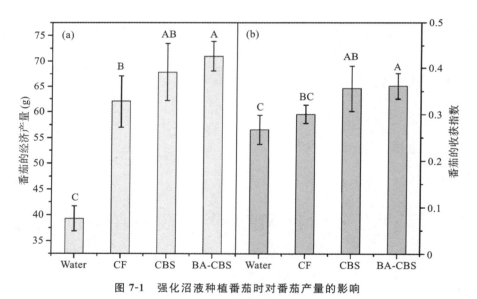

图 7-1　强化沼液种植番茄时对番茄产量的影响

（Water 为清水种植，CF 为化肥种植，CBS 为富 CO_2 沼液种植，BA-CBS 为强化沼液种植，$P<0.01$）

7.3.1.2　强化沼液种植番茄对番茄光合能力的影响

BA-CBS 用于番茄种植时，对番茄光合能力的影响如图 7-2 所示。尽管 BA-CBS 种植组中番茄叶片的叶绿素 b 含量相较于 CF 种植组显著提高了 10.4%，如图 7-2(b) 所示，但叶绿素 a 含量以及叶绿素(a+b)含量却分别显著降低了 30.7% 和 20.1%，如图 7-2(a) 和图 7-2(c) 所示。这些结果表明，番茄叶片将光能转换为电子能的能力出现下降，但叶片中传递电子能的能力却大幅提升。这可能是由于 BA-CBS 种植的番茄叶片需要传递更多的电子能，而不是继续转化更多的电子能,因而更多的叶绿素 a 向叶绿素 b 转化。该结论可由叶绿素 a 与叶绿素 b 含量比值(叶绿素 a/叶绿素 b)的下降来证明,如图 7-2(d)所示。叶绿素 a 向叶绿素 b 转化的原因有很多,其中最有可能的原因是番茄吸收的土壤中的外源性无机碳被转运到了叶片中,并参与了番茄的光合作用,此时叶片中有大量待利用的 CO_2,导致叶片的电子转移能力被大幅提升。

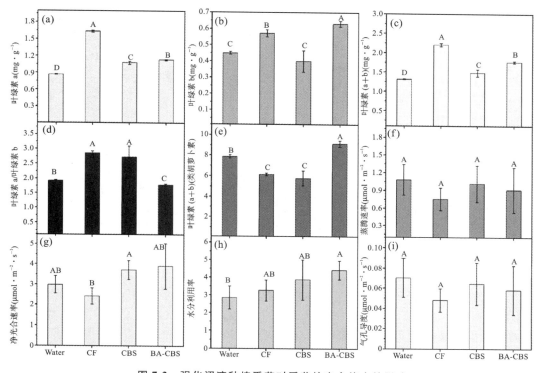

图 7-2　强化沼液种植番茄对番茄的光合能力的影响
(Water 为清水种植,CF 为化肥种植,CBS 为富 CO_2 沼液种植,BA-CBS 为强化沼液种植,$P<0.01$)

与 CF 种植的番茄和 CBS 种植的番茄相比,BA-CBS 种植组的番茄的蒸腾速率、净光合速率、水分利用率及气孔导度等变化并不显著,所有指标都处于同一水平,如图 7-2 所示。这表明,BA-CBS 种植的番茄拥有和 CF 种植组及 CBS 种植组一样的光合能力,番茄对大气源 CO_2 的固定速率并未因根系吸收了土壤源 CO_2 而被降低。因此,BA-CBS 用于番茄种植时,不会对番茄的光合系统及光合能力产生不利影响,番茄对大气中 CO_2 的光合固定能力依然处于正常水平,这有助于提升 BA-CBS 种植组中番茄的全碳同化速率。

7.3.1.3　强化沼液种植番茄对番茄的元素摄取能力的影响

BA-CBS 用于番茄种植时,对番茄的元素摄取能力的影响如图 7-3 所示。BA-CBS 种植时,番茄植株干物质中的 N 元素含量与 CBS 种植组及 CF 种植组的差异并不显著。尽管本部分施肥量是以 N 元素含量为基准,但有研究表明,沼液中的氨氮在农业应用过程中存在一定量的挥发逸散。这表明,在实际应用中,CBS、CF 和 BA-CBS 这 3 个种植组中的番茄对 N 元素的吸收应该有所区别。而由图 7-3 可知,各试验组种植的番茄对 N 元素的吸收量一致。这便进一步说明了为沼液中引入 HCO_3^- 能够稳定沼液中的游离氨,降低沼液游离氨的挥发逸散,进而有利于番茄对根际环境中 N 元素的利用。

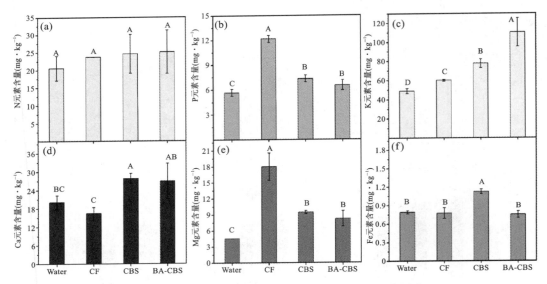

图 7-3 强化沼液种植番茄对番茄的元素摄取能力的影响

(Water 为清水种植,CF 为化肥种植,CBS 为富 CO_2 沼液种植,BA-CBS 为强化沼液种植,$P<0.01$)

利用生物质灰对沼液 CO_2 吸收性能进行强化时,尽管 BA-CBS 中 P 元素的含量得到提升,但 P 元素的含量依然没有达到番茄所需的最佳含量。这就造成了利用 BA-CBS 种植的番茄的植株干物质中 P 元素含量比 CF 种植的番茄降低了 46.3%,两者间差异显著。但 BA-CBS 种植组的番茄的植株干物质中 P 元素的含量却比清水种植组中的显著提高了 15.4%。尽管栽培土壤中的 P 元素并未造成番茄的营养缺乏,但在使用 BA-CBS 种植番茄时,应考虑 P 元素对番茄生长可能造成的限制。BA-CBS 种植的番茄的植株干物质中的 Mg 元素含量变化与 P 元素含量变化规律相同。尽管 BA-CBS 中含有较丰富的 Mg 元素,但番茄对 Mg 元素的吸收量并不多。这说明可能有其他元素与番茄对 Mg 元素的吸收产生了竞争,造成番茄对 Mg 元素的摄取量降低。但需要注意的是,番茄中 Mg 元素含量的降低并未对番茄的正常生长产生抑制作用。番茄对 Mg 元素的摄取量降低已被其他研究者所证实:当番茄对 K 元素的吸收过量时,就会阻碍其对 Mg 元素的吸收,从而导致番茄植株出现 K 元素抑制 Mg 元素摄取的现象。BA-CBS 中的 K 元素含量非常丰富,因而番茄对 K 元素的大量吸收限制了番茄对 Mg 元素的摄取,如图 7-3(c)所示。

与 CF 种植组相比,BA-CBS 种植组的番茄对 K 元素和 Ca 元素的摄取量分别提高了 83.2% 和 64.1%。这表明,BA-CBS 中大量增加的 K 元素和 Ca 元素丰富了番茄的根际营养环境,土壤中 K 元素和 Ca 元素含量的提高促进了番茄对 K 元素和 Ca 元素的摄取。K 元素是番茄所必需的主要的大量元素之一。番茄对 K 元素的需求量最大,BA-CBS 中丰富的 K 元素为番茄充分地摄取 K 元素提供了物质保障。Ca 元素是番茄相比于其他作物所喜爱的元素之一,番茄缺钙极易导致脐腐病的发生。番茄在生长过程中极易缺钙,且环境中 N 元素和 K 元素过多也会抑制番茄对 Ca 元素的吸收。BA-CBS 中含有丰富的 Ca 元素为番茄的健康生长提供了保障,促进了番茄对 Ca 元素的有效吸收。值得注意的是,BA-CBS 中含量被提高的元素并未对番茄的生长产生不利影响。

第 5 章的论述表明,由 CBS 引入栽培土壤中的外源 HCO_3^- 不会限制番茄对 Fe 元素的吸收。但由图 7-3(f)可知,BA-CBS 种植组的番茄对 Fe 元素的摄取量比 CBS 种植组的显著下降了 33.1%,但与 CF 种植组的差异并不显著,处于同一水平。这表明,尽管 BA-CBS 种植时番茄对 Fe 元素的吸收没有达到与 CBS 种植时的相同水平,但 CA-CBS 中的 HCO_3^- 并未抑制番茄对 Fe 元素的摄取,番茄对 Fe 元素的摄取能力仍保持在正常水平。

7.3.1.4　强化沼液种植番茄对栽培土壤 pH 值和 EC 的影响

BA-CBS 用于番茄种植时,对番茄栽培土壤的 pH 值及 EC 的影响如图 7-4 所示。BA-CBS 用于番茄种植后,栽培土壤的 pH 值比 CF 种植组提高了 66.1%,和 CBS 种植组处于同一水平,两者均保持在 7.1~7.2 的范围内,符合番茄生长所需要的根际 pH 环境。这表明 BA-CBS 和 CBS 一样具有较稳定的 pH 缓冲性能,能为番茄生长提供适宜且稳定的根际 pH 环境,保障番茄的健康生长,促进番茄对养分的吸收。

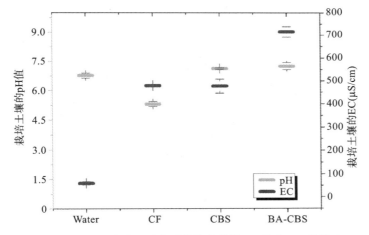

图 7-4　强化沼液种植番茄对栽培土壤的 pH 值和 EC 的影响

(Water 为清水种植,CF 为化肥种植,CBS 为富 CO₂ 沼液种植,BA-CBS 为强化沼液种植)

BA-CBS 用于番茄种植后,栽培土壤的 EC 值达到了(714.5±23.33)μS/cm,比 CF 种植和 CBS 种植时栽培土壤的 EC 值分别提升了 48.9% 和 49.7%,差异显著。这主要是由于,采用强化沼液时,生物质灰中的大量矿质元素溶解到了 BA-CBS 中,使得 BA-CBS 中的矿质元素含量大幅提高。另外,BA-CBS 种植组中栽培番茄后土壤的 EC 值小于番茄种植所需要土壤的 EC 的最低要求值(1000 μS/cm)。此时,BA-CBS 中的肥效已经基本发挥殆尽,番茄对 BA-CBS 中的养分进行了充分的利用。因此,BA-CBS 用于番茄种植时,不仅能够给番茄提供丰富的养分,还不会对番茄的生长产生生理胁迫。

综上所述,BA-CBS 用于番茄种植时,能够提高番茄的产量,促进同化物向番茄果实积累,不会对番茄的光合系统产生危害,可维持番茄的正常光合能力;同时,还可以促进番茄对

N、K 和 Ca 等元素的吸收,且不会限制番茄对 Fe 元素的吸收。因此,BA-CBS 用于番茄种植不会对番茄的生长产生生理毒害。

7.3.2　耦合利用生物质灰和沼液种植番茄的可行性

本研究考虑了生物质灰和沼液的耦合利用情境。①7.1 节论述的情境二以生物质灰浆为基肥,追施生物质灰强化后的沼液。该情境采用的方案为 BS-CBA。②7.1 节论述的情境三将生物质灰和沼液的混合物直接用于种植番茄。该情境采用的方案为 CBSBA。

为了探究情境二的可行性,需要明确在生物质灰浆做基肥时,BS-CBA 对番茄是否会产生生理胁迫。同样,为了探究情境三的可行性,需要明确生物质灰和沼液的混合物(CBSBA)对番茄是否会产生生理胁迫。

7.3.2.1　耦合利用生物质灰和沼液种植番茄对番茄产量的影响

以生物质灰浆作为基肥,追施 BS-CBA 的情形及直接利用 CBSBA 的情形下,番茄的产量如图 7-5 所示。需要注意的是,如不加特殊说明,在本部分之后,以生物质灰浆作为基肥后追施 BS-CBA 的情形将直接采用 BS-CBA 进行表述。CBSBA 种植组的番茄的经济产量与 BS-CBA 种植组的相比提高了 3.6%,差异显著,同时也比 CF 种植组显著提高了 13.5%。另外,CBSBA 种植组的番茄的收获指数与 CF 种植组的相比显著提高了 37.6%。这说明,将 CBSBA 用于番茄种植能够明显提高番茄的产量,促进机体合成的产物向经济产物积累,不会影响番茄的物质同化能力。虽然 BS-CBA 种植组番茄的收获指数与 CF 种植组的处于同一水平,但其经济产量却比 CF 种植组的显著高了 9.6%。这表明,BS-CBA 用于番茄种植时,尽管没有 CBSBA 对番茄产生的促进效果明显,但种植的番茄对同化产物向番茄果实中积累的能力依旧高于正常水平,不会对番茄的物质同化产生生理胁迫。

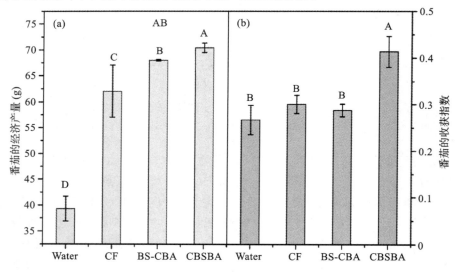

图 7-5　耦合利用生物质灰和沼液种植番茄对番茄产量的影响

(Water 为清水种植,CF 为化肥种植,BS-CBA 为生物质灰浆基肥和强化沼液追肥种植,
CBSBA 为沼液生物质灰混合物种植,$P<0.01$)

7.3.2.2 耦合利用生物质灰和沼液种植番茄对番茄光合能力的影响

将 BS-CBA 和 CBSBA 分别用于番茄种植时,对番茄光合能力的影响如图 7-6 所示。与 CF 种植组相比,BS-CBA 种植组的番茄叶片的叶绿素 a、叶绿素 b 及叶绿素(a+b)的含量下降了 49.8%、48.6%和 49.5%,且下降明显,但叶绿素 a/叶绿素 b 的量却与 CF 种植时的差异不显著,处于同一水平。同样,与 CF 种植组相比,CBSBA 种植组的番茄叶片的叶绿素 a、叶绿素 b 及叶绿素(a+b)的含量也显著下降了 62.8%、63.6%和 63.1%,但叶绿素 a/叶绿素 b 的量与 CF 种植时的差异并不显著,处于同一水平。这些结果说明,尽管 BS-CBA 与 CBSBA 种植组的番茄叶片中叶绿素含量下降了,但并未实质性地改变番茄光合系统对能量的转换,番茄依然能够维持机体正常光合能力时的能量需求。同时,由图 7-6(f)、图 7-6(g)、图 7-6(h)和图 7-6(i)可知,BS-CBA 与 CBSBA 种植组的番茄的其他光合指标与 CF 种植组的均处于同一水平。这进一步表明,BS-CBA 与 CBSBA 分别用于种植番茄时,能够维持番茄正常的光合能力,不会对番茄的光合系统及光合能力产生生理胁迫。

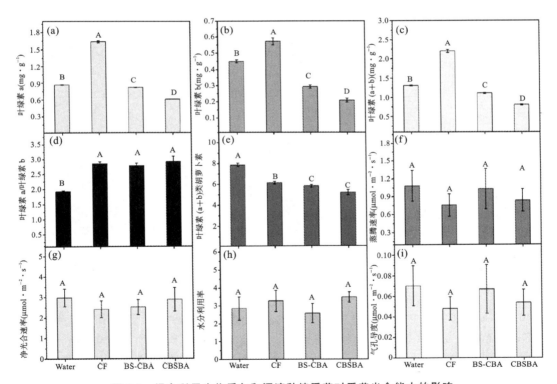

图 7-6 耦合利用生物质灰和沼液种植番茄对番茄光合能力的影响

(Water 为清水种植,CF 为化肥种植,BS-CBA 为基肥施生物质灰浆和追肥施强化沼液种植,
CBSBA 为沼液生物质灰混合物种植,$P<0.01$)

7.3.2.3 耦合利用生物质灰和沼液种植番茄对矿质元素摄取的影响

BS-CBA 和 CBSBA 用于番茄种植时番茄对矿质元素摄取能力的影响如图 7-7 所示。由于生物质灰浆中的 N 元素含量较低，因而该部分研究中为番茄施用 BS-CBA 及 CBSBA 时以 K 元素含量作为施肥基准。将 BS-CBA 与 CBSBA 分别用于番茄种植时，番茄植株干物质中的 K 元素含量与 CF 种植组的差异不显著，处于同一水平。这表明番茄对栽培环境中 K 元素的吸收能力没有受到胁迫，番茄仍具有维持基础的矿质元素摄取能力。与 CF 种植组的番茄相比，将 BS-CBA 用于番茄种植时，番茄对 N 元素、Ca 元素和 Fe 元素的吸收量分别提高了 97.6%、151.6% 和 363.9%，提高效果显著，但对 P 元素和 Mg 元素的吸收量却显著下降了 56.1% 和 54.8%。将 CBSBA 用于番茄种植时，尽管番茄对 Ca 元素与 Fe 元素的摄取量与 CF 种植时处于同一水平，但对 P 元素和 Mg 元素的摄取量与 CF 种植的相比下降幅度明显。

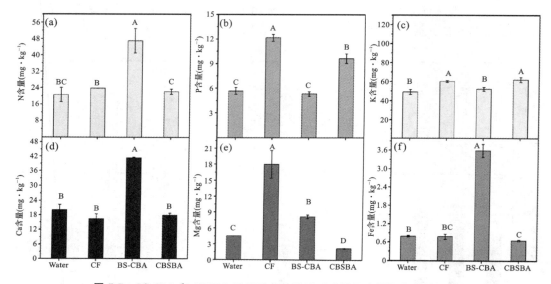

图 7-7 BS-CBA 和 CBSBA 用于番茄种植时对矿质元素摄取能力的影响
(Water 为清水种植，CF 为化肥种植，BS-CBA 为基肥施生物质灰浆及追肥施强化沼液种植，
CBSBA 为沼液生物质灰混合物种植，$P<0.01$)

由于沼液和生物质灰中都含有丰富的 K 元素，当两者以混合物的形式用于番茄种植，且以 K 元素含量作为施肥基准时，极易造成强化沼液的施用量减少，进而导致由沼液供应的其他非 K 元素的含量不足，从而限制了番茄对机体所需的如 P 元素等大量元素的摄取。因此，在 CBSBA 种植时，番茄对矿质元素的吸收能力整体下降。而由于 BS-CBA 采用的是先施用生物质灰浆做基肥，再追施强化沼液的种植方式，所以生物质灰和沼液中的 K 元素对需要供应的其他非 K 元素含量的限制较小，且在 BS-CBA 种植时强化沼液的施用量要多于 CBSBA 种植时的施用量。因此，从对番茄根际的元素供给方面分析，BS-CBA 种植能满足番茄正常生长所需要的养分量。值得注意的是，BS-CBA 和 CBSBA 均没有对 Fe 元素的吸收产生抑制作用。这表明，在合适的根际环境中，HCO_3^- 的大量引入不会限制作物对 Fe 元素的

吸收。因此,可以推断出,其他研究中的作物对 Fe 元素的摄取能力被 HCO_3^- 抑制的主要原因可能是作物根际 pH 环境的改变,而非番茄对 HCO_3^- 与 Fe 元素的吸收之间具有拮抗作用。

7.3.2.4　耦合利用生物质灰和沼液种植番茄对栽培土壤 pH 值和 EC 的影响

BS-CBA 和 CBSBA 用于番茄种植时对栽培土壤 pH 值和 EC 的影响如图 7-8 所示。将 BS-CBA 用于番茄种植后,相较于 CF 种植组,栽培土壤的 pH 值有所提高,但依然可维持在 7.7 左右,这符合番茄正常生长所需要的根际 pH 环境。而采用 CBSBA 种植番茄后,栽培土壤的 pH 值达到了 8.8 左右,已经超出番茄正常生长所需要的根际 pH 环境的最大限度 (pH=8)。因此,在采用 CBSBA 种植时,生物质灰和沼液的混合物中配施的沼液量太少,不足以缓冲由生物质灰所带来的土壤 pH 值增大趋势,使得栽培土壤的缓冲性能下降,无法维持适宜作物生长的正常的根际 pH 环境。这会导致番茄的根际 pH 环境紊乱,进而可能会影响番茄的正常生长。

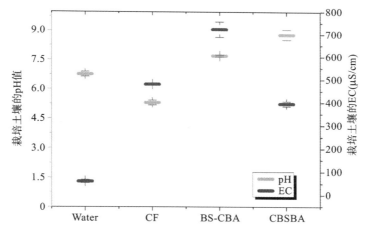

图 7-8　BS-CBA 和 CBSBA 用于番茄种植时对栽培土壤 pH 值和 EC 的影响
(Water 为清水种植,CF 为化肥种植,BS-CBA 为基肥施生物质灰浆及追肥施强化沼液种植,
CBSBA 为沼液生物质灰混合物种植)

相比于 CF 种植组,采用 BS-CBA 种植番茄后,栽培土壤的 EC 值增加了 50.4%,达到了 $(721.5\pm34.65)\mu S/cm$,但并未达到番茄种植时所需的土壤 EC 最低要求(1 mS/cm)。这说明在用 BS-CBA 种植番茄的过程中,番茄已将 BS-CBA 中的元素充分利用,在种植结束时,BS-CBA 的肥效已经充分发挥。因此,BS-CBA 并未对番茄的生长产生生理胁迫。CBSBA 用于番茄种植后,栽培土壤的 EC 值降到了 $(395.0\pm11.31)\mu S/cm$,比 CF 种植组下降了 17.7%,比 BS-CBA 种植组下降了 45.3%。这说明,CBSBA 用于番茄种植时,能为番茄提供的矿质元素量没有 CF 种植组以及 BS-CBA 种植组的多,因而由 CBSBA 的施用而引入土壤中的矿质元素含量可能不足以满足番茄的正常生长。这就是采用 CBSBA 种植时番茄对矿质元素吸收量下降的原因。当生物质灰用于番茄种植时,配施的沼液量若不充足就会导致栽培土

壤中的元素供应量不能满足番茄的正常生长需求量,而元素的缺乏会限制番茄对矿质元素的摄取能力。

综上所述,以生物质灰浆作为基肥,追施 BS-CBA 的方案能够提升番茄的产量,促进番茄的同化产物向番茄的果实中积累,不会对番茄的光合系统产生危害,能维持番茄的正常光合能力,同时还能促进番茄对 N、Fe 及 Ca 等元素的吸收。因此,BS-CBA 不会对番茄产生生理胁迫,用以生物质灰浆作为基肥,追施 BS-CBA 的方案来研究番茄对土壤中无机碳的固定方案具有可行性。当 CBSBA 用于番茄种植时,尽管也能提升番茄的产量,并能维持番茄的正常光合能力,但 CBSBA 所提供的矿质养分无法满足番茄正常生长的需求,同时还会导致栽培土壤的 pH 值上升。因此,CBSBA 种植可能会对番茄产生潜在的生理毒性,还会影响番茄对矿质养分的摄取能力。从可行性角度分析,采用 CBSBA 种植番茄来研究番茄对土壤中无机碳的固定方案比不上 BS-CBA 方案。

7.4 富 CO_2 生物质灰与富 CO_2 沼液施用对番茄果实品质的影响

7.4.1 强化沼液种植番茄对番茄果实营养品质的影响

由前面章节的描述可知,将 BA-CBS 用于番茄种植能提升番茄的产量,促进番茄将由外源性无机碳合成的产物向果实积累。因此,外源无机碳被番茄合成的产物的种类决定了番茄营养品质的优劣。

BA-CBS 用于番茄种植时,对番茄果实营养品质的影响如图 7-9 和图 7-10 所示。由图7-9可知,BA-CBS 种植组、CF 种植组及 CBS 种植组中,番茄果实中的氮基维生素——B 族维生素复合物含量处于同一水平,差异不显著。但在维生素 B1、B4、B5、B6 和 B7 等氮基维生素的合成方面,BA-CBS 种植组番茄中的含量较 CF 种植组分别显著提高了 154.5%、85.3%、36.7%、72.5%和159.2%,且 BA-CBS 种植组的番茄对维生素 B2、B3 和 B8 等氮基维生素的合成量与 CF 种植时处于同一水平。这表明,BA-CBS 种植组中,番茄对用于合成氮基维生素所需要的氮元素摄取能力未被引入的外源性 HCO_3^- 所限制,即根际环境中丰富的 HCO_3^- 不会限制番茄对 N 元素的吸收,反而能将沼液中丰富的游离氨转化为铵根离子,与 HCO_3^- 较稳定地结合在土壤结合位点,阻碍了栽培土壤中的氨态氮的流失,为番茄的生长提供了充足的氮源,使番茄能稳定地合成氮基维生素。

BA-CBS 用于番茄种植时,对番茄果实中碳基维生素——E 族维生素含量及 C/N 的影响如图 7-10 所示。BA-CBS 种植时,番茄果实中的 E 族维生素复合物的含量与 CBS 种植组间的差异并不显著,但比 CF 种植组的显著提高了 51.1%,其中,δ-维生素 E、γ-维生素 E 和 α-维生素 E 的含量分别提高了 40.3%、101.4%和 41.2%。这些结果表明,利用 BA-CBS 种植番茄时,BA-CBS 提供的丰富的外源性无机碳能被番茄根系吸收,并参与了番茄机体中包括碳基维生素的合成在内的重要有机物的合成。该结论也进一步说明,由 BA-CBS 引入番茄根际环境中的外源性无机碳为番茄生长提供了丰富的土壤源 CO_2,在土壤源 CO_2 和大气源 CO_2

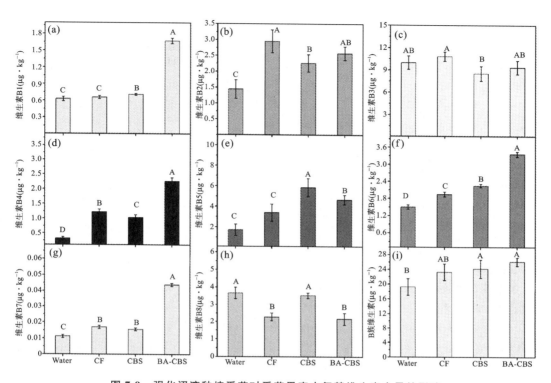

图 7-9　强化沼液种植番茄对番茄果实中氮基维生素含量的影响

（Water 为清水种植，CF 为化肥种植，CBS 为富 CO₂ 沼液种植，BA-CBS 为强化沼液种植，P＜0.01）

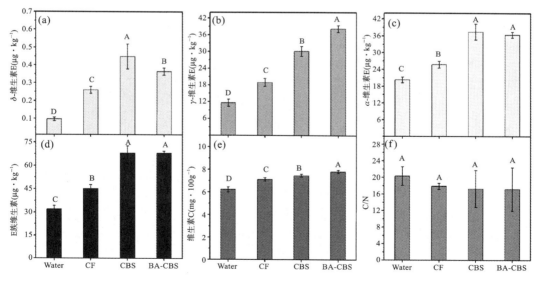

图 7-10　强化沼液种植番茄对番茄果实中碳基维生素含量及 C/N 的影响

（Water 为清水种植，CF 为化肥种植，CBS 为富 CO₂ 沼液种植，BA-CBS 为强化沼液种植，P＜0.01）

的双重加持下,促进了番茄对 CO_2 的大量固定,有利于番茄对碳基有机物的合成。采用 BA-CBS 栽培的番茄果实的 C/N 值与 CBS 种植以及 CF 种植时的 C/N 值处于同一水平。由图 7-10 和图 7-9 可知,BA-CBS 种植的番茄对含 C 元素和 N 元素化合物的合成量远高于 CF 种植的番茄。这些结果表明,由 BA-CBS 引入番茄栽培土壤中的外源性 HCO_3^- 不但促进了番茄对 HCO_3^- 的吸收,还为番茄根际环境稳固了更多的氮源。因此,BA-CBS 用于番茄种植时,能够同时提升番茄对 C 元素和 N 元素的合成能力。同时,番茄对 C 元素和 N 元素合成能力的同步提升,使番茄果实的 C/N 值比较稳定。

BA-CBS 用于番茄种植时,还能提高番茄果实中维生素 C 的含量,如图 7-10(e)所示。与 CF 种植的番茄果实相比,BA-CBS 种植番茄的维生素 C 含量提高了 9.3%,差异显著。与 CBS 种植的番茄果实相比,BA-CBS 种植番茄的维生素 C 含量提高了 4.4%,差异显著。综上所述,BA-CBS 用于番茄种植时,能够提升番茄果实的营养物质含量,促进番茄对各种维生素的合成。

采用强化沼液,会造成生物质灰中的重金属溶解到沼液中。尽管 BA-CBS 中重金属含量并未明显增加,但 BA-CBS 的施用也可能会对番茄产生重金属积累的风险。BA-CBS 种植番茄后,番茄果实中的主要重金属含量如表 7-2 所示。与 CF 种植相比,BA-CBS 种植的番茄果实中的重金属含量有所下降。其原因可能是 BA-CBS 中的重金属元素在强化沼液的 CO_2 吸收过程中被转化为植物难吸收的状态,如形成络合物;也可能是 BA-CBS 中含量被提高的 Zn 等元素与番茄对重金属的富集产生了拮抗作用,限制番茄对重金属的积累。另外,BA-CBS 种植的番茄果实中的重金属含量均未超过食品安全的国家标准。这说明 BA-CBS 中的重金属不会对番茄果实造成潜在的重金属积累风险。

表 7-2 番茄果实中的主要重金属含量

处 理 组	元素含量($\mu g/kg$)				
	As	Cd	Cr	Ni	Pb
Water	7.44±0.19	0.77±0.02	5.01±0.13	3.52±0.09	10.62±0.27
CF	4.79±0.12	0.78±0.02	5.81±0.07	5.18±0.13	12.16±0.3
CBS	3.02±0.08	0.96±0.02	3.9±0.1	4.14±0.1	11.09±0.28
BA-CBS	2.69±0.07	0.73±0.02	4.93±0.12	4.15±0.1	7.23±0.18

(注:Water 为清水种植,CF 为化肥种植,CBS 为富 CO_2 沼液种植,BA-CBS 为强化沼液种植)

综上所述,BA-CBS 用于番茄种植时,能够为番茄果实中各类营养物质含量的提高提供养分基础,BA-CBS 中 HCO_3^- 的引入更是增强了番茄的碳同化能力,促进番茄对 N 元素等的吸收,有利于番茄合成多种有机物。

7.4.2 耦合利用生物质灰和沼液种植番茄对番茄果实品质的影响

BS-CBA 和 CBSBA 用于番茄种植时,番茄果实中的主要营养品质及番茄根系活力如图 7-11

所示。与 CF 种植组相比,采用 BS-CBA 种植番茄时,番茄的根系活力显著提高了93.6%,果实维生素 C 含量提高了 4.4%,而果实碳氮比(C/N)显著下降了 53.0%。这说明,BS-CBA 用于番茄种植时,可为番茄的生长发育提供合适的根际环境,保障番茄拥有较高的根系活力,有助于番茄对栽培环境中的矿质养分以及由 BS-CBA 引入土壤碳库的无机碳的吸收。由图 7-6 可知,BS-CBA 种植时,番茄的碳同化能力可保持在正常水平。因此,果实 C/N 的下降表明番茄果实中合成了更多的氮基有机物,番茄并没有因为栽培环境中无机碳含量过高而影响番茄对氮元素的摄取。BS-CBA 用于番茄种植时,番茄果实中的胡萝卜素含量与 CF 种植组的相比显著下降了46.8%,这可能是由于番茄对栽培环境中氮肥和钾肥的摄取量较高,因而会对番茄果实中胡萝卜素的合成产生拮抗作用。一般而言,高钾高氮的施肥处理极易导致果实中的胡萝卜素含量降低。但需要注意的是,BS-CBA 种植时,番茄果实胡萝卜素含量高于清水种植,且两者间差异显著。因此,番茄果实中胡萝卜素含量的降低没有对番茄果实的品质产生严重的损害。由此可见,将 BS-CBA 用于番茄种植,能在整体上提升番茄果实的营养品质。

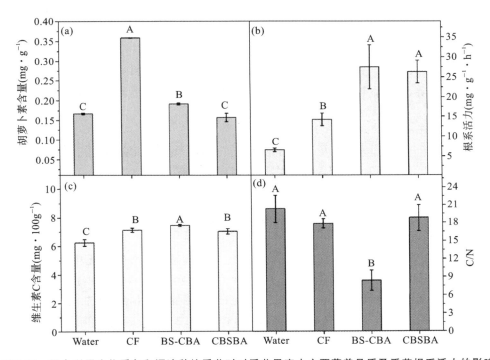

图 7-11　耦合利用生物质灰和沼液种植番茄时对番茄果实中主要营养品质及番茄根系活力的影响
(Water 为清水种植,CF 为化肥种植,BS-CBA 为基肥施生物质灰浆及追肥施强化沼液种植,
CBSBA 为沼液生物质灰混合物种植,P<0.01)

将 CBSBA 用于番茄种植时,尽管番茄的根系活力比 CF 种植组的显著提高了 85.3%,但维生素 C 含量以及 C/N 均与 CF 种植组处于同一水平,而胡萝卜素含量更是与清水种植组处于同一水平。这表明,尽管 CBSBA 能为番茄的生长发育提供适宜的根际环境,有助于番茄对栽培环境中矿质元素的摄取,但对番茄果实的营养品质却无任何提升效应。

将 BS-CBA 与 CBSBA 分别用于番茄种植时,由于 BS-CBA 与 CBSBA 集合了沼液和生物质灰中所有的重金属,因此其造成的番茄重金属超标风险要超过单一采用沼液或生物质灰种植番茄的情形。由表7-3可知,将BS-CBA与CBSBA分别用于番茄种植时,番茄果实中的重金属含量均远低于食品安全国家标准要求的最大限值。

表7-3 耦合利用生物质灰和沼液种植番茄时对番茄果实中重金属积累的影响

种 植 处 理	元素含量($\mu g/kg$)				
	As	Cd	Cr	Ni	Pb
Water	7.44±0.19	0.77±0.02	5.01±0.13	3.52±0.09	10.62±0.27
CF	4.79±0.12	0.78±0.02	2.81±0.07	5.18±0.13	12.16±0.3
BS-CBA	3.83±0.1	0.77±0.02	13.37±0.33	4.85±0.12	6.17±0.15
CBSBA	4.2±0.1	0.83±0.02	8.58±0.21	5.09±0.13	9.52±0.24

(注:Water 为清水种植,CF 为化肥种植,BS-CBA 为基肥施生物质灰浆、追肥施强化沼液种植,CBSBA 为沼液生物质灰混合物种植)

综上所示,BS-CBA 用于番茄种植时,能为番茄的健康生长提供合适的根际环境,种植的番茄果实的主要营养品质都能得到提升,但 CBSBA 种植的番茄果实的营养品质却无任何提升效果。

7.5 富 CO_2 生物质灰与富 CO_2 沼液施用对番茄固碳能力的影响

7.5.1 强化沼液种植番茄对番茄固碳能力的影响

BA-CBS 用于番茄种植时,能够为番茄的栽培土壤引入丰富的外源性无机碳,而 BA-CBS 和 CBS 类似,拥有一定的 pH 缓冲性能,能为番茄吸收土壤中的外源性无机碳提供适宜的根际环境,促进番茄对土壤中外源性无机碳的利用。BA-CBS 用于番茄种植时,番茄吸收和固定土壤中无机碳的能力如图 7-12 所示。与 CF 种植相比,尽管 BA-CBS 种植的番茄的总碳含量并未发生实质性改变,但番茄利用的土壤无机碳占总无机碳源的比例(f_B)却显著增加了 72.3%,使得番茄对土壤中无机碳的利用速率大幅增加了 130.3%,进而使番茄的全碳同化速率显著提高了 105.9%。BA-CBS 用于番茄种植时,为栽培土壤中引入了大量的外源性无机碳,番茄能够利用土壤中的外源性无机碳来合成番茄生长所需要的有机物。尽管番茄的总碳含量没有显著提高,但 BA-CBS 种植的番茄比 CF 种植的能多固定 45.1% 的土壤源碳。番茄多固定的碳一部分用于提升番茄的生物量,另一部分则被番茄根系通过根际沉积作用分泌到土壤中成为土壤有机碳库的一部分,BA-CBS 种植的番茄的可溶性糖含量的增加便可证明这一点。这表明番茄利用土壤中的 HCO_3^- 合成了番茄机体所需要的物质,合成的可溶性糖可能被番茄用于机体的能量消耗,也可能被储存在番茄果实中,还可能被根系作为根际分泌物分泌到土壤中。而与 CBS 种植时相比,BA-CBS 种植的番茄对土壤中外源性无机碳的利用能力差异不显著,尽管番茄的 f_B、对土壤无机碳的利用速率、全碳同化速率和对土壤中无机碳的固定量分别提高了 7.3%、13.4%、11.0% 和 8.2%,但在统计学上的差异却并不显著。这些结果说明,尽管生物质灰提升了沼液对 CO_2 的吸收性能,BA-CBS 对 CO_2 的负荷量也得到了提升,但 BA-CBS 本质上的 CO_2 吸收性能还是和沼液一样,传递到栽培土壤中的外源性无机碳的量依旧偏少,没有达到能够实质性提升番茄对土壤中无机碳利用能力的量。

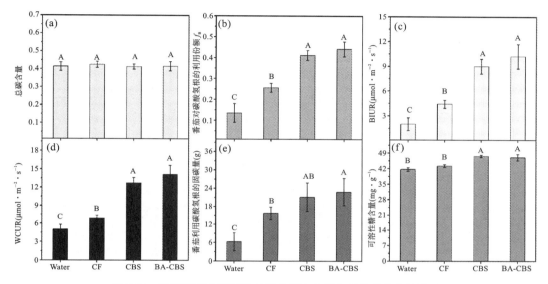

图 7-12　强化沼液种植番茄对番茄固定土壤中无机碳能力的影响

(BIUR 为番茄对 HCO_3^- 的固定速率,WCUR 为番茄的全碳同化速率;Water 为清水种植,CF 为化肥种植,
CBS 为富 CO_2 沼液种植,BA-CBS 为强化沼液种植;$P < 0.01$)

7.5.2　耦合利用生物质灰和沼液种植番茄对番茄固碳能力的影响

将 BS-CBA 与 CBSBA 分别用于番茄种植时,在施用等量生物质灰的基础上,BS-CBA 种植较 CBSBA 种植能向栽培土壤中引入更多的沼液。因此,BS-CBA 方案可向栽培土壤中引入更多的无机碳。采用 BS-CBA 与 CBSBA 分别种植番茄时,番茄的固碳能力如图 7-13 所示。与 CF 处理和 CBSBA 处理相比,BS-CBA 用于番茄种植时,番茄机体中合成的可溶性糖含量及总碳含量处于同一水平,但番茄利用的土壤无机碳占无机碳源的比例却得到了大幅增加。BS-CBA 种植组的 f_B 值比 CF 种植组的显著提高了 95.1%,从而使番茄对土壤中无机碳的利用速率提高了 190.4%,进而使得番茄的全碳同化速率提高了 124.6%。同样,BS-CBA 种植组的 f_B 值比 CBSBA 种植组的显著提高了 16.1%,使番茄对土壤中无机碳的利用速率提高了 32.2%,进而使番茄的全碳同化速率提高了 21.9%。这些结果表明,BS-CBA 向番茄的栽培土壤中引入了更多的外源性无机碳,大量外源性无机碳的引入没有影响番茄生长所需要的根际环境,反而为番茄的生长发育提供了丰富的无机碳源。在这种情况下,番茄充分吸收并固定了这些外源性无机碳,从而促进番茄对无机碳的利用速率等指标的明显改善。另外,BS-CBA 种植的番茄比 CF 及

CBSBA 种植时的番茄能多固定108.2%和81.1%的碳。这说明从合成的产物总量来分析,无机碳被合成的产物量明显增加,这些以无机碳合成的产物除了用于提高番茄的生物量外,还很可能被番茄分泌到土壤之中。

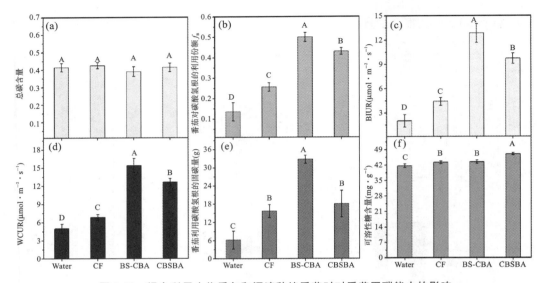

图 7-13　耦合利用生物质灰和沼液种植番茄时对番茄固碳能力的影响

(BIUR 为番茄对 HCO_3^- 的利用速率,WCUR 为番茄的全碳同化速率;Water 为清水种植,CF 为化肥种植,BS-CBA 为基肥施生物质灰浆及追肥施强化沼液种植,CBSBA 为沼液生物质灰混合物种植;$P<0.01$)

尽管 CBSBA 用于番茄种植时,对番茄果实的营养品质等指标的促进效果不明显,但 CBSBA 依然为土壤引入了大量的无机碳。与 CF 相比,CBSBA 种植组番茄对土壤中无机碳的利用量占番茄总碳利用量的份额显著提高了 68.1%。这使得番茄对土壤中无机碳的利用速率提高了 119.6%,进而使番茄的全碳同化速率显著提高了 84.2%。但由于生物质灰和沼液混合物中的沼液含量较少,CBSBA 种植会导致栽培土壤 pH 值的提高,进而影响番茄对由 CBSBA 引入土壤的无机碳的固定能力。因此,CBSBA 种植时,番茄利用土壤无机碳进行碳固定的固碳量没有达到 BS-CBA 种植的水准,只和 CF 种植处于同一水平。

7.6　富 CO_2 生物质灰与富 CO_2 沼液施用对土壤微生物的影响

7.6.1　强化沼液种植番茄对土壤中微生物的影响

7.6.1.1　对微生物物种丰富度的影响

BA-CBS 用于番茄种植后,对栽培土壤中微生物物种丰富度的影响如图 7-14 所示。根据微生物样本测序获得的 OTUs 丰度矩阵,通过 Venn 图可将各种处理的微生物样本的共有 OTUs 和独有 OTUs 所占的比例直观地进行呈现。由图 7-14 可知,在物种丰富度方面,BA-CBS 种植时,番茄栽培土壤中微生物中独有样本 OTUs 数量为 1250,高于 CF 种植时的情形(945)及 CBS 种植时的情形(1100)。这一结果说明,土壤中无机碳含量越高越有助于土壤微生物群落形成独有性物种。尽管各种植组的独有 OTUs 数量远低于共有 OTUs 的数量,但依然造成了不同种植方式间微生物的独特功能分化。其中,BA-CBS 种植与 CBS 种植的共有 OTUs 数为 26 892,BA-CBS 种植与 CF 种植的共有 OTUs 数为 26 306。这表明 HCO_3^- 的引入造就了 CF 种植、CBS 种植与 BA-CBS 种植的共有微生物之间的差异。将 HCO_3^- 引入栽培土壤促进了土壤微生物丰度的提升,特别是对固碳功能菌种的提升极其明显。

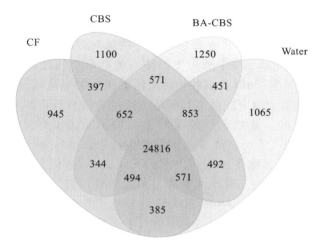

图 7-14　BA-CBS 种植对土壤中微生物物种丰富度的影响

(Water 为清水种植,CF 为化肥种植,CBS 为富 CO₂ 沼液种植,BA-CBS 为强化沼液种植)

7.6.1.2　对微生物群落多样性的影响

BA-CBS 用于番茄种植后对土壤微生物群落组成的影响如图 7-15 所示。由图 7-15(a)

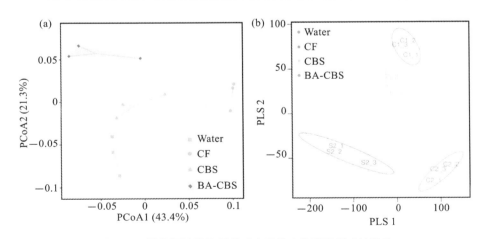

图 7-15　强化沼液种植番茄对土壤微生物群落组成的影响

(Water 为清水种植,CF 为化肥种植,CBS 为富 CO₂ 沼液种植,BA-CBS 为强化沼液种植)

所示,PCoA 分析可以使微生物样本在新坐标系中的距离远近最大程度上还原样本间的实际差异,也可以明晰微生物群落样本的主要分布特征,从而量化各样本间的差异和相似度。分析图 7-15 中的信息可以发现,采用 BA-CBS 种植番茄后,栽培土壤中的微生物群落样本两两之间的距离在所有种植方式中最大,表明 BA-CBS 种植时栽培土壤中的微生物群落结构较分散。CBS 种植时,栽培土壤中的微生物群落结构相比于 BA-CBS 种植具有相似度高和差异小的特点,同时各种植组间的微生物群落差异非常明显。为了进一步分析微生物群落的分布特点,这里对微生物群落测序数据进行了 PLS-DA 分析,如图 7-15(b)所示。PLS-DA 是以偏最小二乘回归模型为基础,根据给定的微生物样本分组信息,对各种植方案的微生物群落结构进行判别分析,PLS-DA 一般作为 PCA/PCoA 的辅助说明。通过分析图中的信息可知,PLS-DA 分析的微生物群落结构的分布情况与微生物群落结构的 PCoA 分析趋势相似。BA-CBS 种植时栽培土壤中的微生物样本的群落结构比较分散,CBS 种植时土壤微生物的群落结构比较聚集,同时各试验种植组间的微生物群落结构差异较大。这些结果表明,BA-CBS 种植时栽培土壤中的微生物群落之间没有进行有组织的紧凑结合,而是以各自为营的方式进行结合的。造成这种情况的主要原因是由 BA-CBS 引入土壤中的大量 HCO_3^- 为土壤微生物提供了充分的碳源。固碳微生物主要由自养型微生物构成,同时也包括一些异养型微生物,因而其除了能利用土壤的无机碳外,还能按各自的功能属性互相结合,因此造就了 BA-CBS 种植时土壤微生物群落的差异性较大。这表明,由 BA-CBS 向土壤中引入的无机碳的量已经对土壤微生物群落分化实现了质的提升,完全改变了栽培土壤中微生物的群落结构。尽管 CBS 也为栽培土壤引入了无机碳,但其引入量相对较小。CBS 中的无机碳也能够影响微生物群落的分布,但造成的微生物群落差异性改变没有 BA-CBS 明显。

7.6.1.3　对微生物物种组成的影响

对微生物的物种组成先按照彼此之间组成的相似度进行聚类,然后对含量前 50 的微生物做属水平的热图分析,相关结果如图 7-16 所示。在图 7-16 中,红色区块代表在对应处理的微生物样本中丰度较高的属,蓝色区块代表在对应处理的微生物样本中丰度较低的属。由图 7-16 可知,BA-CBS 种植中的优势菌属数量明显高于 CBS 种植。这表明随着 CO_2 转运载体引入土壤碳库中的外源性无机碳含量的增加,土壤微生物为了对土壤中大量的外源性无机碳进行充分且有效的利用,具有固碳能力的微生物菌属开始迅速繁殖,并发展成为栽培土壤中的优势微生物菌属。微生物通过增加优势菌属的种类及数量的方式促进了其对无机碳的利用,因此在无机碳含量最高的 BA-CBS 种植中,优势微生物菌属种类多于 CBS 种植组。此外,具有固碳能力的土壤微生物的大量增殖,尽管提升了土壤微生物的物种丰度,但这些微生物的功能各异,也造成了土壤微生物群落结构的差异化。上述微生物的分化趋势对土壤无机碳的利用与固定有极大的促进作用。

LEfSe 分析是一种将非参数的 Kruskal-Wallis 以及 Wilcoxon 秩和检验与线性判别分析效应量相结合的分析手段,可以直接对微生物的所有分类水平同时进行差异分析。LEfSe 分析更强调寻找各试验种植组之间稳健的差异物种,即寻找微生物群落中的标志物种。如图 7-17 所示,圆形聚类图从里圈到外圈分别表示了从微生物门水平到种水平物种的组成聚类,不同颜色表示不同试验种植组。对各试验种植的栽培土壤中的微生物样本的标志物种进行

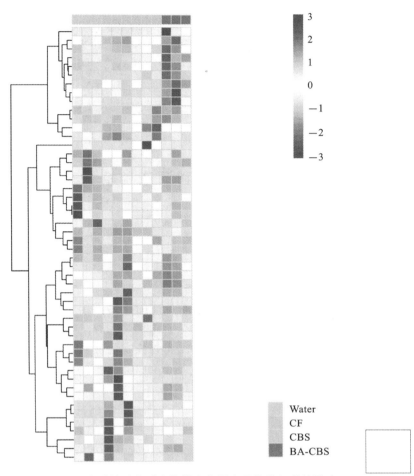

图 7-16　强化沼液种植番茄对土壤微生物属水平物种组成的影响

（Water 为清水种植，CF 为化肥种植，CBS 为富 CO_2 沼液种植，BA-CBS 为强化沼液种植；彩图见二维码）

图 7-17　强化沼液种植番茄对土壤微生物所有分类水平上物种组成的影响

（Water 为清水种植，CF 为化肥种植，CBS 为富 CO_2 沼液种植，BA-CBS 为强化沼液种植）

分类,并罗列在圆形聚类图的右侧,经过统计分析可知,清水种植时栽培土壤中微生物群落里的标志物种有 22 种,CF 种植时栽培土壤中微生物群落里的标志物种有 28 种,CBS 种植时栽培土壤中微生物群落里的标志物种有 7 种,BA-CBS 种植时栽培土壤中微生物群落里的标志物种高达 43 种。尽管 CF 种植时栽培土壤中微生物群落的标志物种高于 CBS 种植,但无法说明这些标志物种是否完全与微生物的固碳行为相关。BA-CBS 种植与 CBS 种植时土壤微生物群落里的标志物种的差异表明,当 CO_2 转运载体引入土壤碳库中的外源性无机碳的量越多,就越有助于微生物群落里的标志物种的形成,越能促进微生物对土壤中无机碳的固定与利用。

7.6.2 耦合利用生物质灰和沼液种植番茄对栽培土壤中微生物的影响

7.6.2.1 微生物物种丰富度

将 BS-CBA 与 CBSBA 分别用于番茄种植后对土壤微生物物种丰富度的影响如图 7-18 所示。图 7-18 将各试验种植组的栽培土壤中微生物样本的物种丰富度用 Venn 图进行了直观的呈现。由 Venn 图可知,BS-CBA 种植时番茄的栽培土壤中微生物样本的独有 OTUs 数量最多,为 1467;CF 种植与清水种植时栽培土壤中微生物样本的独有 OTUs 数量处于同一水平;而 CBSBA 种植时番茄的栽培土壤中微生物样本的独有 OTUs 数量最少,仅为 922。进一步分析图 7-18 中所有种植间的共有微生物量可知,BS-CBA 种植与 CF 种植时栽培土壤中微生物样本的共有 OTUs 数量为 26 222,BS-CBA 种植与 CBSBA 种植时共有 OTUs 数量为 26 683,CBSBA 种植与 CF 种植时栽培土壤中微生物样本的共有 OTUs 数量为 26 140。这些结果表明,CBSBA 种植与 BA-CBA 种植为栽培土壤引入的大量外源性无机碳造就了与 CF 种植间共有 OTUs 数量的差异,但外源性无机碳决定了微生物独有 OTUs 数量的分化,独有

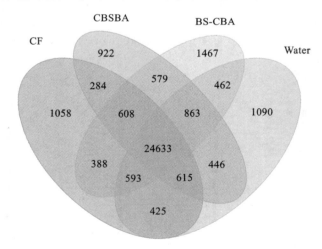

图 7-18　耦合利用生物质灰和沼液种植番茄时对土壤微生物物种丰富度的影响
(Water 为清水种植,CF 为化肥种植,BS-CBA 为基肥施生物质灰浆及追肥施强化沼液种植,
CBSBA 为沼液生物质灰混合物种植)

OTU 单元在栽培土壤微生物群落的固碳能力中具有重要的生物功能和生态贡献。另外,土壤微环境的稳定对微生物功能的分化有着重要的保障作用,CBSBA 种植时栽培土壤 pH 值的提高对土壤微生物样本的分化与繁殖产生了不利的影响。尽管 CBSBA 为栽培土壤提供了丰富的无机碳源,但与 BS-CBA 种植相比,土壤 pH 值的升高使得 CBSBA 种植时微生物的独有和共有 OTUs 数量均最少。因此,BS-CBA 种植更有利于保障土壤微环境的稳定,促进微生物功能分化,提升土壤微生物的物种多样化。

7.6.2.2　微生物群落多样性

将 BS-CBA 与 CBSBA 分别用于番茄种植后对土壤微生物群落组成的影响如图 7-19 所示。本研究对栽培土壤中微生物群落样本进行了 PCoA 分析,并对分析的结果进行了辅助的 PLS-DA 分析,如图 7-19 所示。由图 7-19(a)可知,BS-CBA 种植番茄后的栽培土壤中微生物群落样本两两之间的距离最大。这表明 BS-CBA 种植的栽培土壤中微生物群落结构较分散,各微生物物种间差异较大。而 CBSBA 种植时栽培土壤中微生物群落样本两两之间距离比 BS-CBA 种植组小,同时各试验种植组的组间差异化也非常明显。由图7-19(b)可知,在 BS-CBA 种植的栽培土壤中,微生物群落结构分散程度较大,CBSBA 种植组微生物群落结构更紧促,但 CBSBA 种植组的部分微生物群落与清水种植组聚为一类。这些结果表明,CO_2 转运载体为栽培土壤引入的大量无机碳,能增强微生物群落的功能分化,增强微生物群落结构的分散性。但当转运载体无法为微生物提供适宜的土壤微环境时,部分由土壤无机碳带来的微生物群落的独有性便会消失。

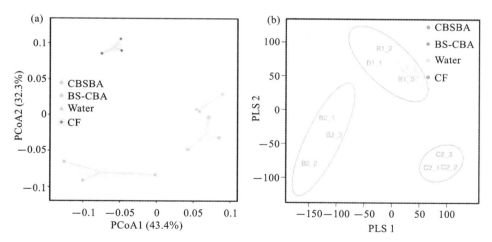

图 7-19　耦合利用生物质灰和沼液种植番茄时对土壤微生物群落组成的影响
(Water 为清水种植,CF 为化肥种植,BS-CBA 为基肥施生物质灰浆、追肥施强化沼液种植,
CBSBA 为沼液生物质灰混合物种植)

7.6.2.3　微生物物种组成

对栽培土壤中微生物属含量在前 50 名的微生物做热图分析,分析结果如图 7-20 所示。采用 BS-CBA 种植时的栽培土壤的优势菌属数量明显高于 CBSBA 种植,两种植组间无共有的优势菌属。这说明,BS-CBA 为栽培土壤引入的无机碳促进了土壤微生物的繁殖与功能分

化,并分化出了一系列具有固碳功能的优势菌属,但 CBSBA 种植却在一定程度上抑制了微生物的繁殖与分化。CBSBA 种植时的优势菌属和清水种植时的优势菌属重叠,这说明栽培土壤中微生物功能分化并不一定全部向固碳功能转变。这就导致了 CBSBA 种植与 BS-CBA 种植无共有优势菌属,同时也导致 CBSBA 种植时栽培土壤中固碳功能菌属的分化受到限制,这可能会对土壤有机碳的积累造成不利影响。

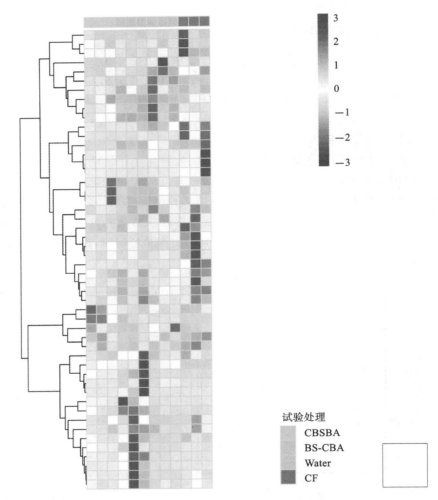

图 7-20　耦合利用生物质灰和沼液种植番茄时对土壤微生物属水平物种组成的影响
(Water 为清水种植,CF 为化肥种植,BS-CBA 为基肥施生物质灰浆及追肥施强化沼液种植,
CBSBA 为沼液生物质灰混合物种植;彩图见二维码)

　　微生物群落中标志物种的形成能决定群落形成具有独特功能的生物系统或微生物小团体。为了进一步明确各试验种植方式对栽培土壤中微生物样本中标志物种数量的影响,对种植采用 BS-CBA 与 CBSBA 种植番茄后的栽培土壤中微生物样本的测序数据做 LEfSe 分析,分析结果如图 7-21 所示。在图 7-21 中,圆形聚类图从里圈到外圈分别表示了从微生物门水平到种水平物种的组成聚类,不同颜色表示不同的种植方式。对各种植方式的栽培土壤中微

生物样本的标志物种进行分类,并罗列在圆形聚类图的右侧。由图 7-21 可知,清水种植的栽培土壤中微生物的标志物种有 13 种,CF 种植的栽培土壤中微生物的标志物种有 45 种,BS-CBA 种植的栽培土壤中微生物的标志物种有 31 种,而 CBSBA 种植的栽培土壤中微生物的标志物种仅有 11 种。这些结果表明,向栽培土壤中引入更多的无机碳能促使微生物群落形成碳固定功能微生物体系,但当 CO_2 转运载体无法向栽培土壤提供合适的 pH 值,即无法保障利于微生物繁殖的土壤微环境时,土壤微生物的标志物种的数量就会急剧下降,更严重时会损害土壤微生物的功能分化,弱化土壤微生物对栽培土壤的有机碳储量的贡献值。

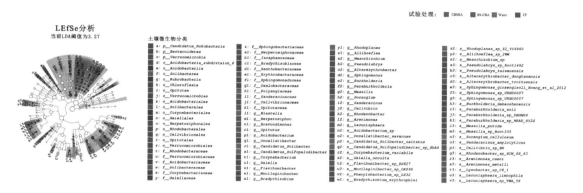

图 7-21　耦合生物质灰和沼液种植番茄时对土壤微生物所有分类水平上物种组成的影响
(Water 为清水种植,CF 为化肥种植,BS-CBA 为基肥施生物质灰浆及追肥施强化沼液种植,
CBSBA 为沼液生物质灰混合物种植)

7.7　本章小结

(1) 强化沼液用于番茄种植,能提升番茄果实的产量,且与化肥种植和富 CO_2 沼液种植相比,番茄的经济产量分别提高了 14.3% 和 4.7%。同时,采用强化沼液种植番茄不仅不会损害番茄的光合系统,能维持番茄的正常光合能力,还能促进番茄对 N、K 和 Ca 等元素的吸收,且不会限制番茄对 Fe 元素的吸收,但强化沼液中过多的 K 元素会抑制番茄对 Mg 元素的吸收。

(2) 强化沼液用于番茄种植时,能够丰富番茄果实的营养物含量,促进各种维生素的合成。强化沼液种植的番茄果实中的 B 族维生素含量与化肥种植及富 CO_2 沼液种植的处于同一水平,但维生素 B1、B4、B5、B6 和 B7 等氮基维生素的含量比化肥种植时分别提高了 154.5%、85.3%、36.7%、72.5% 和 159.2%。果实中 E 族维生素的含量与富 CO_2 沼液种植时处于同一水平;但比化肥种植时提高了 51.1%,其中,δ-维生素 E、γ-维生素 E 及 α-维生素 E 的含量分别提高了 40.3%、101.4% 及 41.2%。果实中维生素 C 含量比化肥种植时提高了 9.3%,相比 CBS 种植时提高了 4.4%。强化沼液中的重金属不会对果实带来重金属积累的风险。

(3) 强化沼液用于番茄种植能促进番茄对土壤中引入的外源性无机碳的吸收,与富 CO_2 沼液种植时相比,其番茄利用的土壤无机碳占无机碳源的比例、对土壤无机碳的利用速率和全碳同化速率分别提高了 7.3%、13.4% 和 11.0%。与化肥种植相比,其番茄利用的土壤无机碳占无机碳源的比例、对土壤中无机碳的利用速率及全碳同化速率分别提高了72.3%、130.3%和105.9%。番茄能够吸收土壤中的无机碳用于物质合成,相比于化肥种植和富CO_2沼液种植分别能多固定45.1%和8.2%的碳。

(4)采用强化沼液种植时,番茄栽培土壤中微生物的物种丰富度得到了提升,土壤微生物的独有样本OTUs数量为1250,高于化肥种植时的独有样本数量(945)以及富CO_2沼液种植时的独有样本数量(1100)。采用强化沼液种植时的栽培土壤中微生物群落结构比较分散,其土壤中的优势微生物菌属多于富CO_2沼液种植。土壤微生物通过增加优势菌属的种类及数量促进了其对由强化沼液引入土壤碳库中的大量外源性无机碳的利用。引入土壤碳库中的无机碳的量越多,就越有助于微生物标志物种的形成。

(5)采用富CO_2生物质灰浆作为基肥,并追施富CO_2沼液(BS-CBA),不仅不会危害番茄的光合系统,反而能维持番茄的正常光合能力。与化肥种植组相比,其番茄的经济产量提高了9.6%,且番茄对N、Ca和Fe等元素的吸收量分别提高了97.6%、151.6%和363.9%。当利用生物质灰与沼液混合物(CBSBA)进行番茄种植时,其番茄产量比BS-CBA种植提高了3.6%,比化肥种植提高了13.5%。该种植方式也能维持番茄的正常光合能力,但CBSBA所提供的矿质养分无法满足番茄生长的需求,番茄对Ca元素与Fe元素的摄取量与化肥种植组处于同一水平,但对P和Mg等元素的摄取量与化肥种植组相比下降幅度明显。此外,CBSBA种植番茄后栽培土壤的pH值达到了8.8左右,已经超过了番茄正常生长所需要pH值的最大限度。

(6)BS-CBA用于番茄种植时能为番茄的健康生长提供合适的根际环境,种植的番茄果实的主要营养品质得到了提升。相较于化肥种植,BS-CBA种植的番茄的根系活力提高了93.6%,果实中的维生素C含量提高了4.4%,果实C/N下降了53.0%。采用CBSBA种植的番茄果实的营养品质一般,但其维生素C含量以及C/N与化肥种植均处于同一水平,胡萝卜素含量更是与清水种植处于同一水平。

(7)与CF种植和CBSCA种植相比,BS-CBA种植的番茄对土壤中无机碳的利用量占番茄总碳利用量的份额分别提高了95.1%和16.1%,对土壤中无机碳的利用速率也分别提高了190.4%和32.2%,番茄的全碳同化速率分别提高了124.6%和21.9%。BS-CBA种植的番茄比化肥种植组及CBSBA种植组能多固定108.2%和81.1%的碳。

(8)采用BS-CBA种植有利于保障土壤微环境的稳定,促进微生物分化出一系列具有固碳功能的优势菌属,但CBSBA种植却在一定程度上抑制了微生物的繁殖与分化,栽培土壤中固碳功能菌属的分化受到了限制,这可能会对土壤有机碳的积累造成不利影响。

参 考 文 献

[1] 蔡凯.沼液的CO_2吸收机理及吸收性能强化研究[D].武汉:华中农业大学,2015.

[2] 冯椋.生物质灰与沼液可再生吸收剂体系的CO_2吸收性能及农业应用潜力[D].武汉:华中农业大学,2022.

[3] 贺清尧,冉毅,刘璐,等.生物质灰致沼液氮磷脱除研究[J].农业机械学报,2017,48(1):237-244+251.

[4] 贺清尧,石明菲,冯椋,等.基于膜蒸馏的沼液资源化处理研究进展[J].农业工程学报,2021,37(8):259-268.

[5] 贺清尧,王文超,蔡凯,等.减压浓缩对沼液CO_2吸收性能和植物生理毒性的影响[J].农业机械学报,2016,47(2):200-207.

[6] 贺清尧,王文超,刘璐,等.沼液氨氮减压蒸馏分离性能与反应动力学[J].农业工程学报,2016,32(17):191-197.

[7] 贺清尧.基于沼液的可再生吸收剂的CO_2吸收强化机制及工艺[D].武汉:华中农业大学,2018.

[8] 梁飞虹.以沼液和生物质灰为转运载体的CO_2在番茄中的固定[D].武汉:华中农业大学,2022.

[9] 骆仲泱,方梦祥,李明远,等.二氧化碳捕集、封存和利用技术[M].北京:中国电力出版社,2012.

[10] 王文超,贺清尧,余歌,等.外源吸收剂对沼液CO_2吸收及农业应用的影响.化工进展[J],2017,36(4):1512-1520.

[11] 王文超.外源吸收剂对沼液CO_2吸收及生态毒性的影响[D].武汉:华中农业大学,2017.

[12] 魏健东.基于沼液CO_2化学吸收的沼气热值提升技术研究[D].武汉:华中农业大学,2022.

[13] 徐朗.富碳生物质灰施用对盆栽番茄的生长及品质影响[D].武汉:华中农业大学,2021.

[14] 晏水平,冯椋,段海超,等.以负碳排放为目标的生物质灰矿化CO_2路径研究[J].农业机械学报,2022,53(7):363-369+386.

[15] 邹天旭,陈永祥.霍林河露天煤矿自卸卡车运输合理运距确定[J].露天煤矿技术,2017,32(10):26-29.

[16] AKINYEDE R,TAUBERT M,SCHRUMPF M,et al. Rates of dark CO_2 fixation are driven by microbial biomass in a temperate forest soil[J]. Soil Biology and Biochemistry,2020,150:107950.

[17] AMADI C N,OFFOR S J,FRAZZOLI C,et al. Natural antidotes and management of

metal toxicity[J]. Environmental Science and Pollution Research,2019,26(18): 18032-52.

[18] AMPONSAH N Y,TROLDBORG M,KINGTON B,et al. Greenhouse gas emissions from renewable energy sources: A review of lifecycle considerations[J]. Renewable and Sustainable Energy Reviews,2014,39:461-475.

[19] ASSI A, FEDERICI S, BILO F, et al. Increased sustainability of carbon dioxide mineral sequestration by a technology involving fly ash stabilization[J]. Materials (Basel),2019,12(17):2714.

[20] BEAMAN B L,BEAMAN L. Nocardia species:host-parasite relationships[J]. Clinical Microbiology Reviews,1994,7(2):213-264.

[21] BONMATí A,FLOTATS X. Air stripping of ammonia from pig slurry:characterisation and feasibility as a pre-or post-treatment to mesophilic anaerobic digestion[J]. Waste Management,2003,23:261-272.

[22] BRAZEL A J,Ó'MAOILÉIDIGH D S. Photosynthetic activity of reproductive organs [J]. Journal of Experimental Botany,2019,70(6):1737-1754.

[23] CARRETIER S,LESAGE G,GRASMICK A,et al. Water and nutrients recovering from livestock manure by membrane processes[J]. The Canadian Journal of Chemical Engineering,2015,93:225-233.

[24] CHAIGNON V, BEDIN F, HINSINGER P. Copper bioavailability and rhizosphere pH changes as affected by nitrogen supply for tomato and oilseed rape cropped on an acidic and a calcareous soil[J]. Plant and Soil,2002,243(2):219-228.

[25] CHAPAGAIN A,ORR S. An improved water footprint methodology linking global consumption to local water resources: A case of Spanish tomatoes[J]. Journal of Environmental Management,2009,90(2):1219-1228.

[26] CIULU M,SOLINAS S,FLORIS I,et al. RP-HPLC determination of water-soluble vitamins in honey[J]. Talanta,2011,83(3):924-929.

[27] CONDE M R. Properties of aqueous solutions of lithium and calcium chlorides: formulations for use in air conditioning equipment design[J]. International Journal of Thermal Sciences,2004,43:367-382.

[28] CORNU J Y,STAUNTON S,HINSINGER P. Copper concentration in plants and in the rhizosphere as influenced by the iron status of tomato(*Lycopersicon esculentum* L.)[J]. Plant and Soil,2007,292(1):63-77.

[29] CRISCUOLI A,CARNEVALE M C,DRIOLI E. Evaluation of energy requirements in membrane distillation [J]. Chemical Engineering and Processing: Process Intensification,2008,47:1098-1105.

[30] DANANJAYAN R R T, KANDASAMY P, ANDIMUTHU R. Direct mineral carbonation of coal fly ash for CO_2 sequestration[J]. Journal of Cleaner Production, 2016,112:4173-4182.

［31］ DARDE V，VAN W W J，FOSBOEL P L，et al. Experimental measurement and modeling of the rate of absorption of carbon dioxide by aqueous ammonia［J］. International Journal of Greenhouse Gas Control，2011，5：1149-1162.

［32］ DENAXA N K，VEMMOS S N，ROUSSOS P A. The role of endogenous carbohydrates and seasonal variation in rooting ability of cuttings of an easy and a hard to root olive cultivars(*Olea europaea* L.)［J］. Scientia Horticulturae，2012，143，19-28.

［33］ DUCOM G，RADU-TIRNOVEANU D，PASCUAL C，et al. Biogas-municipal solid waste incinerator bottom ash interactions：sulphur compounds removal［J］. Journal of Hazardous Materials，2009，166：1102-1108.

［34］ EIDE-HAUGMO I，BRAKSTAD O G，HOFF K A，et al. Marine biodegradability and ecotoxity of solvents for CO_2-capture of natural gas［J］. International Journal of Greenhouse Gas Control，2012，9：184-192.

［35］ EL-BOURAWI M S，KHAYET M，MA R，et al. Application of vacuum membrane distillation for ammonia removal［J］. Journal of Membrane Science，2007，301：200-209.

［36］ FAGERIA V. Nutrient interactions in crop plants［J］. Journal of Plant Nutrition，2001，24(8)：1269-1290.

［37］ FANG M X，MA Q H，WANG Z，et al. A novel method to recover ammonia loss in ammonia-based CO_2 capture system：ammonia regeneration by vacuum membrane distillation［J］. Greenhouse Gases：Science and Technology，2015，5：487-498.

［38］ FANG M X，WANG Z，YAN S P，et al. CO_2 desorption from rich alkanolamine solution by using membrane vacuum regeneration technology. International Journal of Greenhouse Gas Control，2012，9：507-521.

［39］ FENG L，LIANG F H，XU L，et al. Simultaneous biogas upgrading，CO_2 sequestration，and biogas slurry decrement using biomass ash［J］. Waste Management，2021，133，1-9.

［40］ FTHENAKIS V M，KIM H C，ALSEMA E. Emissions from photovoltaic life cycles ［J］. Environmental Science & Technology，2008，42：2168-2174.

［41］ GAGNON L，BÉLANGER C，UCHIYAMA Y. Life-cycle assessment of electricity generation options：The status of research in year 2001［J］. Energy Policy，2002，30：1267-1278

［42］ GILLILAND E R. Diffusion coefficients in gaseous systems［J］. Industrial & Engineering Chemistry，1934，26：681-685.

［43］ GONG F，ZHU H，ZHANG Y，et al. Biological carbon fixation：from natural to synthetic［J］. Journal of CO_2 Utilization，2018，28，221-227.

［44］ GOODMAN K J，BRENNA J T. High sensitivity tracer detection using high-precision gas chromatography-combustion isotope ratio mass spectrometry and highly enriched uniformly carbon-13 labeled precursors[J]. Analytical Chemistry, 1992, 64 (10): 1088-1095.

[45] GREENFIELD L M, HILL P W, PATERSON E, et al. Do plants use root-derived proteases to promote the uptake of soil organic nitrogen? [J]. Plant and Soil, 2020, 456(1):355-367.

[46] GUILLET C, JUST D, BÉNARD N, et al. A fruit-specific phosphoenolpyruvate carboxylase is related to rapid growth of tomato fruit[J]. Planta, 2002, 214 (5): 717-726.

[47] HE Q Y, JI L, YU B, et al. Renewable aqueous ammonia from biogas slurry for carbon capture: chemical composition and CO_2 absorption rate[J]. International Journal of Greenhouse Gas Control, 2018, 77:46-54.

[48] HE Q Y, SHI M F, LIANG F H, et al. Renewable absorbents for CO_2 capture: from biomass to nature[J]. Greenhouse gases: Science and Technology, 2019, 9:637-351.

[49] HE Q Y, TU T, YAN S P, et al. Relating water vapor transfer to ammonia recovery from biogas slurry by vacuum membrane distillation[J]. Separation and Purification Technology, 2018, 191:182-191.

[50] HE Q Y, XI J, WANG W C, et al. CO_2 absorption using biogas slurry: Recovery of absorption performance through CO_2 vacuum regeneration[J]. International Journal of Greenhouse Gas Control, 2017, 58:103-113.

[51] HE Q Y, YU G, TU T, et al. Closing CO_2 loop in biogas production: recycling ammonia as fertilizer[J]. Environmental Science & Technology, 2017, 51:8841-8850.

[52] HE Q Y, YU G, WANG W C, et al. Once-through CO_2 absorption for simultaneous biogas upgrading and fertilizer production[J]. Fuel Processing Technology, 2017, 166:50-58.

[53] HE Q Y, YU G, YAN S P, et al. Renewable CO_2 absorbent for carbon capture and biogas upgrading by membrane contactor [J]. Separation and Purification Technology, 2018, 194:207-215.

[54] HUANG W, HUANG W, YUAN T, et al. Volatile fatty acids (VFAs) production from swine manure through short-term dry anaerobic digestion and its separation from nitrogen and phosphorus resources in the digestate[J]. Water Research, 2016, 90:344-353.

[55] IPCC. Climate Change 2023 Synthesis Report[R]. https://www.ipcc.ch/report/ar6/syr/downloads/report/IPCC_AR6_SYR_LongerReport.pdf.

[56] JIA Y, ZHAO S, GUO W, et al. Sequencing introduced false positive rare taxa lead to biased microbial community diversity, assembly, and interaction interpretation in amplicon studies[J]. Environmental Microbiome, 2022, 17(1):1-18.

[57] KINZEL H. Influence of limestone, silicates and soil pH on vegetation [M]. Physiological plant ecology III, Springer, 1983, 201-244.

[58] LEE J, WOOLHOUSE H. A comparative study of bicarbonate inhibition of root growth in calcicole and calcifuge grasses[J]. New Phytologist, 1969, 68(1): 1-11.

[59] LEE J G, KIM W S. Numerical study on multi-stage vacuum membrane distillation with economic evaluation[J]. Desalination, 2014, 339: 54-67.

[60] LEVASSEUR W, PERRÉ P, POZZOBON V. A review of high value-added molecules production by microalgae in light of the classification[J]. Biotechnology Advances, 2020, 41, 107545.

[61] LI L, SIRKAR K K. Studies in vacuum membrane distillation with flat membranes [J]. Journal of Membrane Science, 2017, 523: 225-234.

[62] LIANG F H, WEI S H, WU L L, et al. Improving the value of CO_2 and biogas slurry in agricultural applications: A rice cultivation case [J]. Environmental and experimental botany, 2023, 208, 105233.

[63] LIANG F H, FENG L, LIU N, et al. An improved carbon fixation management strategy into the crop-soil ecosystem by using biomass ash as the medium[J]. Environmental Technology & Innovation, 2022, 28: 102839.

[64] LIANG F H, YANG W J, XU L, et al. Closing extra CO_2 into plants for simultaneous CO_2 fixation, drought stress alleviation and nutrient absorption enhancement[J]. Journal of CO_2 Utilization, 2020, 42: 101319.

[65] LIU B, GIANNIS A, ZHANG J, et al. Air stripping process for ammonia recovery from source - separated urine: modeling and optimization[J]. Journal of Chemical Technology & Biotechnology, 2015, 90: 2208-2217.

[66] LIU H, FU Y, HU D, et al. Effect of green, yellow and purple radiation on biomass, photosynthesis, morphology and soluble sugar content of leafy lettuce via spectral wavebands "knock out"[J]. Scientia Horticulturae, 2018, 236: 10-17.

[67] LOPEZ R, DIAZ M J, GONZALEZ-PEREZ J A. Extra CO_2 sequestration following reutilization of biomass ash[J]. Science of the Total Environment, 2018, 625: 1013-1020.

[68] MARTIN H. The generalized Lévêque equation and its practical use for the prediction of heat and mass transfer rates from pressure drop[J]. Chemical Engineering Science, 2002, 57: 3217-3223.

[69] MIAO E D, DU Y, WANG H Y, et al. Experimental study and kinetics on CO_2 mineral sequestration by the direct aqueous carbonation of pepper stalk ash[J]. Fuel, 2021, 303: 121230.

[70] MINASNY B, MALONE B P, MCBRATNEY A B, et al. Soil carbon 4 per mille[J]. Geoderma, 2017, 292: 59-86.

[71] MUENCH S, GUENTHER E. A systematic review of bioenergy life cycle assessments[J]. Applied Energy, 2013, 112: 257-273.

[72] NYAMBURA M G, MUGERA G W, FELICIA P L, et al. Carbonation of brine

impacted fractionated coal fly ash: implications for CO_2 sequestration[J]. Journal of Environmental Management, 2011, 92:655-664.

[73] OKON Y. Azospirillum as a potential inoculant for agriculture[J]. Trends in Biotechnology, 1985, 3(9):223-228.

[74] ONDRASEK G, ZOVKO M, KRANJCEC F, et al. Wood biomass fly ash ameliorates acidic, low-nutrient hydromorphic soil and reduces metal accumulation in maize[J]. Journal of Cleaner Production, 2021, 283:124650.

[75] PADHY R N, RATH S. Probit Analysis of Carbamate-Pesticide-Toxicity at Soil-Water Interface to N_2-Fixing Cyanobacterium Cylindrospermum sp[J]. Rice Science, 2015, 22(2):89-98.

[76] PAPADOPOULOS I, RENDIG V. Interactive effects of salinity and nitrogen on growth and yield of tomato plants[J]. Plant and Soil, 1983, 73(1):47-57.

[77] PAVSIC P, MLADENOVIC A, MAUKO A, et al. Sewage sludge/biomass ash based products for sustainable construction[J]. Journal of Cleaner Production, 2014, 67:117-124.

[78] PEHNT M. Dynamic life cycle assessment (LCA) of renewable energy technologies[J]. Renewable Energy, 2006, 31:55-71.

[79] PENG X, DAI Q, DING G, et al. Distribution and accumulation of trace elements in rhizosphere and non-rhizosphere soils on a karst plateau after vegetation restoration[J]. Plant and Soil, 2017, 420(1):49-60.

[80] PEROTTI M F, RIBONE P A, CABELLO J V, et al. AtHB23 participates in the gene regulatory network controlling root branching, and reveals differences between secondary and tertiary roots[J]. Plant Journal, 2019, 100(6):1224-1236.

[81] PERTL A, MOSTBAUER P, OBERSTEINER G. Climate balance of biogas upgrading systems[J]. Waste Management, 2010, 30:92-99.

[82] PIAO S, FANG J, CIAIS P, et al. The carbon balance of terrestrial ecosystems in China[J]. Nature, 2009, 458(7241):1009-1013.

[83] POSCHENRIEDER C, FERNÁNDEZ J A, RUBIO L, et al. Transport and use of bicarbonate in plants: current knowledge and challenges ahead[J]. International Journal of Molecular Sciences, 2018, 19(5):1352.

[84] PUTTA K R, PINTO D D D, SVENDSEN H F, et al. CO_2 absorption into loaded aqueous MEA solutions: Kinetics assessment using penetration theory[J]. International Journal of Greenhouse Gas Control, 2016, 53:338-353.

[85] PUXTY G, MAEDER M. A simple chemical model to represent CO_2-amine-H_2O vapour-liquid-equilibria[J]. International Journal of Greenhouse Gas Control, 2013, 17:215-224.

[86] PUXTY G, ROWLAND R, ATTALLA M. Comparison of the rate of CO_2 absorption into aqueous ammonia and monoethanolamine[J]. Chemical Engineering Science,

2010,65:915-922.

[87] RAMETTE, ALBAN, JAMES M. Tiedje. Multiscale responses of microbial life to spatial distance and environmental heterogeneity in a patchy ecosystem [J]. Proceedings of the National Academy of Sciences,2007,104(8):2761-2766.

[88] RENARD J J, CALIDONNA S E, HENLEY M V. Fate of ammonia in the atmosphere—a review for applicability to hazardous releases[J]. Journal of Hazardous Materials,2004,108:29-60.

[89] RIBEIRO J P,VICENTE E D,GOMES A P,et al. Effect of industrial and domestic ash from biomass combustion,and spent coffee grounds,on soil fertility and plant growth:experiments at field conditions[J]. Environmental Science and Pollution Research,2017,24(18):15270-15277.

[90] RINAUDO M, VINCENDON M. ^{13}C NMR structural investigation of scleroglucan [J]. Carbohydrate Polymers,1982,2(2):135-44.

[91] RITCHIE H, ROSER M. Greenhouse gas emissions. https://ourworldindata. org/greenhouse-gas-emissions.

[92] SANCHEZ-GARMENDIA U, IÑAÑEZ J G, ARANA G. Alterations and contaminations in ceramics deposited in underwater environments: An experimental approach[J]. Minerals,2021,11(7):766.

[93] SEGATA N,WALDRON L,BALLARINI A,et al. Metagenomic microbial community profiling using unique clade-specific marker genes[J]. Nature methods,2012,9(8):811-814.

[94] SELESI D, SCHMID M, HARTMANN A. Diversity of green-like and red-like ribulose-1, 5-bisphosphate carboxylase/oxygenase large-subunit genes (cbbL) in differently managed agricultural soils[J]. Applied and Environmental Microbiology,2005,71(1):175-184.

[95] SEMIAT R. Energy issues in desalination processes[J]. Environmental Science & Technology,2008,42:8193-8201.

[96] SHEETS J P,YANG L,GE X,et al. Beyond land application:Emerging technologies for the treatment and reuse of anaerobically digested agricultural and food waste[J]. Waste Management,2015,44:94-115.

[97] SHEN S, YANG Y, BIAN Y, et al. Kinetics of CO_2 absorption into aqueous basic amino acid salt: Potassium salt of lysine solution [J]. Environmental Science & Technology,2016,50:2054-2063.

[98] SHENDE A, JUWARKAR A, DARA S. Use of fly ash in reducing heavy metal toxicity to plants[J]. Resources,Conservation and Recycling,1994,12(3-4):221-228.

[99] SHI M F,DUAN H C,FENG L,et al. Sustainable ammonia recovery from anaerobic digestion effluent through pretreating the feed by biomass ash[J]. Separation and Purification Technology,2023,307:122655.

[100] SHI M F,HE Q Y,FENG L,et al. Techno-economic evaluation of ammonia recovery from biogas slurry by vacuum membrane distillation without pH adjustment[J]. Journal of Cleaner Production,2020,265:121806.

[101] SIMPSON E H. Measurement of diversity[J]. Nature,1949,163(4148):688-688.

[102] SOMMER S. Ammonia volatilization from farm tanks containing anaerobically digested animal slurry[J]. Atmospheric Environment,1997,31(6):863-868.

[103] SOVACOOL B K. Valuing the greenhouse gas emissions from nuclear power: A critical survey[J]. Energy Policy,2008,36:2950-2963.

[104] SPOHN M,MÜLLER K,HÖSCHEN C,et al. Dark microbial CO_2 fixation in temperate forest soils increases with CO_2 concentration[J]. Global Change Biology,2020.26(3):1926-1935.

[105] STARR K,GABARRELL X,VILLALBA G,et al. Life cycle assessment of biogas upgrading technologies[J]. Waste Management,2012,32:991-999.

[106] STRUBE R,PELLEGRINI G,MANFRIDA G. The environmental impact of post-combustion CO_2 capture with MEA,with aqueous ammonia,and with an aqueous ammonia-ethanol mixture for a coal-fired power plant [J]. Energy, 2011, 36:3763-3770.

[107] SUN T,LI W L,JI J,et al. Valorization of biogas through simultaneous CO_2 and H_2S removal by renewable aqueous ammonia solution in membrane contactor[J]. Frontiers of Agricultural Science and Engineering,2023,10:468-478.

[108] TANG Y,LUO L,CARSWELL A,et al. Changes in soil organic carbon status and microbial community structure following biogas slurry application in a wheat-rice rotation[J]. Science of The Total Environment,2021,757:143786.

[109] TRIVEDI P,LEACH J E,TRINGE S G,et al. Plant-microbiome interactions:from community assembly to plant health[J]. Nature Reviews Microbiology,2020,18(11):607-621.

[110] UKWATTAGE N L,RANJITH P G,WANG S H. Investigation of the potential of coa-l combustion fly ash for mineral sequestration of CO_2 by accelerated carbonation [J]. Energy,2013,52:230-236.

[111] VASSILEV S V,VASSILEVA C G. Extra CO_2 capture and storage by carbonation of biomass ashes[J]. Energy Conversion and Management,2020,204:112331.

[112] VASSILEV S V,VASSILEVA C G. Water-soluble fractions of biomass and biomass ash and their significance for biofuel application[J]. Energy & Fuels,2019,33:2763-2777.

[113] VERSTEEG G F,VAN DIJCK L A J,VAN SWAAIJ W P M. On the kinetics between CO_2 and alkanolamines both in aqueous and non-aqueous solutions. An overview[J]. Chemical Engineering Communications,1996,144:113-158.

[114] WALKER M,IYER K,HEAVEN S,et al. Ammonia removal in anaerobic digestion

by biogas stripping: an evaluation of process alternatives using a first order rate model based on experimental findings[J]. Chemical Engineering Journal,2011,178: 138-145.

[115] WALKER T S,BAIS H P,GROTEWOLD E,et al. Root exudation and rhizosphere biology[J]. Plant Physiology,2003. 132(1):44-51.

[116] WANG T, TIAN Z, BENGTSON P, et al. Mineral surface-reactive metabolites secreted during fungal decomposition contribute to the formation of soil organic matter[J]. Environmental Microbiology,2017,19(12):5117-5129.

[117] WATANABE A,NISHIGAKI S,KONISHI C. Effect of nitrogen-fixing blue-green algae on the growth of rice plants[J]. Nature,1951,168(4278):748-749.

[118] WHITMAN W B. Bergey's manual of systematics of Archaea and Bacteria[M]. Hoboken:John Wiley & Sons,2015.

[119] WOODWARD F. Do plants really need stomata? [J] Journal of Experimental Botany,1998. 471-480.

[120] WU Q S, XIA R X. Arbuscular mycorrhizal fungi influence growth, osmotic adjustment and photosynthesis of citrus under well-watered and water stress conditions[J]. Journal of Plant Physiology,2006. 163(4):417-25.

[121] XU C,ZHANG K,ZHU W,et al. Large losses of ammonium-nitrogen from a rice ecosystem under elevated CO_2[J]. Science Advances,2020a. 6(42):eabb7433.

[122] XU J,LIU C,HSU P C,et al. Remediation of heavy metal contaminated soil by asymmetrical alternating current electrochemistry [J]. Nature Communications. 2019. 10(1):1-8.

[123] XU Y D,SUN L J,LAL R,et al. Microbial assimilation dynamics differs but total mineralization from added root and shoot residues is similar in agricultural alfisols [J]. Soil Biology and Biochemistry,2020b. 148,107901.

[124] YE W, HUANG J, LIN J, et al. Environmental evaluation of bipolar membrane electrodialysis for NaOH production from wastewater:Conditioning NaOH as a CO_2 absorbent[J]. Separation and Purification Technology,2015,144:206-214.

[125] YU H, XIANG Q Y, FANG M X, et al. Promoted CO_2 absorption in aqueous ammonia[J]. Greenhouse Gases:Science and Technology,2012,2:200-208.

[126] ZHU C W,KOBAYASHI K,LOLADZE I,et al. Carbon dioxide(CO_2)levels this century will alter the protein,micronutrients,and vitamin content of rice grains with potential health consequences for the poorest rice-dependent countries[J]. Science Advances,2018. 4(5):1012.

[127] ZHU M Y,CAI W Q,VERPOORT F,et al. Preparation of pineapple waste-derived porous carbons with enhanced CO_2 capture performance by hydrothermal carbonation-alkali metal oxalates assisted thermal activation process[J]. Chemical Engineering Research and Design,2019,146:130-140.